ANSYS ICEM CFD 基础教程与实例详解

（附光盘）

纪兵兵　张晓霞　古　艳　编著

机械工业出版社

本书通过大量实例系统地介绍了 ANSYS ICEM CFD 建模和生成网格的详细过程，其工程背景深厚、内容丰富、讲解详细，内容安排深入浅出。

全书共 12 章，其中第 1 章概要介绍计算流体力学和网格生成的基本知识，第 2 章简单介绍 ANSYS ICEM CFD，第 3~4 章介绍非结构网格生成方法，第 5~6 章介绍结构网格生成方法，第 7 章介绍结构网格 Block 的创建策略，第 8 章介绍节点设置的方法和原则，第 9 章介绍几何、块和网格的基本操作，第 10 章介绍网格质量的判断和提高，第 11 章是 ICEM 常见问题汇总及解决方法，第 12 章介绍 ICEM 二次开发的相关内容。网格生成与数值计算密不可分，本书采用 FLUENT 作为求解器（第 12 章中以 CFX 为求解器），通过数值计算检验生成网格的正确性。

本书在写作过程中注重层次递进，既介绍了网格生成基本原理，又详细介绍了 ICEM 生成网格操作。通过大量丰富、贴近工程的应用案例讲解 ANSYS ICEM CFD 的应用，对解决实际工程和科研问题会有很大帮助。此外，为方便读者学习，本书还配套了模型文件和教学视频，以提高读者的学习效率。

本书既可作为高等院校航空、航天、能源、环境、建筑、流体工程等相关专业本科生和研究生的教学参考书，也可作为计算流体力学从业人员的指导书籍。

图书在版编目（CIP）数据

ANSYS ICEM CFD 基础教程与实例详解/纪兵兵，张晓霞，古艳编著. —北京：机械工业出版社，2015.9（2019.1 重印）

ISBN 978 - 7 - 111 - 51300 - 1

Ⅰ.①A… Ⅱ.①纪…②张…③古… Ⅲ.①有限元分析 - 应用软件 Ⅳ.①O241.82 - 39

中国版本图书馆 CIP 数据核字（2015）第 195969 号

机械工业出版社（北京市百万庄大街 22 号 邮政编码 100037）

策划编辑：刘 涛 责任编辑：刘 涛
版式设计：赵颖喆 责任校对：李锦莉 任秀丽
封面设计：马精明 责任印制：常天培

北京京丰印刷厂印刷

2019 年 1 月第 1 版·第 3 次印刷

184mm × 260mm · 20.75 印张 · 512 千字

标准书号：ISBN 978 - 7 - 111 - 51300 - 1

　　　　　ISBN 978 - 7 - 89405 - 872 - 0 （光盘）

定价：59.80 元

前　言

计算流体力学（Computational Fluid Dynamics，CFD）是一门发展迅猛的学科，其采用数值计算方法，通过计算机求解流体运动控制方程组，研究流体运动规律。计算流体力学建立在经典流体动力学与数值计算方法基础上，通过计算机数值计算和图像显示的方法，在时间和空间上定量描述流场的数值解，从而达到对物理问题进行研究的目的，广泛应用于航空、航天、能源、水利、环境、建筑和材料等工业领域。

网格生成是计算流体力学数值计算中的重要一环。工程计算多采用成熟的程序或商业软件作为求解器，因此大部分数值计算工作是由计算机完成的，网格生成工作约占整个项目周期的 80% ~95%，生成一套高质量网格将显著提高计算精度和收敛速度。

目前，比较成熟的网格生成软件有 ANSYS ICEM CFD、GAMBIT、Gridgen、GridPro 等。ANSYS ICEM CFD 因其友好的操作界面、丰富的几何接口、完善的几何功能、灵活的拓扑创建、先进的 O 型网格技术、丰富的求解器接口等优势，越来越被业内人士所认可。ANSYS ICEM CFD 作为一款强大的前处理软件，不仅可以为世界上几乎所有主流 CFD 软件（如 FLUENT、CFX、STAR-CD、STAR-CCM +）提供高质量网格，还可用于完成多种 CAE（Computer Aided Engineering，计算机辅助工程）软件（ANSYS、Nastran、Abaqus 等）的前处理工作。

全书内容共 12 章，其中第 1 章概要介绍计算流体力学和网格生成的基本知识，第 2 章简单介绍 ANSYS ICEM CFD，第 3 ~4 章介绍非结构网格生成方法，第 5 ~6 章介绍结构网格生成方法，第 7 章介绍结构网格 Block 的创建策略，第 8 章介绍节点设置的方法和原则，第 9 章介绍几何、块和网格的基本操作，第 10 章介绍提高网格质量的判断和提高，第 11 章是 ICEM 常见问题汇总及解决方法，第 12 章介绍 ICEM 二次开发的相关内容。网格生成与数值计算密不可分，本书采用 FLUENT 作为求解器（第 12 章中以 CFX 为求解器），通过数值计算检验生成网格的正确性。

读者对象

本书适用于航空、航天、能源、环境、建筑、流体工程等相关专业的本科生、研究生和工程技术人员，并可作为学习掌握 ANSYS ICEM CFD 的参考用书。

本书特色

- ◆ 由浅入深——在内容的安排上，层次分明，首先讲解网格生成原理，再通过具体实例讲解非结构网格和结构网格，然后着重介绍结构网格的一些关键问题，对常见问题进行汇总并给出解决方法，最后简要介绍二次开发的相关内容。

⬥ 贴近工程实际——本书的实例多从实际工程和科研项目中提炼出来，具有很强的参考价值，其中包括离心压气机、管内蝶阀、壳管换热器、潜艇绕流、凝固、混合管、气膜冷却、弯管流动、汽车外流、多孔介质、引射器、机翼绕流和三维溃坝等问题。

⬥ 常见问题汇总——本书收集了学习 ANSYS ICEM CFD 的常见问题，并给出解决方案。

⬥ 插图标示详细——ICEM 是一款操作性很强的软件，本书在插图上标示了所有的操作及顺序，便于读者练习操作。

⬥ 视频教学——ICEM 是一款操作性很强的软件，本书不仅配备了所有的模型文件，而且还录制了多媒体教学视频，这样学习起来更加轻松，并且效率更高。

学习建议

如果您是一位 ANSYS ICEM CFD 的初学者，您可以参考如下方法学习：泛读第 1 ~ 2 章，理解网格类型与生成方法，认识 ICEM 操作界面，掌握键盘和鼠标的基本操作即可。精读第 3 ~ 6 章，掌握模型的创建和修改方法，结构/非结构网格生成方法等。上述四章是本书的核心内容，所讨论实例也基本囊括了该软件的基本操作，可反复练习思考。第 7 ~ 12 章针对第 3 ~ 6 章中的共性问题开展专题讨论，供读者在学习和工程实践中遇到问题后查阅参考。

ICEM 是一款操作性很强的软件，读者可能因疏忽导致不能生成理想的网格。建议您此时不要急于重新做一遍，可针对有问题的模型/Block 开展分析和调整，这样将提高您分析问题、解决问题、灵活使用软件的能力。

致谢

本书在成书过程中承蒙南京航空航天大学张大林教授的支持，并给予了诸多指导，在此深表感谢；感谢中国运载火箭技术研究院闫长海研究员在本书成书过程中给予的帮助；感谢 SIMWE 仿真论坛和流体中文网各位热心网友；最后感谢家人的理解与支持。本书的创作得到了机械工业出版社的大力支持，使得本书能够在第一时间面向读者。

由于作者水平有限，书中纰漏之处难免，敬请广大读者批评指正。

编 者

目 录

第1章
计算流体力学与网格概述

本章简要介绍计算流体力学与网格的相关知识。通过学习本章，读者将对计算流体力学的起源、发展以及应用有所了解，对网格的生成原理有清晰的认识。深刻体会网格生成思路和方法，一定会使读者在学习 ANSYS ICEM CFD 的过程中事半功倍。

知识要点：

➤ 计算流体力学概述
➤ 结构网格生成原理
➤ 非结构网格概述
➤ ICEM 生成结构网格的方法

1.1 计算流体力学概述

流体力学根据研究方法的不同主要分为三类：实验流体力学、理论流体力学和计算流体力学。17 世纪，英国和法国奠定了实验流体力学基础；18 和 19 世纪，理论流体力学逐渐在欧洲发展起来；计算流体力学基本概念的提出可以追溯到 20 世纪初，它是在航空航天工业的推动下，在偏微分方程理论、数值计算方法、网格生成方法和计算机科学等相关学科的影响下发展而来的新兴学科。

计算流体力学是以流体力学为基础，以数值计算为工具，通过求解三大控制方程（即连续性方程、动量方程以及能量方程）及附加方程来获得相关参数，对流动问题进行分析的方法。

相比较实验流体力学和理论流体力学，以飞行器设计为例，计算流体力学的主要优点如下。

1）费用低、周期短，成本低。

2）实验受风洞以及实验条件的限制，只能使用较小模型在一定马赫数范围内进行，而计算流体力学可以在较为宽广的范围内考察整机性能。

3）考察流动的细微结构以及发展过程。

4）模拟多种重要状态，如黏性效应、化学反应和非平衡状态等。

5）限制假设少，应用范围广，可以模拟复杂流场。

计算流体力学既是一种研究工具，可以用来帮助解释某些物理实验和理论分析结果，甚至确定实验数据和分析过程不能明确解释的物理现象；同时还可以作为一种工程工具，广泛应用于航空、航天、船舶、车辆、发动机、化学、桥梁、制冷、工业设计、城市规划设计、环境工程和建筑等领域。

使用商业软件进行工程计算的基本流程如图 1-1 所示，包括：

1）分析待求解问题。

2）确定计算域，修改和简化几何模型。

3）生成网格，离散计算域。

4）选择合适的求解模型并设定边界条件。

5）开展计算。

6）判断计算结果是否准确可信，若结果不可信，则重复 3）、4）两步。若结果可信，开展后续工作。

7）后处理。

上述流程中 6）关系到计算结果的可信度，是非常重要的一环，将在后续章节中详细讲解相关内容。

"Grid genertion is，unfortunately from a technology standpoint，still something of an art，as well as a science."[1]——Bharat K. Soni。网格生成不仅仅是一种技术，从某种意义来说也是一门艺术和科学。

网格，是在计算区域内一系列的离散点。计算流体力学通过离散控制方程，使用数值方法得到网格节点上的数据（如速度、温度和压力等），即数值解。控制方程的离散方法主要包括有限控制体积法、有限差分法和有限单元法。

当前商用计算流体力学求解器多采用有限控制体积法，如 FLUENT、CFX 等。对具体问题进行计算前，首先就要针对计算区域在空间上完成网格划分，生成数值计算用网格的方法称为网格生成技术。由于工程中所遇到的流动问题多发生在复杂区域内，因此不规则区域内的网格生成方法非常重要。自 1979 年 Thomson 等三人提出贴体坐标网格的生成方法以来，网格生成技术在计算流体力学中的重要性日益为人们所认识，如今网格生成技术已经发展成为计算流体力学的重要分支之一。图 1-2 为航天器外流场网格示意图，图 1-3 为汽车内流场网格示意图。

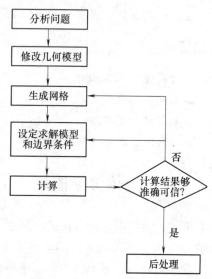

图 1-1   工程计算基本流程

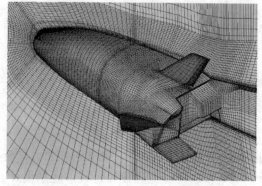

图 1-2   航天器外流场网格

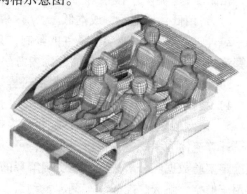

图 1-3   汽车内流场网格

工程计算多以成熟的商业软件作为求解器，因此大部分数值计算工作是由计算机完成的。生成网格耗费时间占整个项目周期的80%～95%。高质量的网格将显著提高计算精度和收敛速度，缩短项目周期，节约项目成本。

网格按存储方式可以分为结构网格和非结构网格。结构网格可以用固定的法则予以命名和存储，图1-4为结构网格示意，i、j为节点编号方向，该网格中所有节点均可用i、j的编号来表示，如小圆中的节点可以表示为$i_4 j_5$。与结构化网格不同，非结构化网格的节点位置不能用一个固定的法则予以有序的命名，如图1-5所示。

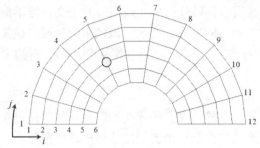

图1-4　结构网格示意

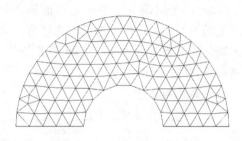

图1-5　非结构网格示意

对于复杂的工程问题，生成结构网格的工作量较大，但计算量小，可以较好地控制网格质量，同时保证边界层网格，计算速度快，更易收敛；非结构网格对复杂模型的自适应性好，工作量小，但计算量大，对计算机要求较高，网格质量不易控制，边界层网格不好保证。

1.2　非结构网格概述

由于结构网格生成方法的限制，使其不能够解决任意形状和任意连通区域的网格划分，针对这一问题，20世纪60年代提出了非结构网格手段。非结构网格对几何模型的适应性好，可以对复杂区域划分网格。

非结构网格生成方法主要有以下三种[6]。

（1）四叉树（二维）/八叉树（三维）方法

该方法的基本思想是先用一个较粗的矩形（二维）/立方体（三维）网格覆盖或包含物体的整个计算域，然后按照网格尺度的要求不断细分矩形（立方体），即将一个矩形分为四（八）个子矩形（立方体），最后将各矩形（立方体）划分为三角形（四面体）。

四叉树/八叉树方法是直接将矩形/立方体划分为三角形/四面体，由于不涉及邻近点面的查询以及邻近单元间的相交性和相容性判断问题，所以网格生成速度很快。不足之处是网格质量较差，特别是在流场边界附近，被切割的矩形/立方体可能千奇百怪，由此划分的三角形/四面体网格质量也很难保证。

（2）Delaunay方法

Delaunay方法的依据是Dirichlet在1850年提出的一种利用已知点集将已知平面划分为凸多边形的理论。该理论的基本思想是，假设平面内存在点集，则能将此平面域划分为互不重合的Dirichlet子域，每个Dirichlet子域内包含点集中的一个点，而且对应于该域的包含点，即构成唯一的Delaunay三角形网格。将上述Dirichlet的思想简化为Delaunay准则，即每个三角形的外接圆内不存在除自身三个角点外的其他点，进而给出划分三角形的简化方法：给定一个人工构造的简单初始三角形网格系，引入一个新点，标记并删除初始网格系中不满足 Delaunay 准则的三角形单元，形成一个多边形空洞，连接新点与多边形的顶点构成新的 Delaunay 网格系。重复上述过程直至达到预期的分布。

Delaunay 方法的一个显著优点就是它能使给点点集构成的网格体系中每一个三角形单元最小角尽可能大，使得尽可能得到等边的高质量三角形单元。另外，Delaunay 方法在插入新点的同时生成几个单元，因此网格生成效率高，并且可以直接推广到三维问题。

Delaunay 的不足之处在于它可能构成非凸域流场边界以外的单元或与边界正交，即不能保证流场边界的完整性。为了实现任意形状非结构网格的生成，必须对流场附近的操作做某些限制，这可能使得边界附近的网格丧失 Delaunay 性质。同时对于三维复杂外形，对边界网格要求较高。

（3）阵面推进法

阵面推进法的基本思想是首先将流场边界划分为小的阵元，构成初始阵面，然后选定某一阵面，组成新的阵面，这一阵面不断向流场中推进，直至整个流场被非结构网格覆盖。

阵面推进法也有其自身的优点和缺点。首先，阵面推进法的初始面即为流场边界，推进过程即阵面不断向流场内收缩的过程，所以不存在保证边界完整性的问题；其次，阵面推进是一个局部过程，相交性判断仅涉及局部临近的单元，因而减少了由于计算机截断误差导致推进失败的可能，而且局部性使得执行过程可以在推进的任意中间状态重新开始；再者，在流场内引入新点是伴随推进过程自动完成的，因而易于控制网格步长分布，但是每推进一步，仅生成一个单元，因此阵面推进法的效率较其他非结构网格生成方法效率要低。推进效率低的另一个原因是在每一步推进过程中，都涉及邻近点、邻近阵元的搜索以及正交性判断；另外，尽管阵面推进法的思想可以直接推广到三维问题，但在三维情况下，阵面的形状可能非常复杂，相交性判断也就变得更加繁琐。

ANSYS ICEM CFD 中非结构网格生成方法包括四叉树/八叉树方法、Delaunay 方法以及其他网格生成方法，详细内容可以参考第 4 章。

1.3　结构网格生成方法[2]

本节讲解的重点是结构网格生成方法。结构网格生成方法主要有代数生成方法和偏微分方程生成方法。本节将以钝头体外流场网格生成为例（其形状如图 1-6 所示），主要介绍几种比较典型的结构网格生成方法。

结构网格的生成过程就是计算平面到几何平面的坐标映射过程。如图 1-7 所示，矩形即为计算平面，钝头体外流场即为几何平面。计算平面可以体现节点编号，如点 1 可以编号为 i,j；几何平面可以体现节点坐标。计算平面的点 1′、2′、3′、4′和几何平面的点 1、2、3、4一一对应，各条边一一对应。如 1′_3′上有均匀分布的节点 5′、6′，则 1_3 上也应有均匀分布的 5、6 与之相对

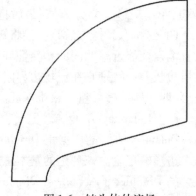

图1-6　钝头体外流场

应。

边界上的节点坐标确定后，可以采用不同的方法得到内部节点坐标。代数生成方法就是通过代数差值来求得内部节点坐标，而偏微分方程生成方法则是通过求解一定形式的偏微分方程求得内部节点坐标。

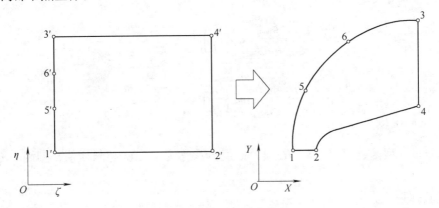

图 1-7　结构网格生成过程

1.3.1　代数方法

代数生成方法是利用已知边界值通过差值获得计算网格的方法。"超限差值"由于使用方便，对简单区域可以获得较好的网格，对于复杂区域还可以预置网格（即作为使用偏微分方程生成网格的初始条件）。下面介绍二维双线性超限差值的方法。

在任意坐标下，计算区域内网格点的坐标表示为 $\vec{r}(\zeta, \eta)$，在已知边界点分布的情况下如图 1-8 所示，插值得到的网格点为

$$\vec{r} = \vec{r}_\zeta + \vec{r}_\eta - \vec{r}_{\zeta\eta} \tag{1-1}$$

式中，$\vec{r}_\zeta$ 为 ζ 方向插值函数，$\vec{r}_\eta$ 为 η 方向插值函数，$\vec{r}_{\zeta\eta}$ 为修正差值函数。

对于 $\vec{r}_\zeta$ 有

$$\vec{r}_\zeta = \sum_{n=1}^{N} \phi_n\left(\frac{\xi}{I}\right)\vec{r}_n \tag{1-2}$$

式中，$\vec{r}_n$ 为型函数，具体可以为 Lagrange 多项式

$$\phi_n\left(\frac{\xi}{I}\right) = \prod_{l=1}^{N} \frac{\xi - \xi_l}{\xi_n - \xi_l} \quad (l \neq n) \tag{1-3}$$

仿此可以写出其他差值函数，则式（1-1）可以写为

$$\vec{r}(\zeta, \eta) = \sum_{n=1}^{N} \phi_n\left(\frac{\xi}{I}\right)\vec{r}(\xi_n, \eta) + \sum_{m=1}^{M} \psi_m\left(\frac{\eta}{J}\right)\vec{r}(\xi, \eta_m) - \sum_{n=1}^{N}\sum_{m=1}^{M} \phi_n\left(\frac{\xi}{I}\right)\psi_m\left(\frac{\eta}{J}\right)\vec{r}(\xi_n, \eta_m)$$

$$\tag{1-4}$$

图 1-8　计算网格二维区域示意图

当 Lagrange 型函数中 $M=2$、$N=2$，插值方法称为双线性超限插值，型函数 $\phi_n\left(\dfrac{\xi}{I}\right)$ 和

$\psi_m\left(\dfrac{\eta}{J}\right)$ 的具体形式为

$$\vec{\xi}=\frac{\xi-\xi_{\min}}{\xi_{\max}-\xi_{\min}},\phi_n\left(\frac{\xi}{I}\right)=\begin{cases}1-\vec{\xi} & n=1\\[2mm]\vec{\xi} & n=2\end{cases} \tag{1-5}$$

$$\vec{\eta}=\frac{\eta-\eta_{\min}}{\eta_{\max}-\eta_{\min}},\psi_m\left(\frac{\eta}{J}\right)=\begin{cases}1-\vec{\eta} & m=1\\[2mm]\vec{\eta} & m=2\end{cases} \tag{1-6}$$

当 Lagrange 型函数中 $M=3$、$N=3$，插值方法称为双二次超限插值，型函数 $\phi_n\left(\dfrac{\xi}{I}\right)$ 和

$\psi_m\left(\dfrac{\eta}{J}\right)$ 的具体形式为

$$\vec{\xi}=\frac{\xi-\xi_{\min}}{\xi_{\max}-\xi_{\min}},\phi_n\left(\frac{\xi}{I}\right)=\begin{cases}2\left(\vec{\xi}-\dfrac{1}{2}\right),(\vec{\xi}-1) & n=1\\[3mm]4\vec{\xi}(1-\vec{\xi}) & n=2\\[3mm]2\vec{\xi}\left(\vec{\xi}-\dfrac{1}{2}\right) & n=3\end{cases} \tag{1-7}$$

$$\vec{\eta}=\frac{\eta-\eta_{\min}}{\eta_{\max}-\eta_{\min}},\phi_n\left(\frac{\eta}{J}\right)=\begin{cases}2\left(\vec{\eta}-\dfrac{1}{2}\right),(\vec{\eta}-1) & m=1\\[3mm]4\vec{\eta}(1-\vec{\eta}) & m=2\\[3mm]2\vec{\eta}\left(\vec{\eta}-\dfrac{1}{2}\right) & m=3\end{cases} \tag{1-8}$$

使用双线性超限差值方法划分钝头体外流场二维网格结果如图 1-9 所示。

1.3.2 椭圆形微分方程方法

图 1-7 所示变换关系可以由一个椭圆形微分方程确定，这种方法最早由 Thompson 等人提出。在 x、y 平面内取 Laplace 方程：

$$\frac{\partial^2\xi}{\partial x^2}+\frac{\partial^2\xi}{\partial y^2}=0 \tag{1-9}$$

$$\frac{\partial^2\eta}{\partial x^2}+\frac{\partial^2\eta}{\partial y^2}=0 \tag{1-10}$$

在式（1-9）和式（1-10）中，ξ 和 η 是因变量，x 和 y 是自变量，将两组方程对调一下写出逆方程，使 x 和 y 变成因变量，结果为

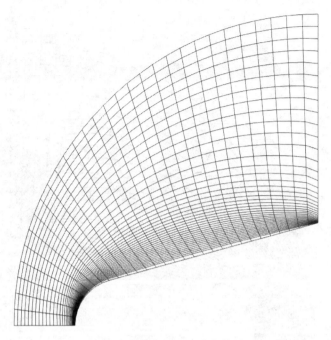

图 1-9　代数方法生成网格结果

$$\alpha \frac{\partial^2 x}{\partial \xi^2} - 2\beta \frac{\partial^2 x}{\partial \xi \partial \eta} + \gamma \frac{\partial^2 x}{\partial \eta^2} = 0 \qquad (1\text{-}11)$$

$$\alpha \frac{\partial^2 y}{\partial \xi^2} - 2\beta \frac{\partial^2 y}{\partial \xi \partial \eta} + \gamma \frac{\partial^2 y}{\partial \eta^2} = 0 \qquad (1\text{-}12)$$

式中,

$$\begin{aligned}
\alpha &= \left(\frac{\partial x}{\partial \eta}\right)^2 + \left(\frac{\partial y}{\partial \eta}\right)^2 \\
\beta &= \frac{\partial x}{\partial \xi}\frac{\partial x}{\partial \eta} + \frac{\partial y}{\partial \xi}\frac{\partial y}{\partial \eta} \\
\gamma &= \left(\frac{\partial x}{\partial \xi}\right)^2 + \left(\frac{\partial y}{\partial \xi}\right)^2
\end{aligned} \qquad (1\text{-}13)$$

　　计算过程中,将式(1-11)和式(1-12)采用中心差分进行离散,使用 ADI 方法进行求解。使用椭圆形微分方程方法划分钝头体外流场二维网格的结果如图 1-10 所示。

1.3.3　Thomas&Middlecoff 方法生成网格

　　求解椭圆型微分方程生成网格的优点是:①所得网格线是光滑的;②可以处理复杂的边界。其缺点是较难实现内部节点的控制。为了实现用边界上的节点的分布控制内部节点的分布,同时实现边界网格正交,通常的做法是在式(1-11)和式(1-12)右端加上源项,Thomas&Middlecoff 法是比较典型的方法。

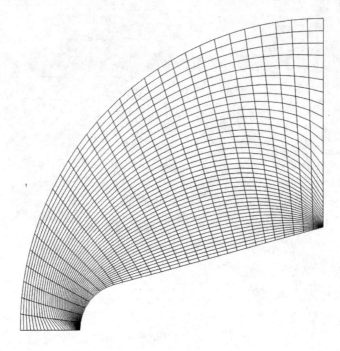

图 1-10　椭圆形微分方程生成网格结果

在式（1-11）和式（1-12）右边加上源项 $P（\xi，\eta）$、$Q（\xi，\eta）$ 后，方程变为 Possion 方程。

$$\frac{\partial^2 \xi}{\partial x^2} + \frac{\partial^2 \xi}{\partial y^2} = P(\xi, \eta) \tag{1-14}$$

$$\frac{\partial^2 \eta}{\partial x^2} + \frac{\partial^2 \eta}{\partial y^2} = Q(\xi, \eta) \tag{1-15}$$

假设

$$P = \phi(\xi, \eta)\left[\left(\frac{\partial \varepsilon}{\partial x}\right)^2 + \left(\frac{\partial \varepsilon}{\partial y}\right)^2\right] \tag{1-16}$$

$$Q = \psi(\xi, \eta)\left[\left(\frac{\partial \eta}{\partial x}\right)^2 + \left(\frac{\partial \eta}{\partial y}\right)^2\right] \tag{1-17}$$

将式（1-16）和式（1-17）分别代入式（1-14）和式（1-15）可得

$$\alpha\left(\frac{\partial^2 x}{\partial \xi^2} + \phi\frac{\partial x}{\partial \xi}\right) - 2\beta\frac{\partial^2 x}{\partial \xi \partial \eta} + \gamma\left(\frac{\partial^2 x}{\partial \eta^2} + \psi\frac{\partial x}{\partial \eta}\right) = 0 \tag{1-18}$$

$$\alpha\left(\frac{\partial^2 y}{\partial \xi^2} + \phi\frac{\partial y}{\partial \xi}\right) - 2\beta\frac{\partial^2 y}{\partial \xi \partial \eta} + \gamma\left(\frac{\partial^2 y}{\partial \eta^2} + \psi\frac{\partial y}{\partial \eta}\right) = 0 \tag{1-19}$$

联立式（1-18）和式（1-19），消去 ψ 可得

$$\alpha\left[\frac{\partial y}{\partial \eta}\left(\frac{\partial^2 x}{\partial \xi^2}+\phi\frac{\partial x}{\partial \xi}\right)-\frac{\partial x}{\partial \eta}\left(\frac{\partial^2 y}{\partial \xi^2}+\phi\frac{\partial y}{\partial \xi}\right)\right]=\left(\frac{\partial y}{\partial \eta}\right)^2\left[2\beta\frac{\partial\left(\frac{\partial x}{\partial \eta}\middle/\frac{\partial y}{\partial \eta}\right)}{\partial \xi}+\gamma\frac{\partial\left(\frac{\partial x}{\partial \eta}\middle/\frac{\partial y}{\partial \eta}\right)}{\partial \eta}\right] \quad (1\text{-}20)$$

式中，$\dfrac{\partial x}{\partial \eta}\middle/\dfrac{\partial y}{\partial \eta}$就是物理平面上 $\xi=\text{const}$ 的曲线簇在 $\eta=0$（或 $\eta=1$）的边界上的斜率 $\mathrm{d}x/\mathrm{d}y$。

对 $\xi=\text{const}$ 的曲线簇在 $\eta=0$（或 $\eta=1$）的边界上提出以下几点要求。

1）边界附近局部的为直线，即曲率为零，于是有

$$\frac{\partial}{\partial \eta}\left(\frac{\mathrm{d}x}{\mathrm{d}y}\right)=\frac{\partial}{\partial \eta}\left(\frac{\partial x}{\partial \eta}\middle/\frac{\partial y}{\partial \eta}\right)=0 \quad (1\text{-}21)$$

2）在边界附近，$\xi=\text{const}$ 的曲线同 $\eta=0$（或 $\eta=1$）的边界线正交，即要求

$$\beta=\frac{\partial x}{\partial \xi}\frac{\partial x}{\partial \eta}+\frac{\partial y}{\partial \xi}\frac{\partial y}{\partial \eta}=0 \quad (1\text{-}22)$$

根据以上条件，式（1-15）可化为

$$\frac{\partial^2 x}{\partial \xi^2}+\phi\frac{\partial x}{\partial \xi}=\left(\frac{\partial x}{\partial \eta}\middle/\frac{\partial y}{\partial \eta}\right)\left(\frac{\partial^2 y}{\partial \xi^2}+\phi\frac{\partial y}{\partial \xi}\right) \quad (1\text{-}23)$$

而由 $\beta=0$ 的条件可知，$\dfrac{\partial x}{\partial \eta}\middle/\dfrac{\partial y}{\partial \eta}=-\dfrac{\partial y}{\partial \xi}\middle/\dfrac{\partial x}{\partial \xi}$，代入式（1-18）得

$$\frac{\partial^2 x}{\partial \xi^2}+\phi\frac{\partial x}{\partial \xi}=-\frac{\partial y}{\partial \xi}\middle/\frac{\partial x}{\partial \xi}\left(\frac{\partial^2 y}{\partial \xi^2}+\phi\frac{\partial y}{\partial \xi}\right) \quad (1\text{-}24)$$

由此推得在 $\eta=0$（或 $\eta=1$）的边界上 $\varPhi$ 可按下式计算：

$$\phi=-\left(\frac{\partial x}{\partial \xi}\frac{\partial^2 x}{\partial \xi^2}+\frac{\partial y}{\partial \xi}\frac{\partial^2 y}{\partial \xi^2}\right)\middle/\left[\left(\frac{\partial x}{\partial \xi}\right)^2+\left(\frac{\partial y}{\partial \xi}\right)^2\right] \quad (1\text{-}25)$$

同理，可以推导得到在 $\xi=0$（或 $\xi=1$）的边界上 ψ 的计算式为

$$\psi=-\left(\frac{\partial x}{\partial \eta}\frac{\partial^2 x}{\partial \eta^2}+\frac{\partial y}{\partial \eta}\frac{\partial^2 y}{\partial \eta^2}\right)\middle/\left[\left(\frac{\partial x}{\partial \eta}\right)^2+\left(\frac{\partial y}{\partial \eta}\right)^2\right] \quad (1\text{-}26)$$

上述方法只能确定边界上的 ϕ 和 ψ 值，内部各点的 ϕ 和 ψ 值通过超限差值法获得。这种方法所构造的源项函数，能够使得区域内部的网格分布收到边界上预先设置好的分布控制，且在一定程度上使边界的网格保持正交。图 1-11 所示为使用该方法生成的网格。

上面主要讲解了二维结构网格生成方法，通过比较上述三种结构化网格生成方法发现，代数生成方法计算量小，偏微分方程方法计算量较大。偏微分方法，尤其是 Thomas&Middlecoff 方法生成的网格光滑，正交性好，边界附近网格质量高。

同一个计算平面可以映射多个几何平面生成网格，如图 1-12 和图 1-13 所示。

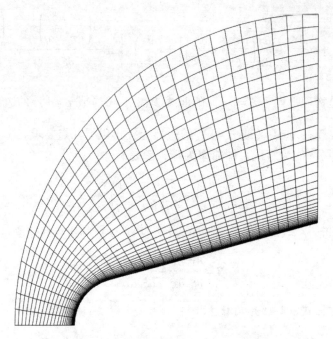

图 1-11   Thomas&Middlecoff 方法生成网格

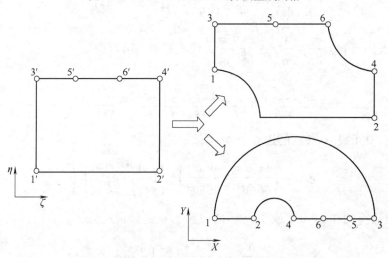

图 1-12   同种拓扑结构对应多种几何外形

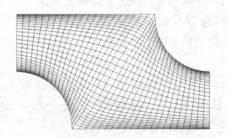
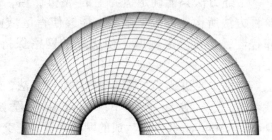

图 1-13   网格生成结果

注意：1.3.1节~1.3.3节中生成网格的C++程序在光盘中"几何文件/第1章/1.3"文件夹下，该程序输出文件可在Tecplot软件中打开，感兴趣读者可以参考程序学习上述三种网格生成方法。

三维结构网格生成原理和方法与二维类似，只是增加了一个维度。图1-14为三维结构网格生成原理示意图，图1-14a为三维边界的对应关系，图1-14b为计算域和物理域的网格。

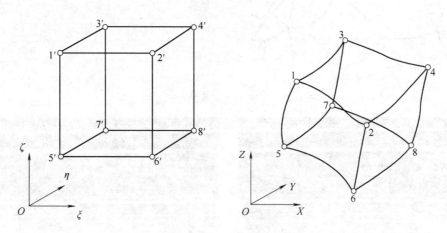

a) 计算域与物理域之间对应关系

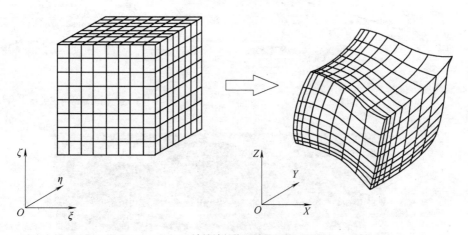

b) 计算域与物理域的网格

图1-14　三维结构网格生成原理示意

将生成网格的计算域称为块（Block）。简单几何外形使用一个块就可以满足网格生成的需求，但是工程中的问题非常复杂，仅用一个块不能很好地描述物理域的拓扑结构，于是衍生出多块（MultiBlock）网格生成技术，其基本原理与单块生成方法相同。图1-15所示为使用多块生成网格的具体实例。

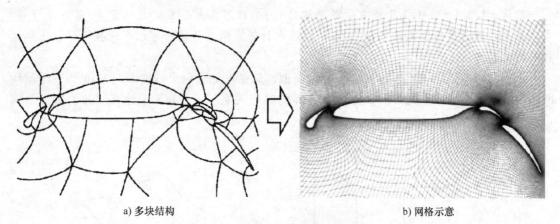

a) 多块结构   b) 网格示意

图 1-15   多块方法生成结构网格[1]

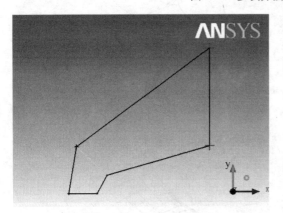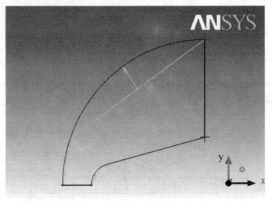

a) 计算域   b) 计算域与物理域的对应关系

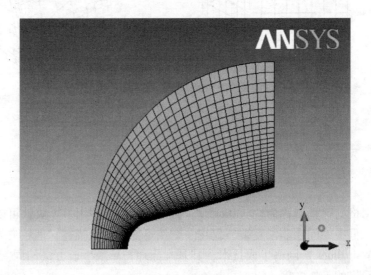

c) 生成网格

图 1-16   ICEM 生成网格方法示意

ANSYS ICEM CFD 的结构网格生成方法是代数生成方法，可以使用偏微分方程方法光顺网格。图 1-16 为使用 ICEM 生成二维偏心圆网格示意。希望读者着重理解代数生成方法的思想，这会帮助读者更好、更快地学习后面的章节。

本 章 小 结

本章简要介绍了计算流体力学求解工程问题的一般流程和网格的基础知识。本章的重点是结构化网格生成方法，读者在以后的学习中将对此有更加深刻的认识。

第2章
ANSYS ICEM CFD 基础

从本章开始，将正式学习使用 ANSYS ICEM CFD 生成网格。通过本章的学习，读者将了解 ANSYS ICEM CFD 强大的网格生成能力，熟悉其操作界面、网格生成流程以及软件中的基本概念和常用词汇。

知识要点：

- ➤ ANSYS ICEM CFD 网格生成优势
- ➤ ANSYS ICEM CFD 操作界面
- ➤ ANSYS ICEM CFD 基本操作
- ➤ ANSYS ICEM CFD 基础词汇
- ➤ ANSYS ICEM CFD 网格生成流程

2.1　认识 ANSYS ICEM CFD

ANSYS ICEM CFD 是一款功能强大的前处理软件，不仅可以为主流的计算机流体力学（CFD）软件（如 FLUENT、CFX、STAR-CD、STAR-CCM +）提供高质量的流体动力学数值计算网格，而且还可以完成多种计算机辅助工程（CAE）软件（如 ANSYS、Nastran、Abaqus、LS-Dyna）的前处理工作。ANSYS ICEM CFD 是目前市场上最强大的六面体结构化网格生成工具。随着 ANSYS ICEM CFD 在中国的普及和应用，它的网格生成优势逐渐为业界认可，越来越多的工程人员选用 ANSYS ICEM CFD 来生成网格。在后文中，我们将 AN-SYS ICEM CFD 简称为 ICEM。

2.1.1　ANSYS ICEM CFD 的特点

ICEM 具有如下特色功能：

1）用户操作界面友好。

2）几何接口丰富。支持 CATIA、Pro/ENGINEER、Unigraphics、SolidWorks、IDEAS 软件；支持 IGES、STEP、DWG 等格式文件的导入；支持格式化点数据的导入。

3）几何修改创建能力强大。ICEM 能够快速地检测修补几何模型中存在的缝隙和孔等瑕疵；可以方便地在模型中生成必需的几何元素（点、线、面）。图 2-1 所示为单纯使用 ICEM 生成的几何模型，显示了 ICEM 强大的几何处理能力。

4）忽略细节特征。自动忽略几何缺陷及多余的细小特征。

5）几何文件和块文件分开存储。当几何模型拓扑不变，仅尺寸发生变化时，只需微调映射关系就可以完成网格生成工作。

6）网格装配。轻松实现不同类型网格之间的装配，尤其对于拓扑结构复杂的模型可以大大简化工作量（见图 2-2）。

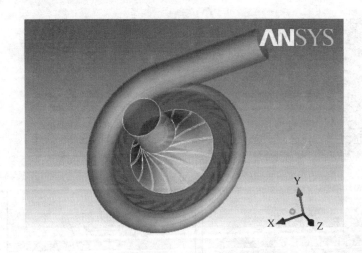

图 2-1　单独使用 ICEM 生成的几何模型

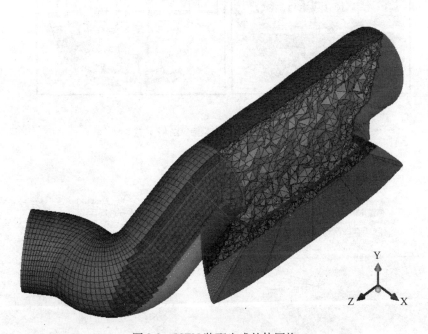

图 2-2　ICEM 装配生成的体网格

7）四/六面体网格混合网格。在连接处可自动生成金字塔网格单元，保证在交界面位置实现不同类型网格节点重合（见图 2-3）。

8）先进的 O 型网格技术。O 型网格以及其变型（C 型网格、L 型网格）可以显著提高曲率较大处网格质量，对外部绕流问题和内部流动问题均非常适用（图 2-4 所示为某翼型外场使用 O 型网格）。

9）拓扑结构的构造方法灵活，可以自上而下建立，也可以自下而上建立。

10）快速生成以六面体网格为主的网格（见图 2-5）。

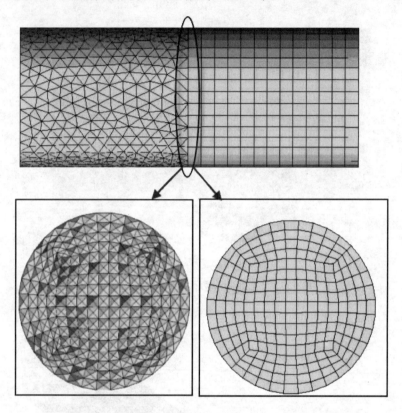

图 2-3　四/六面体混合网格示意

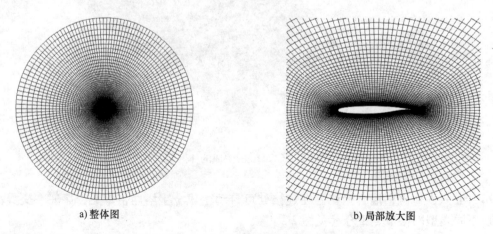

a) 整体图　　　　　　　　　　　　b) 局部放大图

图 2-4　NACA0015 外流场网格

11）提供多种标准评判网格质量。

12）网格编辑能力强大。自动对整体网格光顺处理，坏单元自动重划，人为可控地提高网格质量。

13）提供 100 余种求解器接口，包 括 FLUENT、CFX、CFD++、CFL3D、STAR-CD、STAR-CCM+；Nastran、Abaqus、LS-Dyna、ANSYS 等。

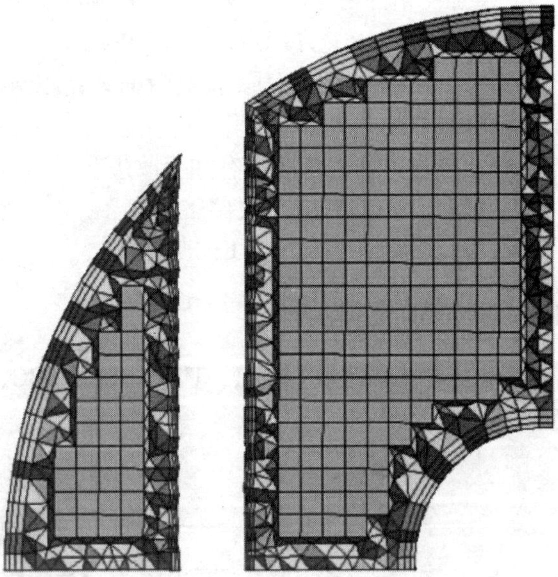

2.1.2 ICEM 14.0 的新特征

本书是基于 ANSYS ICEM CFD 14.0 编写的，整体而言该版本有如下改进：

1）不再集成 Cart3D 模块。

2）不再集成后处理模块。

3）改进多块网格生成方法。

4）支持按照不同网格类型选择网格单元。

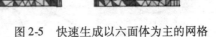

5）在 Curve Mesh Setup 栏（Mesh →Curve Mesh Setup）增加调整曲线方向的功能。

图 2-5 快速生成以六面体为主的网格

6）提高选择和显示速度。

7）支持 Creo Parametric 1.0 几何文件导入。

对于 Block 操作而言，该版本有如下改进：

1）Inherit Part Name 选项可用于拉伸面（）和旋转/平移面（ ）创建三维 Block。

2）改进二维 Block 的生成方法。

3）在 Index Control 面板的 Index Sets 选项可以保存和管理编号设置。

4）在模型树下增加 Model→Blocking→Edge→Show Edge Info 选项，可显示 Edge 分段数。

5）共享面（SharedWall）信息可用。

6）可根据映射关系显示 Face 到 Surface 的映射关系。

7）Block 的划分可以基于所有 Block 或所有可视的 Block。

8）重置映射关系操作（Blocking→Associate→Reset Association）增加两个新选项（Vertices→Only visible 和 Faces→Only visible）。

9）Link Edge（Blocking→Edit Edge→Link Edge）操作包含 Interactive 的新选项，可通过滑动条调整关联因子（Link Factor）。

10）Split Edge 可将所有 Edge 切割成线性 Edge。

11）Change Edge Split Type 选项允许用户切换 Edge 切割类型。

12）如果 Edge 被切割， 可循环选择下一段被分割的 Edge。

13）通过 Run Check/Fix 检查 Block，可以自动检查和修复内部块数据结构的不一致性。

14）在 Pre-Mesh Quality 面板增加 Min overview 选项，可在消息窗口显示当前网格各质量评判标准的最小值。

在网格编辑方面，该版本有如下改进：

1）Redistribute Prism Edge 可调整锁定的棱柱网格单元。

2）增加网格加密选项。By Mid Side Nodes Only 允许用户使用中间边界节点实现全局加密；Surface Deviation 允许用户仅加密面网格。

3）增强了网格光顺能力。提高六面体光顺网格质量；网格光顺速度提高了 25%；网格光顺界面和默认设置更方便操作。

在输出操作方面，该版本有如下改进：

1）可输出为 CGNS 3.1 文件。

2）改进了输出 ANSYS FLUENT 的接口。

2.1.3　ICEM 文件类型

ICEM 文件格式主要有 PRJ、TIN、BLK、FBC、PAR、RPL、JRF 七种。不同文件格式的关系如图 2-6 所示。

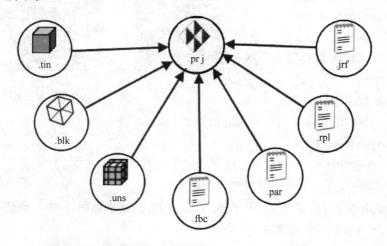

图 2-6　ICEM 文件格式

◇　PRJ 文件为工程文件，所有其他类型文件都与它关联，可以通过 PRJ 文件打开与之相关的所有文件。

◇　TIN 文件为几何文件，包含几何模型信息、材料点的定义、全局以及局部网格尺寸定义。

◇　BLK 文件为块文件，保存块的拓扑结构。

◇　UNS 文件为网格文件。

◇　FBC 文件保存边界条件和局部参数等信息。

◇　PAR 文件保存模型参数等信息。

◇　JRF 为 ICEM 的脚本文件，可用于批处理及二次开发。

各种类型的文件分别存储不同的信息，可以单独导入或导出 ICEM，以此提高软件使用过程中文件的读取速度。

2.2　ICEM 操作界面

ICEM 操作界面主要由菜单栏、标签栏、工具栏、模型树、主窗口、数据输入窗口、信息窗口、柱状图窗口、选择工具栏等组成，如图 2-7 所示。下面依次介绍各个部分的作用。

注意：读者可以直接跳至第 3 章学习，在学习过程中逐渐熟悉各操作窗口的功能。

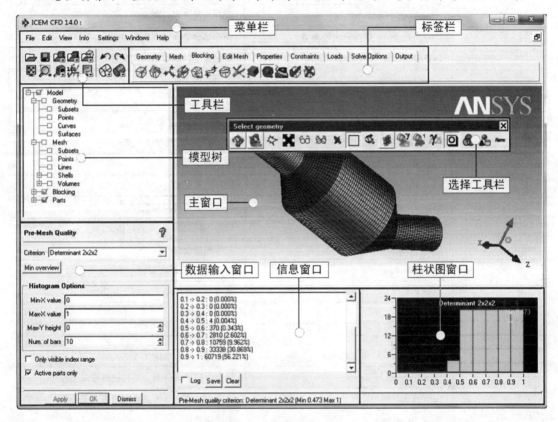

图 2-7　ICEM 操作界面

2.2.1　菜单栏

菜单栏主要是偏宏观的操作，如打开文件、设定工作目录、控制模型的显示角度、设定显示精度和显示背景、查看几何信息和网格信息等。表 2-1 ~ 表 2-5 为菜单栏操作的详细列表。

表 2-1　File 操作

操 作 名	操 作 效 果
New Project	新建工程文件（*.prj）
Open Project	打开工程文件
Save Project	保存工程文件
Save Project As	另存为工程文件
Close Project	关闭工程文件

（续）

操 作 名		操 作 效 果
Change Working		设置工作目录
Geometry	Open Geometry	打开几何文件（*.tin)
	Save Geometry	保存几何文件
	Save Geometry As	另存为几何文件
	Save Visible Geometry As	保存当前可视几何文件
	Save Only Some Geometry Parts As	保存部分 Part 的几何文件
	Save Geometry As Vision	保存为不同版本的几何文件
	Close Geometry	关闭几何文件
Mesh	Open Mesh	打开网格文件（*.uns)
	Open Mesh Shells Only	打开壳/面网格文件
	Load From Blocking	从当前 Block 文件载入网格
	Save Mesh	保存网格文件
	Save Mesh As	另存为网格文件
	Save Visible Mesh As	保存当前可视网格文件
	Save Only Some Mesh As	保存不同 Part/Type 的网格文件
	Close Mesh	关闭网格文件
Blocking	Open Blocking	打开块文件（*.blk)
	Load From Unstruct Mesh	基于全六面体单元网格生成块文件
	Save Blocking	保存块文件
	Save Blocking As	另存为块文件
	Save Blocking As 4.0 Format	保存为 4.0 版本块文件
	Save Unstruct Mesh	保存当前块文件为非结构网格格式文件
	Save Multiblock Mesh	保存当前块文件为多块结构格式文件
	Close Blocking	关闭块文件
Attributes	Open Attributes	打开属性文件（*.fbc)
	Save Attributes	保存属性文件
	Save Attributes As	另存为属性文件
	Close Attributes	关闭属性文件
Parameters	Open Parameters	打开参数文件（*.par)
	Save Parameters	保存参数文件
	Save Parameters As	另存为参数文件
	Close Parameters	关闭参数文件
Cartesian	Load Cartesian	载入坐标系文件（*.crt)
	Save Cartesian	保存坐标系文件
	Save Cartesian As	另存为坐标系文件
	Close Cartesian	关闭坐标系文件

（续）

操 作 名	操 作 效 果
Import Geometry From UG/CATIA V4/DWG/…	导入几何文件
Import Mesh From Ansys/CFX/Fluent/Abaqus/…	导入网格文件
Export Geometry To IGES/Prasolid/DDN/…	导出几何文件
Export Mesh To Abaqus/Ansys/AUTODYN/…	导出网格文件
Workbench Readers	使用 Workbench Reader 导入文件

操 作 名		操 作 效 果
Replay Scripts	Replay Control	打开 Replay Control 面板
	Load Script File	载入命令流文件（ *. rpl/ *. jrf/ *. tcl）
	Run From Script File	载入并运行命令流文件
	Recording Scripts	开始/停止记录命令流
Exit		退出

表 2-2　Edit 操作

操 作 名	操 作 效 果
Undo	撤销
Redo	重做
Clear Undo	清除 Undo 产生的内存
Shell	打开命令行窗口
Facets > Mesh	转换碎面几何模型为非结构网格
Mesh > Facets	转换非结构网格为碎面几何模型
Struct Mesh > CAD Surfaces	转换结构网格为几何面
Struct Mesh > Unstruct Mesh	转换结构网格为非结构网格
Shrink Tetin File	压缩几何文件

表 2-3　View 操作

操 作 名		操 作 效 果
Fit Window		使模型匹配主窗口显示
Box Zoom		使被选择模型匹配主窗口显示
Top		俯视图
Bottom		仰视图
Left		左视图
Right		右视图
Front		前视图
Back		后视图
Isometric		等距视图
View Control	Save Current View	保存当前视图
	Edit/Load/Save Views	编辑/载入/保存视图
Save Picture		保存当前主窗口视图为图片

（续）

操 作 名		操 作 效 果
Mirror and Replicates		创建镜面视图
Annotation	Add In The Current Window	增加标注
	Modify By Selecting	选择并修改标注
	Pick And Move	选择并移动标注
	Pick And Remove	选择并移除标注
	Reset Mouse	重置鼠标
Add Marker		增加标记
Clear Markers		清除标记
Mesh Cut Plane		网格切面视图

表 2-4　**Info 操作**

操 作 名	操 作 效 果
Geometry Info	显示几何模型信息
Surface Area	显示曲面面积
Frontal Area	显示曲面投影在主窗口上的面积
Curve Length	显示曲线长度
Curve Direction	显示曲线方向
Mesh Info	显示网格信息
Element Info	显示单元信息
Node Info	显示节点信息
Element Type/Property Info	显示单元类型和材料信息
Toolbox	集成计算器/记事本/单位换算等小工具
Project File	显示工程文件信息
Domain File	显示几何文件信息
Mesh Report	生成网格报告

表 2-5　**Setting 操作**

操 作 名	操 作 效 果
General	常规设置（处理器数、文本边界器等）
Product	产品设置（产品设置、图形界面风格）
Display	显示设置
Speed	显示速度设置
Memeory	内存参数设置
Lighting	灯光设置
Backgroud Style	主窗口背景设置
Mouse Bindings/Spaceball	鼠标操作设置

（续）

操 作 名		操 作 效 果
Selection		选择设置
Remote		远程设置
Model		模型容差设置
Geometry Option		几何参数设置
Meshing	Hexa/Mixed	设置六面体/混合网格参数
	Quality/Histogram Info	质量/柱状图设置
	Edge Info	Edge 信息
Solver		求解器设置
Reset		重置为默认设置

2.2.2 工具栏

工具栏汇集了菜单栏中的常用操作，图 2-8 中标注了各图标的功能，供读者参考。

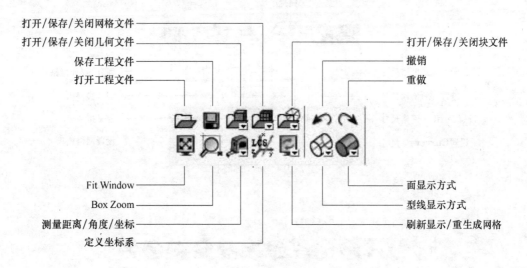

图 2-8 ICEM 操作界面

2.2.3 标签栏

标签栏中包含了所有针对网格生成元素（几何、块、网格等）的实际操作。图 2-9 中标注了 Geometry 标签栏中针对几何模型的操作；图 2-10 中标注了 Mesh 标签栏中定义非结构网格参数的操作；图 2-11 中标注了 Blocking 标签栏中针对块的操作；图 2-12 中标注了 Edit Mesh 标签栏中针对网格的操作；图 2-13 中标注了 Properties 标签栏中定义网格单元材料的操作；图 2-14 中标注了 Constraints 标签栏中定义约束的操作；图 2-15 中标注了 Loads 标签栏中定义载荷的操作；图 2-16 中标注了 Solve Options 标签栏中定义求解参数的操作；图 2-17 中标注了 Output 标签栏中输出网格文件的操作。

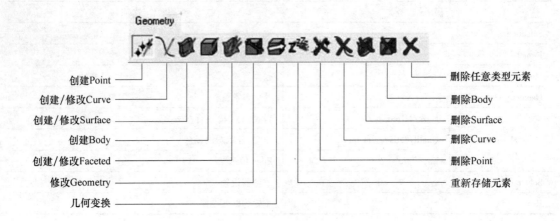

图 2-9　Geometry 标签栏

创建Point
创建/修改Curve
创建/修改Surface
创建Body
创建/修改Faceted
修改Geometry
几何变换

删除任意类型元素
删除Body
删除Surface
删除Curve
删除Point
重新存储元素

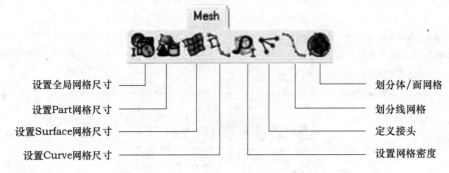

图 2-10　Mesh 标签栏

设置全局网格尺寸
设置Part网格尺寸
设置Surface网格尺寸
设置Curve网格尺寸

划分体/面网格
划分线网格
定义接头
设置网格密度

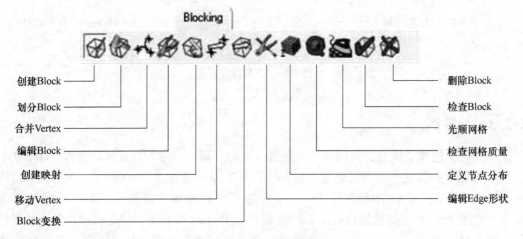

图 2-11　Blocking 标签栏

创建Block
划分Block
合并Vertex
编辑Block
创建映射
移动Vertex
Block变换

删除Block
检查Block
光顺网格
检查网格质量
定义节点分布
编辑Edge形状

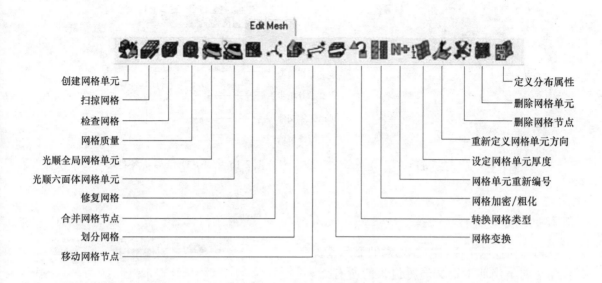

图 2-12 Edit Mesh 标签栏

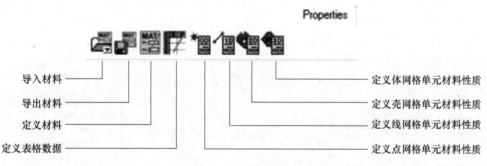

图 2-13 Properties 标签栏

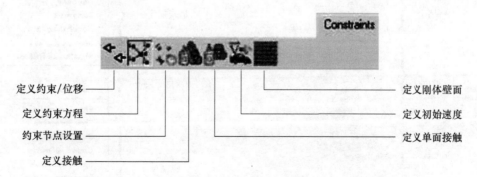

图 2-14 Constraints 标签栏

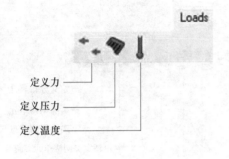

图 2-15　Loads 标签栏

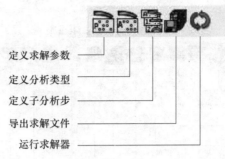

图 2-16　Solve Options 标签栏

2.2.4　模型树

模型树控制主窗口中各元素的显示情况。模型树列出当前工程文件所包含的所有元素（几何、块、网格、部件、坐标系等），如图 2-18 所示，勾选☑显示相应元素。

右击元素弹出显示选项，以 Surface 为例，弹出图 2-19 所示菜单，功能如下：a）显示复杂程度影响 Surface 在主窗口的显示效果；b）显示形式决定面元素以何种形式显示（见图 2-20）；c）网格尺寸显示壳网格尺寸；d）显示面信息/隐藏面等。

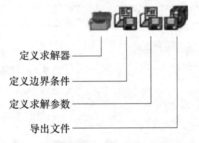

图 2-17　Output 标签栏

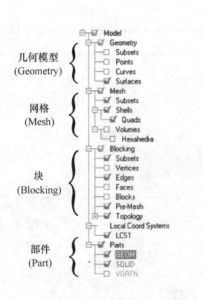

图 2-18　模型树

图 2-19　Surface 显示选项

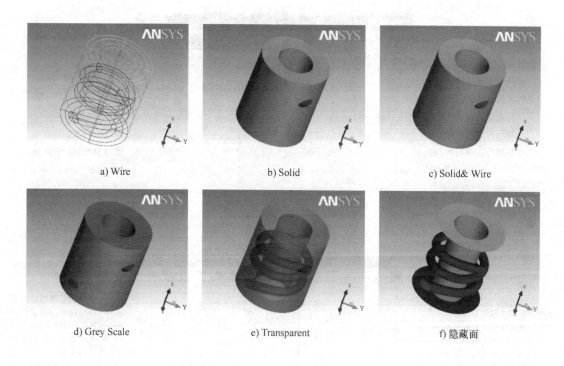

a) Wire　　　　　　　　b) Solid　　　　　　　c) Solid& Wire

d) Grey Scale　　　　　e) Transparent　　　　　f) 隐藏面

图 2-20　Surface 显示形式示例

　　注意：隐藏操作并没有在工程文件中删除面元素，只是将其隐藏。合理控制 Geometry 和 Block 的显示便于复杂的模型的观察和选择，因此，熟练使用模型树的显示控制功能可令杂乱的主窗口简洁有效。

2.2.5　选择工具栏

　　图 2-21～图 2-23 中分别标注了几何、块和网格选择工具栏的操作。结合 2.2.4 节中的内容可以便于读者在主窗口选择几何、块和网格等元素。

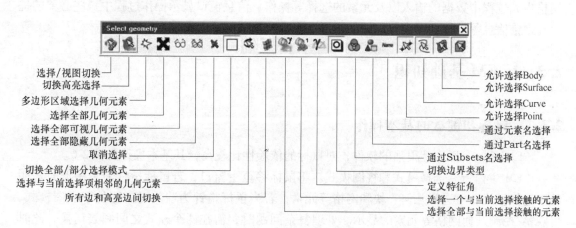

选择/视图切换
切换高亮选择
多边形区域选择几何元素
选择全部几何元素
选择全部可视几何元素
选择全部隐藏几何元素
取消选择
切换全部/部分选择模式
选择与当前选择项相邻的几何元素
所有边和高亮边间切换

允许选择Body
允许选择Surface
允许选择Curve
允许选择Point
通过元素名选择
通过Part名选择
通过Subsets名选择
切换边界类型
定义特征角
选择一个与当前选择接触的元素
选择全部与当前选择接触的元素

图 2-21　几何选择工具栏

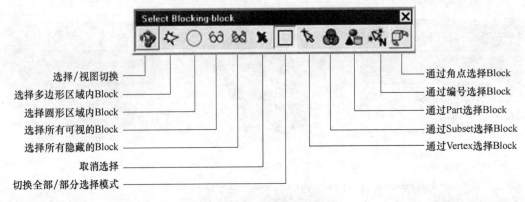

图 2-22　块选择工具栏

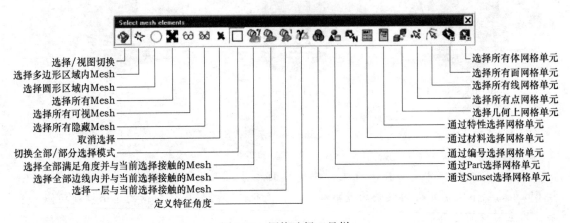

图 2-23　网格选择工具栏

2.2.6　其他窗口

　　主窗口显示几何模型（Geometry）、块（Block）和网格（Mesh）。数据输入栏主要用于网格生成过程中数据的输入以及元素的选择等操作。信息窗口显示操作过程中一些必要的提示和报错信息等。柱状图窗口以柱状图形式表示网格质量及分布情况。

2.3　ICEM 基础知识

2.3.1　鼠标和键盘的基本操作

　　ICEM 是一个操作性很强的软件，对鼠标的依赖性比较高，其基本操作见表 2-6。

　　ICEM 主窗口有选择模式和视图模式。将鼠标移至主窗口，若鼠标指针为十字形时表明处于选择模式，可选择几何、块和网格等元素；若当鼠标指针为箭头时表明处于视图模式，可观察/控制几何网格等元素的显示。处理复杂问题时，需在两个模式之间频繁切换，此时可以使用选择工具栏中的 🌐，也可使用 <F9> 快捷键实现两种模式的快速切换。

表 2-6　鼠标的基本操作

基 本 操 作	操 作 效 果	基 本 操 作	操 作 效 果
单击左键	选择	按住中键并拖动	平移
单击中键	确定	按住右键并前后拖动	缩放
单击右键	取消	按住右键并左右拖动	在当前平面内旋转
按住左键并拖动	旋转		

当处于选择模式时，按 < V > 键将选择所有可视的待选择元素，按 < A > 键将选择所有的待选择元素。

2.3.2　ICEM 基础词汇

本节介绍 ICEM 中几何模型、块以及网格中各元素的定义，便于后面内容的叙述。Geometry 为几何模型，Surface、Curve、Point 分别为构成几何模型的面、线、点；Block 为几何模型对应的拓扑结构，Face、Edge、Vertex 分别为构成拓扑结构的面、线、点。Geometry 和 Block 各元素之间有对应关系，如图 2-24 所示。

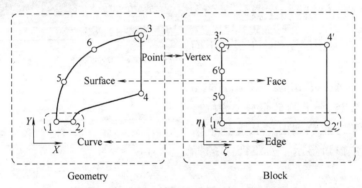

图 2-24　ICEM 基础词汇介绍

在非结构网格生成过程中，Body 用于定义封闭的面构成的体，定义不同区域的网格。网格由网格单元（Element）构成，表 2-7 为 ICEM 可生成的网格单元基本类型。

表 2-7　网格单元基本类型

网格单元类型	图　示	备　注
NODE	●	NODE 的总数常用来表示网格的规模
LINE_2	●—●	网格中线的基本构成元素
TRI_3	△	面上的三角形网格单元
QUAD_4	▢	面上的四边形网格单元
TETRA_4	◁	四面体体网格单元

（续）

网格单元类型	图　　示	备　　注
HEXA_8		六面体体网格单元
PYRA_5		五面体网格单元，结构网格和非结构网格间的过渡网格单元
PENTA_6		三棱柱体网格单元

Part 是 Geometry 和 Block 的详细定义。Part 中可包含几何元素，也可包含块。合理定义 Part 可显著减少数值计算中定义边界条件的工作量，便于显示控制及创建不同的区域等，这些内容在后续学习中将有所体现。

2.3.3　ICEM 常用设置和工具

ICEM 中有一些常用设置和小工具，下面列出几个供读者参考。

设定主窗口背景。Settings → Background Style，弹出如图 2-25 所示的数据输入窗口。该设置将使背景变为蓝色到白色从上到下渐变的效果，并在主窗口显示"ANSYS"的标志。

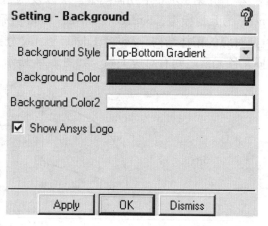

图 2-25　主窗口背景设置

使用小工具。Info → Toolbox，可以使用计算器、记事本以及单位换算等小工具，如图 2-26 所示。

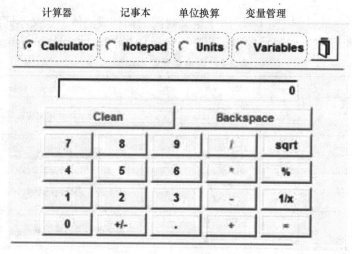

图 2-26　ICEM 中自带的小工具

2.3.4 ICEM 网格生成流程

图 2-27 中显示了 ICEM 生成网格的基本流程及对应的操作:

1) 设定工作目录,打开或创建新的工程。

2) 打开/导入几何文件,根据计算需求修改简化,定义 Part 名称。

3) 对于非结构网格需要定义网格尺寸,设定网格的类型和生成方法及其他参数,生成网格;对于结构网格,创建并划分 Block,建立映射关系,设定节点参数,生成网格。

4) 检查并编辑网格。

5) 输出网格。

注意:上述步骤并非全部都是必需的,在实际操作过程中针对具体问题有相应变化。

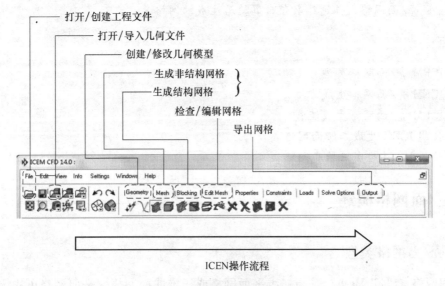

图 2-27 ICEM 中网格生成流程

本 章 小 结

本章对 ICEM 基础知识进行了汇总和概述。通过本章的学习,读者应对 ICEM 有一定的认识,熟悉基本操作界面、基础词汇、基本操作和网格生成流程。下面将通过具体的实例学习如何使用 ICEM 生成网格。

第3章
非结构壳/面网格生成及实例

本章主要讲解 ICEM 中非结构壳/面网格的类型和生成方法，通过具体实例讲解如何使用 ICEM 生成壳/面网格，并通过数值计算检验生成的网格。

知识要点：

➢ ICEM 壳/面网格类型
➢ ICEM 壳/面网格生成方法
➢ ICEM 壳/面网格生成流程
➢ 使用 ICEM 生成二维面网格
➢ 使用 ICEM 生成三维壳网格

3.1 壳/面网格概述

3.1.1 壳/面网格类型

壳/面网格（Shell Mesh）是指二维平面网格或三维曲面网格。平面网格可用于流体力学二维数值计算；壳网格既可用于固体力学的数值计算，也可作为生成非结构三维体网格的边界。下面首先介绍 ICEM 中壳/面网格的基本概念。

Method Type，即网格类型，壳/面网格有四种网格类型，分别如下：

1）All Tri，即所有网格单元均为三角形，如图 3-1 所示。

2）Quad w/one Tri，即某一面上的网格单元大部分是四边形，最多允许有一个三角形网格单元，如图 3-2 所示。

图 3-1　All Tri 网格类型

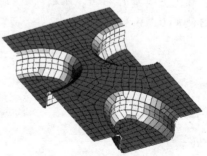

图 3-2　Quad w/one Tri 网格类型

3）Quad Dominant，即某一面上的网格单元大部分是四边形，允许一部分三角形网格单元的存在，如图 3-3 所示。复杂的面适用于该种网格类型，此时如果生成全部四边形网格会导致网格质量非常低；对于简单的几何，该网格类型和 Quad w/one Tri 生成网格效果相似。

4）All Quad，即所有面的网格单元均为四边形，如图 3-4 所示。

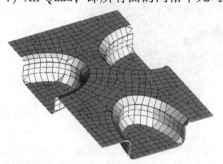 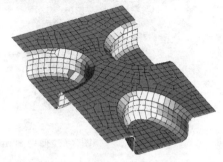

图 3-3　Quad Dominant 网格类型　　　　图 3-4　All Quad 网格类型

3.1.2　壳/面网格生成方法

Mesh Method，网格生成方法，即生成网格的计算法则。如图 3-5 所示，壳网格主要有四种生成方法，分别如下：

1）Autoblock，自动块方法，自动在每个面上生成二维 Block 而后生成网格。

2）Patch Dependent，根据面的轮廓线来生成网格，该方法能够较好地捕捉几何特征，创建以四边形为主的高质量网格。

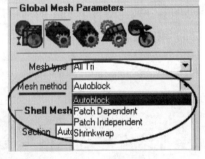

注意：轮廓线即围成面的线。

3）Patch Independent，网格生成过程不严格按照轮廓线，使用稳定的八叉树方法，生成网格过程中能够

图 3-5　壳/面网格生成方法

忽略缝隙（Gap）、洞（Hole）等细小的几何特征，尤其适用于"不干净"的几何。

注意：ICEM 中的实体由封闭的面构成，"不干净"的几何是指由于缝隙、洞等存在导致面没有完全封闭的几何。每种网格生成方法对几何封闭程度的要求不尽相同。

4）Shrinkwrap，是一种笛卡儿网格生成方法，会忽略大的几何特征、沟、洞等，适用于复杂"不干净"的几何模型快速生成壳网格，不适合薄板类实体网格生成。图 3-6 中所示为使用 Shrinkwrap 方法生成的发动机壳网格。

3.1.3　网格尺寸

Mesh Size，网格尺寸，通过网格尺寸来控制非结构网格单元的大小。对于壳/面网格，控制面网格单元和线网格单元的尺寸；对于体网格，还可以控制体网格单元尺寸。网格尺寸的设定应满足以下条件：

1）在重要特征细节处网格尺寸应足够小，以捕捉几何特征。

2）在不重要的区域，网格尺寸在满足计算条件的前提下应足够大，以减小网格生成计算量，降低网格规模，提高数值计算效率。

图 3-6   使用 Shrinkwrap 方法生成壳网格示意

3.1.4   壳/面网格生成流程

图 3-7 所示为生成壳/面网格基本流程，具体步骤如下。

1）定义壳/面网格全局参数，包括网格类型、网格生成方法及相关选项。

2）分别定义各个 Part 的网格尺寸。

3）定义曲面的网格尺寸。

4）定义线的网格尺寸。

5）生成线网格，通常此步可以省略。

6）生成壳/面网格。

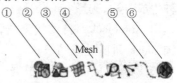

图 3-7   壳/面网格生成流程

3.2   非结构壳/面网格生成实例1——周期性流动和传热

3.2.1   问题描述与分析

工业存在很多可以简化为二维周期性流动和传热的实际应用，如图 3-8 所示的中央空调制冷盘管。图中圆管内外工质均为水，管内温度为 300K，管外温度为 400K，管内外流态均为 $Re \approx 100$ 的层流，通过数值计算研究流换热效果。本节将通过具体实例讲解如何在 ICEM 中生成几何和网格文件。

根据图 3-8 中待求解问题的特点对几何模型做一定简化，取虚线内几何部分作为求解区域。数值计算时定义左右边界为周期性边界、上下边界为对称边界，即可通过部分模型模拟整

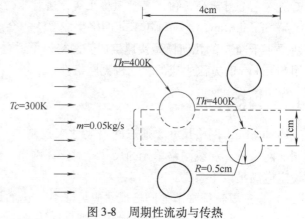

图 3-8   周期性流动与传热

个区域的流动。生成网格时首先创建几何模型，然后定义网格类型和尺寸，最终生成可用于数值计算的非结构面网格。

通过本节学习应掌握如下知识点：a）熟悉 ICEM 操作界面；b）熟悉 ICEM 基本操作；c）熟悉 ICEM 生成非结构网格流程。

3.2.2 生成几何模型

（1）设定工作目录

Step1　File→Change Working Dir，选择文件工作路径。

（2）创建 Point

Step2　创建 P_A。如图 3-9 所示，单击 Geometry 标签栏 ，在 Create Point 面板单击 ，在 Method 下拉列表框中选择 Create 1 Point，并在数据栏定义 X = −2、Y = 0.5、Z = 0，其余采用默认设置，单击 Apply 按钮生成 P_A。

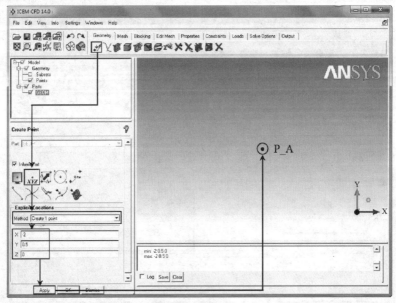

图 3-9　创建 P_A

注意：本操作通过定义坐标方式创建特征点。

Step3　创建其余各点。采用 Step2 中方式，参考表 3-1 的数据生成其余点，结果如图 3-10 所示。

表 3-1　特征点坐标

	P_B	P_C	P_D	P_E	P_F
X	−1	2	−2	1	2
Y	0.5	0.5	−0.5	−0.5	−0.5
Z	0	0	0	0	0

（3）创建 Curve

Step4　创建圆。单击 Geometry 标签栏 ，在 Create/Modify Curve 面板单击 ，勾选 Radius 并输入半径值 0.5；定义圆弧的起始角度（Start angle）和终止角度（End angle）分别

为 0°和 360°，即整个圆弧；单击 Points 文本框后 ⚲，在主窗口选择圆心 P_B，然后在 P_B 附近单击任意两点生成圆，结果如图 3-11 所示。

注意：本操作基于圆心、半径、弧度创建圆弧。

Step5　采用 Step4 中方法，完成另一个圆的创建工作，结果如图 3-12 所示。

（4）创建 Surface

Step6　创建 Surface。单击 Geometry 标签栏 🔲，在 Create/Modify Surface 面板单击 🔲，在 Method 下拉列表框中选择 From 4 Points，单击 Locations 文本框后 ⚲，在主窗口中依次选择 P_A、P_C、P_F 和 P_D，单击鼠标中键确定，生成结果如图 3-13 所示。

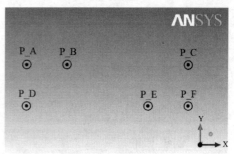

图 3-10　创建其余各点结果

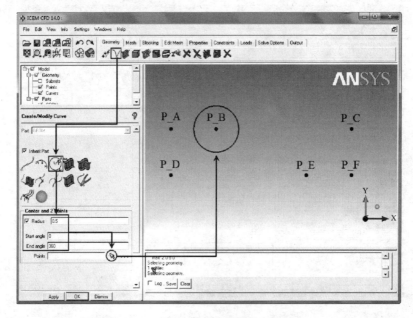

图 3-11　创建圆弧

注意：基于四个点生成面。选取点时需要沿一个方向依次选取（顺时针或逆时针均可），交叉选取会导致生成面不理想。

Step7　分割 Surface。单击 Geometry 标签栏 🔲，在 Create/Modify Surface 面板单击 🔲，在 Method 下拉列表框中选择 By Curve，单击 Surface 文本框后 🔲，在主窗口选择待分割面，单击 Curves 文本框后 🔲，在主窗口选择两个圆，单击鼠标中键确定，如图 3-14 所示。

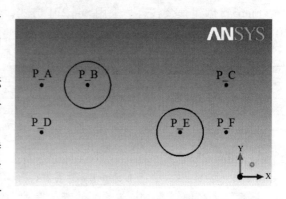

图 3-12　圆弧创建结果

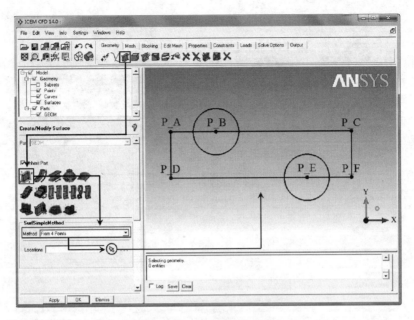

图 3-13 Surface 创建结果

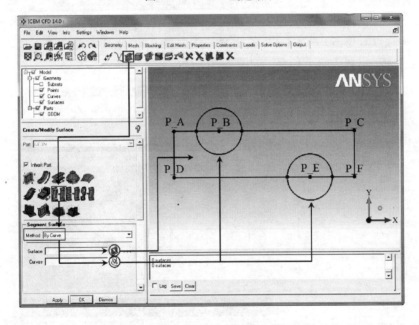

图 3-14 修剪 Surface

注意：通过已存在线分割面。

Step8 删除 Surface。单击 Geometry 标签栏 ，单击 Surface 文本框后 ，在主窗口选择待删除 Surface，单击鼠标中键确定，结果如图 3-15 所示。

（5）定义边界

在生成和分割 Surface 的过程中会自动生成点和线，导致点线元素冗余。解决该问题的方法是首先删除所有的点、线元素，然后通过面的特征自动生成边线和角点。

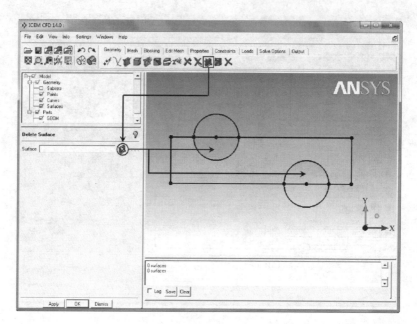

图 3-15   删除 Surface

Step9   删除点。单击 Geometry 标签栏 ☒，然后单击 Point 文本框后 ☒，在 Select geometry 选择工具栏中单击 ☒ 选择所有点，如图 3-16 所示。

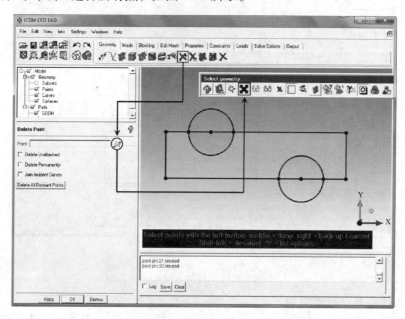

图 3-16   删除所有点元素

Step10   删除线。采用与 Step9 中相似的方法，单击 Geometry 标签栏 ☒，在 Select geometry 选择工具栏中单击 ☒ 删除所有线。

Step11   建立拓扑。单击 Geometry 标签栏 ☒，在 Repair Geometry 面板单击 ☒，其余采用

默认设置，单击 Apply 按钮，结果如图 3-17 所示。

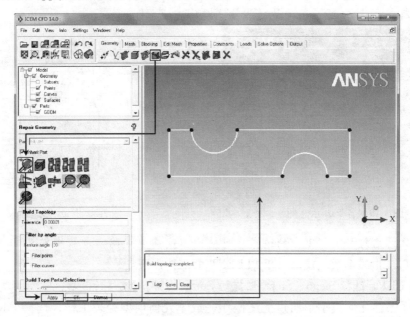

图 3-17　建立拓扑

　　注意：几何模型建立拓扑时会根据面自动生成线和点。通过 Step9 和 Step10 删除所有的点线元素，通过本操作重新建立点线元素，有效避免了点线元素冗余的问题。

　　Step12　定义入口 Part（IN）。如图 3-18a 所示，右击模型树 Model→Parts，选择 Create Part；在弹出的 Create Part 面板中定义 Part 栏入口名称为 IN，单击 添加几何元素至 Part 内，单击 Entities 文本框后，选择主窗口中左侧 Curve，单击鼠标中键确定，如图 3-18b 所示。

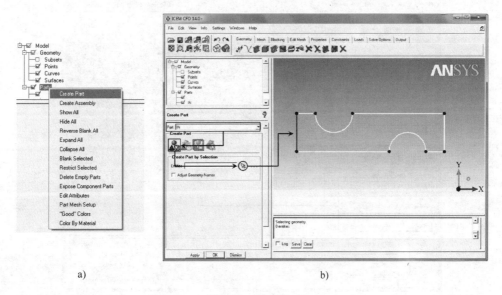

a)　　　　　　　　　　　　　　　　　　　　　　b)

图 3-18　创建 Part

Step13 定义其余 Part。采用 Step12 中方法，参考图 3-19 定义其余各 Part。完成 Part 的定义后模型树如图 3-20 所示，至此完成几何模型生成工作。

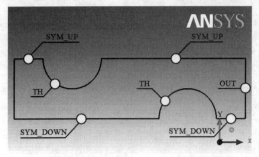

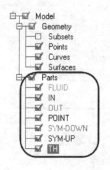

图 3-19 各 Part 示意图 　　　　　　　图 3-20 Part 创建结果

注意：Part 名与 FLUENT 中的边界名对应，因此在生成网格过程中定义 Part 名应简洁、便于记忆，Part 中的元素一致以便于 FLUENT 中边界条件定义。

创建 FLUID 时选择 Step6 ~ Step8 创建的 Surface，代表流体计算域。

Step14 保存几何模型。通过上述操作完成了几何模型处理工作，选择 File→Geometry →Save Geometry As，将几何模型保存为 Periodic. tin，下面将开展网格生成工作。

3.2.3 定义网格参数

定义网格全局参数，即网格生成方法和网格尺寸等参数。

Step15 定义网格全局尺寸。单击 Mesh 标签栏，在 Global Mesh Setup 面板单击，定义 Scale factor = 1，勾选 Display；定义 Max element = 0. 04，勾选 Display。其他选项保持默认，单击 Apply 按钮确定，如图 3-21 所示。

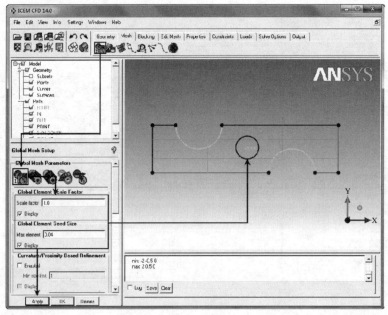

图 3-21 定义网格全局尺寸

　　注意：Scale factor 是一个控制全局网格尺寸的系数。该系数必须为正值。Max element 的值与 Scale Factor 值相乘所得结果，即为全局允许存在的最大网格尺寸。例如定义 Max element size 为 3，定义 Scale factor 为 2.5，则允许的最大网格尺寸为 3 × 2.5 = 7.5。最大网格尺寸应小于待划分网格区域特征尺寸。勾选 Display 后，可以旋转几何模型中观察 Scale factor 和 Max element 的大小，并将其调整为合理值。

　　Step16　定义壳网格全局参数。单击 Mesh 标签栏，在 Global Mesh Setup 面板单击，定义壳网格类型（Mesh Type）为 Quad Dominant，定义壳网格生成方法（Mesh Method）为 Path Dependent，单击 Apply 按钮确定，如图 3-22 所示。

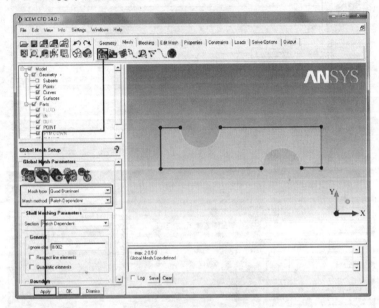

图 3-22　定义壳/面网格全局参数

　　注意：对于壳/面网格，只有 Patch Dependent 方法才能生成边界层网格。

　　Step17　定义 Part 网格尺寸，指定边界层网格参数。如图 3-23 所示，单击 Mesh 标签栏，在弹出的 Part Mesh Setup 窗口中定义网格尺寸。定义 FLUID 的最大网格尺寸 max size = 0.04；勾选 TH 栏的 prism，即在该 Part 处生成边界层网格，定义 height = 0.005、height ratio = 1.2、num layer = 10，并勾选 Apply inflation parameters to curves，单击 Apply 按钮确定。

　　注意：在不同的 Part 上定义不同的网格尺寸。对计算结果影响较大的区域定义较小的网格尺寸，对计算结果影响较小的区域可以定义较大的网格尺寸。这样既可以保证计算精度，同时又减小网格规模，提高数值计算效率。勾选 Apply inflation parameters to curves，即允许 ICEM 生成二维边界层网格。

　　Step18　定义 SYM-UP 短边节点分布。如图 3-24 所示，单击 Mesh 标签栏，弹出 Curve Mesh Setup 面板，在 Method 下拉列表框中选择 General，单击 Select Curve 文本框后，在主窗口选择 SYM-UP 的短边，在 Number of nodes 文本框中定义节点数为 17；在 Bunching law 下拉列表框中选择节点加密方式为 BiGeometric，定义 Spacing 1 = 0.005、Ratio 1 = 1.2，勾选 Curve direction，主窗口中会显示加密方向，单击 Apply 按钮确定。

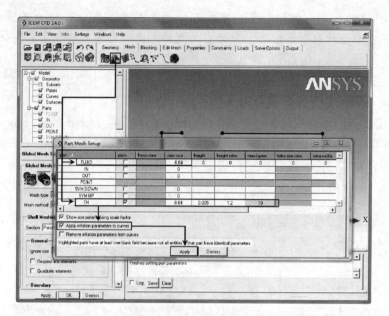

图 3-23   定义 Part 壳/面网格参数

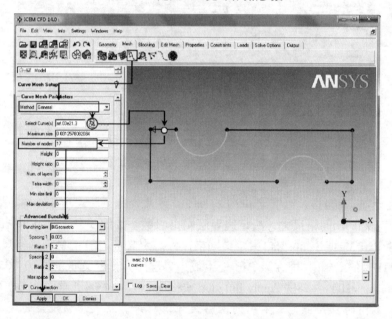

图 3-24   定义边界节点加密

Step19   定义 SYM-UP 长边节点分布。如图 3-25 所示，单击 Mesh 标签栏，弹出 Curve Mesh Setup 面板，在 Method 下拉列表框中选择 General，单击 Select Curve 文本框后，在主窗口选择 SYM-UP 的长边，在 Maximum size 允许最大线网格单元尺寸为 0.05；在 Bunching law 下拉列表框中选择节点加密方式为 BiGeometric，定义 Spacing 1 = 0.005、Ratio 1 = 1.2，勾选 Curve direction，主窗口中会显示加密方向，单击 Apply 按钮确定。

注意：Step18 通过节点数定义线单元参数，Step19 通过最大网格尺寸定义线单元参数。

Step20   定义 SYM-DOWN 节点分布。采用 Step18 和 Step19 中的方法和参数定义 SYM-DOWN 节点分布情况。

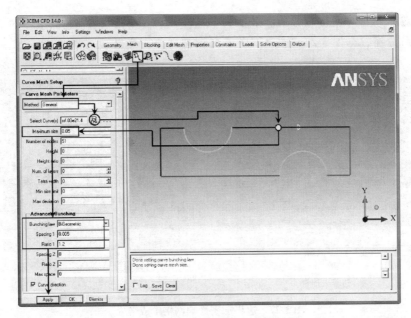

图 3-25　定义边界节点加密

注意：在定义节点分布时，应注意加密方向与 SYM-UP 协调。

若加密方向与 SYM-UP 不协调，需调换加密方向。可通过单击 Advanced Bunching 下栏的 "Reverse direction" 更改加密方向；也可通过定义 Spacing 1 = 0、Ratio 1 = 0、Spacing 2 = 0.005、Ratio 2 = 1.2 实现（参考第 8 章 8.1 节）。

3.2.4　导出网格

（1）生成网格

Step21　生成网格。单击 Mesh 标签栏 ，在 Compute Mesh 面板中单击 ，其余参数保持默认，单击 Compute，生成网格，如图 3-26 所示。

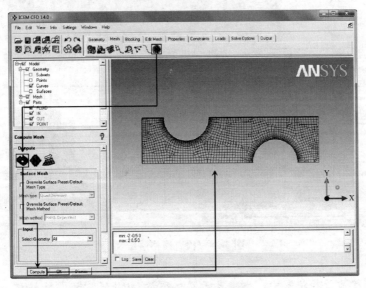

图 3-26　生成壳/面网格

注意：边界加密对网格的影响。若不在 Step18～Step20 中指定边界加密，则在边界处的网格节点均匀分布，如图 3-27a 所示，得不到预期网格；定义边界加密后，生成如图 3-27b 所示的网格。

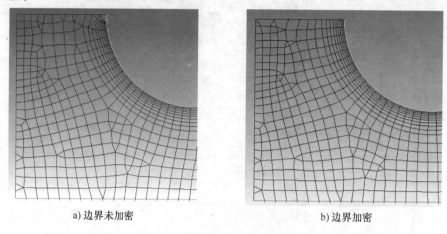

a) 边界未加密   b) 边界加密

图 3-27　边界加密影响网格生成结果

Step22　检查网格质量。单击 Mesh 标签栏 ，在 Mesh type to check 栏选中 TRI_3 和 QUAD_4，即检查三角形和四边形网格单元；在 Element to check 栏选中 All，即检查所有的网格单元；在 Criterion 下拉列表框中选择 Quality 作为质量好坏的评判标准，单击 Apply 按钮确定。如图 3-28 所示，网格质量在消息窗口以文字形式显示，在柱状图区以图表形式显示，网格质量均在 0.35 以上。

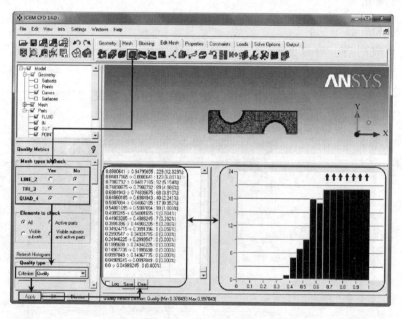

图 3-28　检查网格质量

注意：在网格质量柱状图中，横轴表示网格质量，ICEM 中正常网格质量在 0～1，值越大表明网格质量越好，值越小表明网格质量越差，不允许质量为负值的网格存在。纵轴为相应网格质量区间内对应的网格单元数。

Step23 保存网格。选择 File→Mesh→Save Mesh As，保存当前的网格文件为 Periodic. uns。

（2）导出网格

Step24 选择求解器。单击 Output 标签栏，选择求解器。本节以 FLUENT 作为求解器，因此在 Output Solve 下拉列表框中选择 Fluent_V6，单击 Apply 按钮确定，如图 3-29 所示。

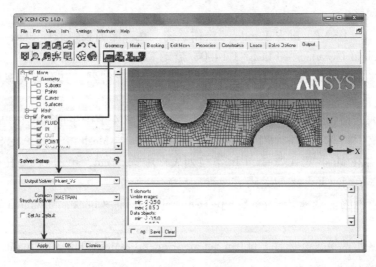

图 3-29　选择求解器

注意：ICEM 中还可以定义计算边界条件类型，单击 Output 标签栏即可进行。但是该操作仅能定义边界条件的类型，而不能定义具体的数值，如速度入口的速度值和方向等，因此建议在求解器中定义边界条件。

Step25 输出网格。单击 Output 标签栏，保存 FBC 和 ATR 文件为默认名；在弹出对话框中单击 No，不保存当前项目文件；在随后弹出的窗口中选择 Step23 保存的 Periodic. uns。随后弹出如图 3-30 所示的对话框，在 Grid dimension 栏选中 2D，即输出二维网格；可以在 Output file 文本框内修改输出的路径和文件名，

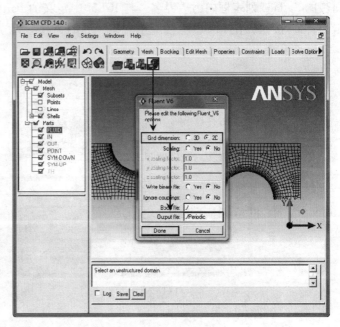

图 3-30　输出网格

将文件名改为 Periodic，单击 Done 按钮，导出网格。此时可在 Output file 栏所示的路径下找到 Periodic. msh，至此完成网格前处理工作。

3.2.5 数值计算及后处理

本书的重点不是讲解如何使用 CFD/CAE 软件进行工程计算，而是通过数值计算验证 ICEM 生成的网格是否满足计算要求，因此在保证读者理解的基础上尽量简化对 CFD/CAE 操作的叙述。本节采用 FLUENT 验证生成网格是否可用，FLUENT 的数值计算包含如下基本步骤：读入网格；定义求解模型；定义边界条件；初始化流场；迭代计算；后处理。

（1）读入网格

Step1 打开 FLUENT。进入 Windows 操作系统，在程序列表中选择 Start→All Program→ANSYS 14.0→Fluid Dynamics→FLUENT 14.0，启动 FLUENT 14.0。

Step2 定义求解器参数。在 Dimension 栏中选择 2D 求解器，其余保持默认设置，单击 OK 按钮确定。

Step3 读入网格。选择 File→Read→Mesh，选择 3.2.4 节中生成的网格 Periodic. msh。

Step4 定义网格单位。选择 Problem Setup→General→Mesh→Scale，在 Scaling 栏选择 Convert Units，并在 Mesh Was Created In 下拉列表框中选择 cm，单击 Scale 按钮将网格长度单位定义为 cm，单击 Close 按钮关闭。

Step5 检查网格。选择 Problem Setup→General→Mesh→Check，Minimum Volume 应大于 0。

Step6 网格质量报告。选择 Problem Setup→General→Mesh→Report Quality，查看网格质量详细报告。

Step7 显示网格。选择 Problem Setup→General→Mesh→Display，在弹出的 Mesh Display 面板的 Surface 列表框内为边界名，与 ICEM 中定义的 Part 名一一对应，如图 3-31 所示。单击 Display 按钮，在 FLUENT 内显示网格，如图 3-32 所示。

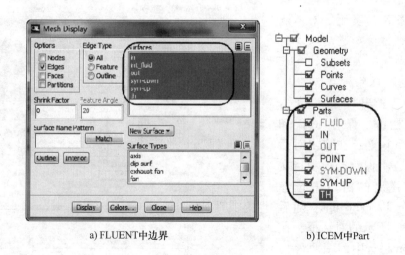

a) FLUENT中边界   b) ICEM中Part

图 3-31 FLUENT 中边界名与 ICEM 中 Part 名对应

Step8 定义周期性边界条件。在 FLUENT 文本控制面板输入 mesh/modify-zones/make periodic，然后按照图 3-33 所示依次输入内容，定义边界 in 和 out 为对应的平移周期性边界条件。

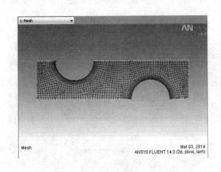

```
> mesh/modify-zones/make periodic
Invalid boundary zone.
Periodic zone [()] in
Shadow zone [()] out
Rotational periodic? (if no, translational) [yes] no
Create periodic zones? [yes] yes
Auto detect translation vector? [yes] yes

 computed translation deltas: 0.040000 0.000000
 all 25 faces matched for zones 11 and 12.

 zone 12 deleted

 created periodic zones.

>
```

图 3-32　FLUENT 内显示网格结果　　　　　　图 3-33　定义周期性边界

注意：上述定义将使 Shadow zone（out）变为 Periodic zone（in）的从属，在 Mesh Display 面板的 out 将消失。

（2）定义求解模型

Step9 定义求解器参数。选择 Problem Setup→General→Solve，求解器参数采用默认设置，选择二维基于压力稳态求解器。

Step10 定义能量模型。选择 Problem Setup→Models→Energy-Off，单击 Edit 按钮，在弹出的对话框中勾选 Energy Equations，单击 OK 按钮确定。

注意：该流动问题为流动传热问题，因此勾选 Energy Equations。

Step11 定义材料。选择 Problem Setup→Materials，选择 Fluid 并单击 Create/Edit，在弹出的 Create/Edit Materials 面板中单击 FLUENT Database，在 FLUENT Fluid Materials 下拉列表框中选择 water-liquid（h2o < l >），单击 Copy。

（3）定义边界条件

Step12 定义计算域材料。选择 Problem Setup→Cell Zone Conditions，在 Zone 栏选择 fluid，在弹出对话框的 Material Name 下拉列表框中选择 Step11 定义的 wate-liquid，单击 OK 按钮确定。

Step13 定义边界条件。

1）定义周期性边界条件。选择 Problem Setup→Boundary Conditions，在 Zone 栏选择 in，单击 Periodic Conditions，在 Periodic Conditions 面板的 Type 栏中勾选 Specify Mass Flow，在 Mass Flow Rate 栏定义流量为 0.05kg/s，定义 Flow Direction 为沿 X 方向（X = 1，Y = 0），在 Upstream Bulk Temperature 栏定义来流温度为 300K，其余采用默认设置，单击 OK 按钮确定。

2）定义对称边界。选择 Problem Setup→Boundary Conditions，在 Zone 栏选择 sym-down，在 Type 栏下拉列表框中选择 symmetry；采用同样方法定义 sym-up 为对称边界。

3）定义壁面边界条件。选择 Problem Setup→Boundary Conditions 栏选择 th，在 Type 下拉列表框中选择 wall，单击 Edit 按钮，在 Wall 栏选择 Thermal 标签栏，在 Thermal Conditions 下拉列表框中选择 Temperature，定义表面温度为 400K。

（4）初始化流场和迭代计算

Step14　定义求解器控制参数。选择 Solution→Solution Method，在 Pressure-Velocity Coupling Scheme 栏中选择 SIMPLE，其余采用默认设置。

Step15　定义松弛因子。选择 Solution→Solution Controls，定义能量项松弛因子为 0.9，其余采用默认设置。

Step16　定义监视器。选择 Solution→Monitors，选择 Residuals-Print，Plot，单击 Edit 按钮定义各项残差值为 1×10^{-6}，单击 OK 按钮确定。定义 1 个监视器，在 Surface Monitors 栏单击 Create，在 Surface Monitor 面板勾选 Plot，在 Surface 栏选择 in，在 Field Variable 栏选择 Static Temperature，监测计算过程中出口温度变化情况，单击 OK 按钮确定。

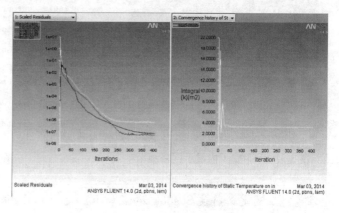

图 3-34　监视器参数变化

Step17　初始化流场。选择 Solution → Solution Initialization，在 Initialization Method 栏选择 Hybrid Initialization，单击 Initialize 初始化流场，单击 Close 按钮退出。单击 Patch，在 Path 面板的 Variable 栏中选择 Temperature，在 Zone to Patch 栏选择 fluid，在 Value 栏输入 300，单击 Path，初始化流体域温度为 300K。

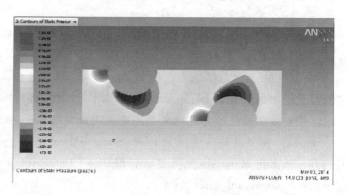

图 3-35　压力分布情况

Step18　迭代计算。选择 Solution→Run Calculation，在 Number of Iterations 栏中输入 400 定义最大求解步数，单击 Calculate 开始计算。

（5）计算时监视器中各参数变化情况如图 3-34 所示。压力分布和流场分布情况分别如图 3-35 和图 3-36 所示。

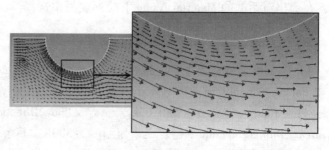

图 3-36　边界位置流动情况

注意：管道壁面附近的速度矢量表明生成网格较好地捕捉了壁面边界层内速度变化情况，生成网格满足计算需要。

3.3 非结构壳/面网格生成实例2——离心压气机

3.3.1 问题描述与分析

离心压气机-涡轮是现代高性能飞机环境控制系统中制冷组件的核心。以高压除水系统为例，如图3-37所示，发动机引气通过涡轮膨胀做功，并通过轴带动压气机转动。压气机对气流做功，提高环境控制系统引气压力，减小气体饱和含湿量，通过HX2后可以有效去除空气中所含水分，防止涡轮出口处结冰；同时显著提高膨胀比，获得更低的涡轮出口温度，提高单位质量引气的制冷效果，降低引气对发动机正常工作的影响。

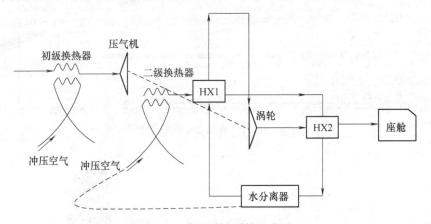

图3-37 高压除水系统示意图

图3-38所示为离心压气机简化二维图，本节将首先生成该图所示的几何模型，然后通过设置网格参数和尺寸生成数值计算用网格。本节学习时需关注如下知识点：a）通过数据文件生成几何模型；b）旋转复制几何模型；c）多域网格。

3.3.2 生成几何模型

（1）设定工作目录

Step1 选择 File→Change Working Dir，选择文件存储路径。

（2）生成边界线

Step2 生成蜗壳。选择 File→Import Geometry→Formatted point data，弹出 Import Formatted INPUT point data

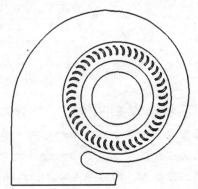

图3-38 离心压气机简化二维图

面板，单击 Input File 文本框后 📂，选择蜗壳几何文件 volute.dat，勾选 Import Points 和 Import Curves，取消勾选 Import Surfaces，即仅导入点数据和线数据，其余采用默认设置，单击 Apply 按钮，主窗口显示导入结果，如图3-39所示。

注意：关于 Formatted Point Data 数据格式如图3-40a 所示，图3-40b 为对应的几何模型。

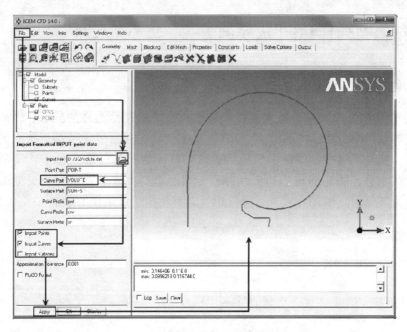

图3-39　通过数据文件创建边界

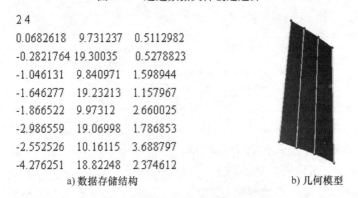

a) 数据存储结构　　　　　　　　b) 几何模型

图3-40　格式化点数据解析

　　图3-40a 第一行的 2 表示该几何模型每条型线包含两个点，第一行的 4 表示每个型面由4条线构成，下面的每行分别为各个点的三维坐标。因为导入的数据只包含线数据，因此在图3-39 中取消勾选 Import Surface。

　　Step3　生成单个叶片。采用 Step2 中方法，导入 blader. dat 内叶轮几何数据，操作时仅导入点数据（导入数据时仅勾选 Import Points），结果如图 3-41 所示。如图 3-42 所示，单击 Geometry 标签栏，在弹出的 Cre-ate/Modify Curve 标签栏中取消勾选 Inherit

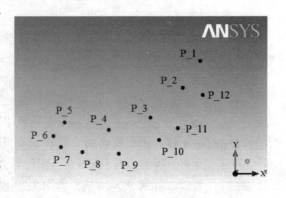

图3-41　叶轮点数据

Part，并在 Part 下拉列表框中输入 BLADER_UP 作为 Part 名；单击⬜，然后单击 Points 文本框后🖱️，依次选择主窗口 P_1、P_2、P_3、P_4 和 P_5，单击鼠标中键确定，生成叶片上部 Curve。采用上述方法，依次选择 P_5、P_6 和 P_7 生成 BLADER_TIP，选择 P_7、P_8、P_9、P_10、P_11 和 P_12 生成 BLADER_DOWN，选择 P_12 和 P_1 生成 BLADER_TAIL。

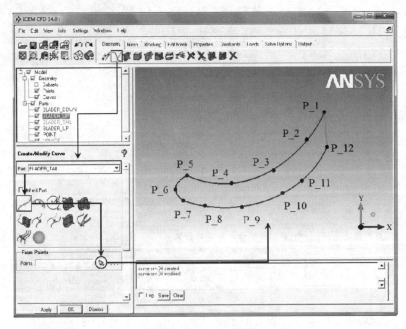

图 3-42　创建叶片边

Step4　旋转生成全部叶片。如图 3-43 所示，单击 Geometry 标签栏▣，在 Transformation Tools 面板中单击 Select 文本框▣，然后单击 Select Geometry 选择工具栏🔧，在弹出的 Select Part 对话框中勾选 Step3 生成的四条 Curve，单击 Apply 按钮，通过 Part 选定待操作几何；单

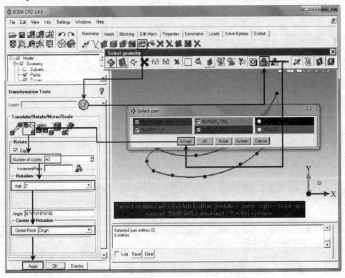

图 3-43　旋转复制生成全部叶片

击 Transformation Tools 面板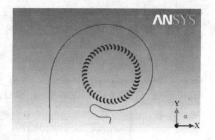，勾选 Copy，在 Number of copies 文本框内输入复制个数 43；在 Axis 下拉列表框中选择 Z 定义旋转轴方向，在 Center Point 下拉列表框中选择 Origin，即以原点作为旋转中心，单击 Apply 按钮，生成结果如图 3-44 所示。

注意：本操作通过旋转复制几何模型。Number of copies 为复制个数。该操作的详细解释请读者参考 9.1.2 节。

Step5　生成入口。首先生成圆心：单击 Geometry 标签栏，在 Create Point 面板单击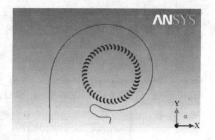，在 Method 下拉列表框中选择 Create 1 Point，并在数据栏定义 X = 0、Y = 0、Z = 0，其余采用默认设置，单击 Apply 按钮生成圆心，如图 3-45 所示。

图 3-44　叶片生成结果

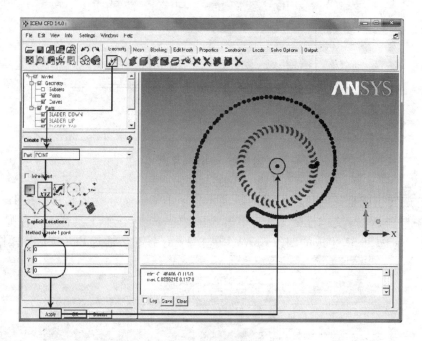

图 3-45　生成圆心

然后生成入口：单击 Geometry 标签栏，在 Create/Modify Curve 栏单击，勾选 Radius 并输入半径值 0.035；定义圆弧的起始角度（Start angle）和终止角度（End angle）分别为 0°和 360°，即整个圆弧；单击 Points 栏，在主窗口选择圆心，而后在圆心附近单击屏幕任意两点生成圆，结果如图 3-46 所示。

Step6　生成交界面。采用 Step5 中方法，分别定义以原点为圆心，半径为 0.050 和 0.075 的两个交界面 INT-1 和 INT-2，结果如图 3-47 所示。

Step7　定义出口。采用 Step3 中方法，依次选择蜗壳曲线的端点，创建出口，结果如图 3-48 所示。

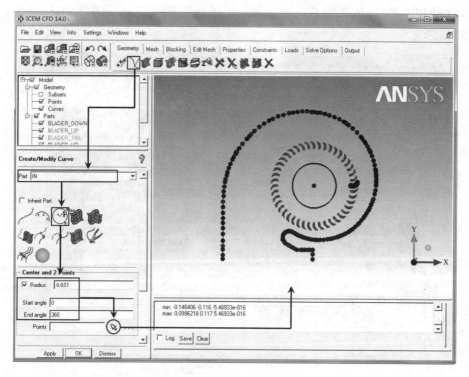

图 3-46　生成入口

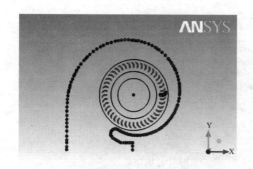

图 3-47　生成交界面

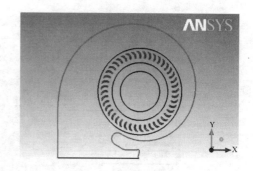

图 3-48　生成出口

（3）生成面及定义计算域

Step8　生成全部计算域的面。单击 Geometry 标签栏，在弹出的 Create/Modify 面板中取消勾选 Inherit Part，并在 Part 下拉列表框中输入 FLUID_ALL 作为 Part 名；单击，并在 Method 下拉列表框中选择 From Curves，定义面的生成方式；单击 Curves 文本框后，在主窗口依次选择 Step2 生成的蜗壳和 Step7 生成的出口，单击鼠标中键确定，生成全部计算域的面，如图 3-49 所示。

Step9　分割面。单击 Geometry 标签栏，然后在 Create/Modify Surface 面板中单击，在 Method 下拉列表框中选择 By Curve；单击，在主窗口选择 Step8 中生成的面作为待分割 Surface，单击，在主窗口选择 Step6 中生成的 INT-2 作为分割曲线，单击鼠标中键确定。

采用相同方法以 INT-1 为分割曲线分割 Surface。最终将 Step8 中生成的 Surface 分为三部分，如图 3-50 所示。

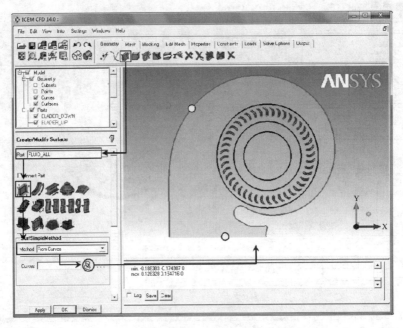

图 3-49　生成面

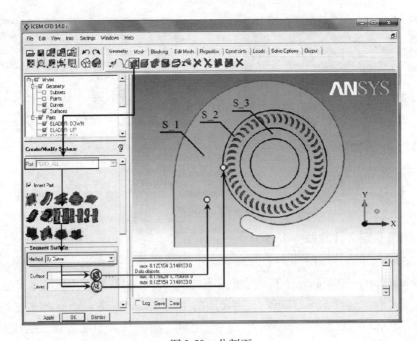

图 3-50　分割面

Step10　以叶轮为边线分割 S_2 面。如图 3-51 所示，采用 Step9 的方法，单击 ，在主窗口选择 S_2；单击 ，在 Select geometry 选择工具栏中单击 ，在弹出的 Select Part 栏中勾选叶轮边线 Part（BLADER_UP、BLADER_DOWN、BLADER_TIP、BLADER_TAIL），单击 Accept 按钮。

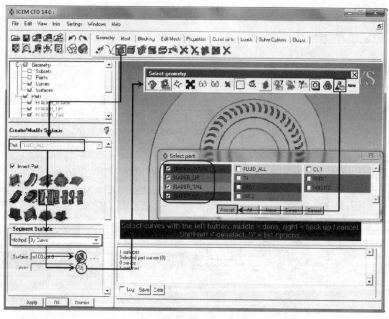

图 3-51　分割 S_2 面

注意：Step10 通过 Part 选择 Curve，有效减小手动选择的工作量。本问题中既有固定计算域，又有旋转计算域，因此将面分为不同的部分，便于定义不同的计算域。

Step11　删除无用面。如图 3-52 所示，单击 Geometry 标签栏，在 Delete Surface 面板单击，在主窗口中依次选择叶轮内部的面和 IN 内的面，单击鼠标中键确定。

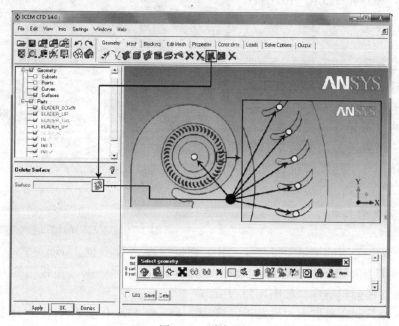

图 3-52　删除面

Step12 定义旋转计算区域 FLUID_ROTATE。如图 3-53a 所示，右击模型树 Model→Part →Create Part，弹出 Create Part 面板；如图 3-53b 所示，在 Part 下拉列表框中输入 FLUID_ ROTATE 作为旋转域名，单击 通过选择几何元素创建 Part，单击 Entities 文本框后 ，在 主窗口选择旋转域，单击鼠标中键确定。

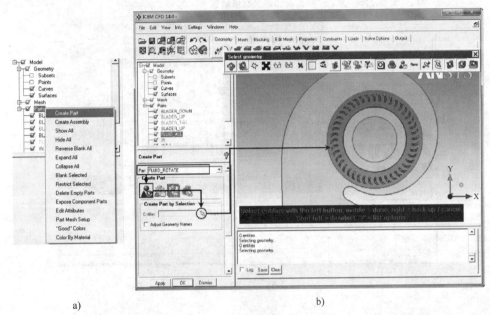

图 3-53 定义旋转计算域

Step13 定义固定计算区域 FLUID_FIX。采用 Step12 中的方法，定义其余的面为 FLUID _FIX。FLUID_FIX 和 FLUID_ROTATE 在主窗口显示为不同的颜色，如图 3-54 所示。

（4）创建边界

在生成和分割 Surface 的过程中会自动生成点和线，导致点线元素冗余。解决该问题的方法是首先删除所有的点、线元素，而后通过面的特征自动生成边线和角点。上述操作使面元素均存在于 FLUID_FIX 和 FLUID_RO-TATE 内，若删除所有的点和线，仅需删除其余的 Part。

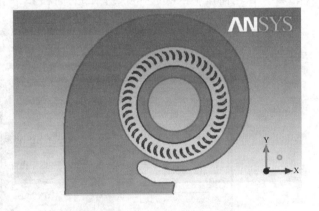

图 3-54 定义不同计算域结果

Step14 删除无用的 Part。按住 < Ctrl > 键依次单击模型树 Model→Parts 下所有 Part （FLUID_FIX、FLUID_ROTATE 除外），单击鼠标右键并选择 Delete，在弹出的 Delete 对话框中单击 Delete 按钮确定删除，如图 3-55 所示。

注意：本操作删除所有点、线元素。FLUID_FIX 和 FLUID_ROTATE 为面元素，因此不选择。

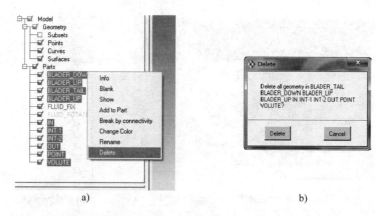

图 3-55　删除 Part

Step15　建立拓扑。单击 Geometry 标签栏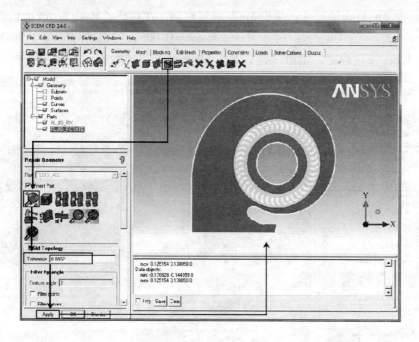，在 Repair Geometry 面板单击，在 Tolerance 文本框中输入 0.0002，其余采用默认设置，单击 Apply 按钮，结果如图 3-56 所示。

图 3-56　建立拓扑

注意：此时模型树仅余 FLUID_FIX 和 FLUID_ROTATE 两个 Part。

Step16　定义各边界。采用 Step12 中的方法，参考图 3-57 依次定义 IN、INT_1、INT_2、OUT、VOLUTE 和 BLADER 共 6 个 Part，定义完成后模型树与图 3-56 相比有所变化。

Step17　保存几何模型。通过上述操作已经完成了几何模型处理工作，选择 File→Geometry→Save Geometry As，将几何模型保存为 Compressor. tin，下面将开展网格生成工作。

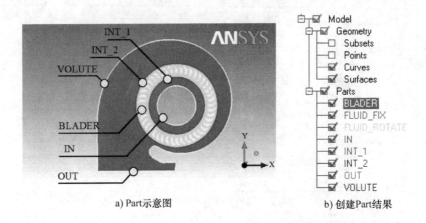

a) Part示意图   b) 创建Part结果

图 3-57   定义 Part

3.3.3   定义网格参数

Step18   定义网格全局尺寸。单击 Mesh 标签栏 ，在 Global Mesh Setup 面板单击 ，定义 Scale factor = 1，勾选 Display；定义 Max element = 0.005，勾选 Display。其他选项保持默认值，单击 Apply 按钮确定，主窗口显示 Max Element 的尺寸示意，如图 3-58 所示。

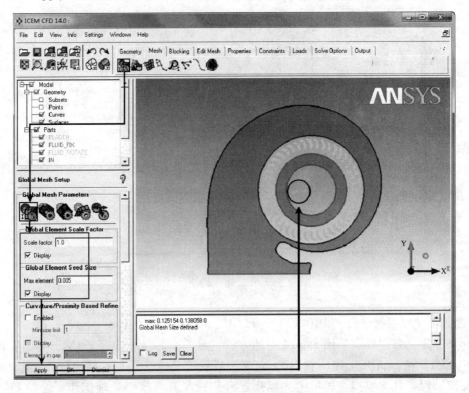

图 3-58   定义网格全局尺寸

Step19 定义 S_1 的网格参数。如图 3-59 所示，单击 Mesh 标签栏，弹出 Surface Mesh Setup 面板；单击 Surface 文本框后，在主窗口选择 S_1 区域，单击鼠标中键确定；在 Mesh type 下拉列表框中选择 Quad Dominant，在 Mesh method 下拉列表框中选择 Patch Dependent，单击 Apply 按钮。

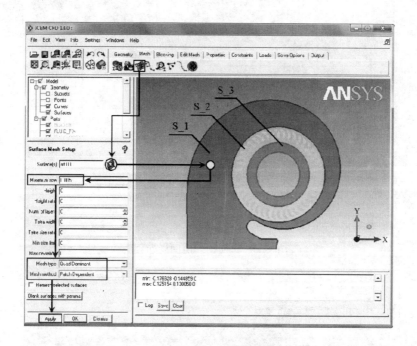

图 3-59 定义 S_1 网格参数

Step20 采用 Step19 中方法，参考表 3-2 定义 S_2 和 S_3 的壳网格参数。

表 3-2 S_2 和 S_3 壳网格参数

	Maximun size	Mesh type	Mesh method
S_2	0.001	All Tri	Path Dependent
S_3	0.0008	All Quad	Path Dependent

Step21 定义叶片边界层网格参数。如图 3-60 所示，单击 Mesh 标签栏，弹出 Part Mesh Setup 窗口；在 BLADER 行勾选 Prism，定义 max size = 0.0005、height = 0.0001、height ration = 1.2、num layers = 5，勾选 Apply inflation parameters to curves，单击 Apply 按钮确定。

Step22 定义 INT_1 线网格参数。如图 3-61 所示，单击 Mesh 标签栏，弹出 Curve Mesh Setup 面板，在主窗口选择 INT_1，在 Maximum Size 文本框中输入 0.0008 定义 INT_1 最大网格尺寸，单击 Apply 按钮确定。

Step23 定义 INT_2 线网格参数。采用 Step22 中方法定义 INT_2 的最大网格尺寸为 0.001。

注意：通过定义线网格参数的方法可以加强对 IN_1 处网格尺寸的控制。

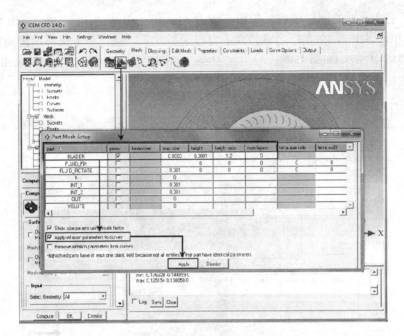

图 3-60　定义边界层网格参数

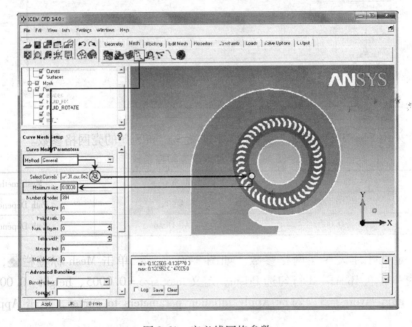

图 3-61　定义线网格参数

3.3.4　导出网格

（1）生成网格

Step24　生成固定域网格。如图 3-62a 所示，单击 Mesh 标签栏，在 Compute Mesh 面板单击，在 Select Geometry 下拉列表框中选择 From Screen，单击 Entities 文本框后，在主窗口选择 S_1 和 S_3 两个固定域的面，其余参数保持默认，单击 Compute 按钮生成网格，结果如图 3-62b 所示。

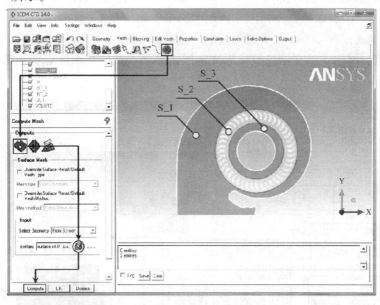

a)

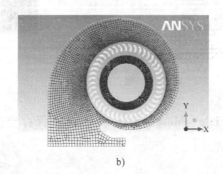

b)

图 3-62　生成固定域网格

Step25　生成旋转域网格。采用 Step24 中方法，单击 Entities 文本框后 ⬛，在主窗口选中 S_2，单击 Compute 按钮生成旋转域网格，结果如图 3-63 所示，叶轮附近有理想的边界层网格。

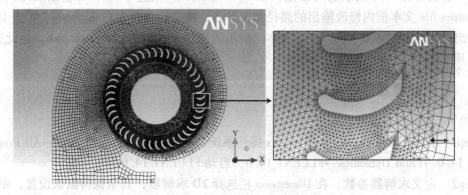

图 3-63　生成旋转域网格

　　Step26　检查网格质量。如图 3-64 所示，单击 Mesh 标签栏▣，在 Mesh type to check 栏选中 TRI_3 和 QUAD_4，检查三角形和四边形网格单元；在 Element to check 栏选中 All，检查所有的网格单元；在 Criterion 下拉列表框中选择 Quality 作为质量好坏的评判标准，单击 Apply 按钮确定。网格质量在消息窗口以文字形式显示，在柱状图区以图表形式显示，网格质量均在 0.30 以上。

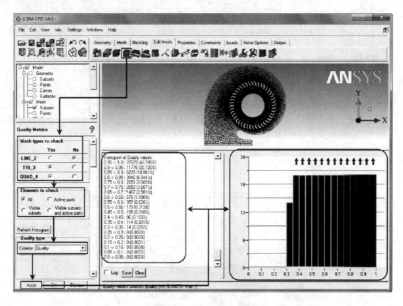

图 3-64　检查网格质量

　　Step27　保存网格。选择 File→Mesh→Save Mesh As，保存当前的网格文件为 Compressor. uns。

　　（2）导出网格

　　Step28　单击 Output 标签栏▣，选择求解器。本节以 FLUENT 作为求解器，因此在 Output Solve 下拉列表框中选择 Fluent_V6，单击 Apply 按钮确定，如图 3-65 所示。

　　Step29　在标签栏选择 Output，单击▣，保存 FBC 和 ATR 文件为默认名，在弹出的对话框中单击 No 按钮，不保存当前项目文件，在随后弹出的窗口中选择 Step27 保存的 Compressor. uns。弹出如图 3-66 所示的对话框，在 Grid dimension 栏选中 2D，即输出二维网格；可以在 Output file 文本框内修改输出的路径和文件名，将文件名改为 Compressor，单击 Done 按钮，导出网格。此时可在 Output file 文本框所示的路径下找到 Compressor. msh，至此完成网格前处理工作。

3.3.5　数据计算及后处理

　　（1）读入网格

　　Step1　打开 FLUENT。进入 Windows 操作系统，在程序列表中选择 Start→All Program→ANSYS 14. 0→Fluid Dynamics→FLUENT 14. 0，启动 FLUENT 14. 0。

　　Step2　定义求解器参数。在 Dimension 栏选择 2D 求解器，其余保持默认设置，单击 OK 按钮。

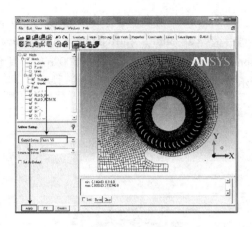 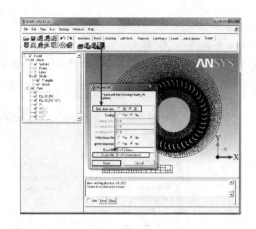

图 3-65 定义求解器　　　　　　　　　　图 3-66 输出网格

Step3　读入网格。选择 File→Read→Mesh，选择 3.3.4 节生成的网格。

Step4　定义网格单位。选择 Problem Setup→General→Mesh→Scale，在 Scaling 栏选择 Convert Units，并在 Mesh Was Created In 下拉列表框中选择 m，单击 Scale 将网格长度单位定义为 m，单击 Close 按钮关闭。

Step5　定义转速单位。选择 Problem Setup→General→Units，在 Quantities 栏选择 angular-velocity，在 Unit 栏选择 rpm，单击 Close 按钮退出。

Step6　检查网格。选择 Problem Setup→General→Mesh→Check，Minimum Volume 应大于 0。

Step7　网格质量报告。选择 Problem Setup→General→Mesh→Report Quality，查看网格质量详细报告。

Step8　显示网格。选择 Problem Setup→General→Mesh→Display，在弹出 Mesh Display 面板的 Surface 栏内为边界名，与 ICEM 中定义的 Part 名一一对应。单击 Display 按钮，在 FLUENT 内显示网格，如图 3-67 所示。

（2）定义求解模型

Step9　定义求解器参数。选择 Problem Setup →General→Solve，求解器参数采用默认设置，选择二维基于压力稳态求解器。

图 3-67 FLUENT 内显示网格结果

Step10　定义湍流模型。选择 Problem Setup→ Models→Viscous-Laminar，在弹出的 Viscous Model 面板中勾选 k-epsilon（2 eqn）湍流模型，单击 OK 按钮关闭。

Step11　定义材料。选择 Problem Setup→Materials，选择 Fluid（air），单击 Create/Edit 弹出 Create/Edit Materials 面板，保持默认设置，单击 Change/Crete 定义空气物性。

（3）定义边界条件

Step12　定义 FLUID_ROTATE 的旋转速度。选择 Problem Setup→Cell Zone Conditions，在 Zone Name 文本框内输入 fluid_rotate，在 Type 下拉列表框中选择 fluid，单击 Edit，在弹出

对话框的 Material Name 下拉列表框中选择 Step11 定义的 air；勾选 Mesh Motion，选择 Mesh Motion 标签栏，在 Relative To Cell Zone 下拉列表框中选择 absolute；在 Rotation-Axis Origin 栏定义 X = 0、Y = 0，即旋转中心为原点；在 Rotational Velocity 栏定义 Speed = 2500 rpm，其余采用默认设置，单击 OK 按钮确定，如图 3-68 所示。

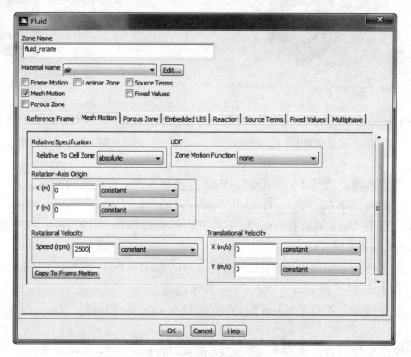

图 3-68　定义旋转域的旋转速度

Step13　定义 FLUID_FIX 的材料。选择 Problem Setup→Cell Zone Conditions，在 Zone 栏选择 fluid_fix，在 Type 下拉列表框中选择 fluid，单击 Edit，在弹出对话框的 Material Name 下拉列表框中选择 Step11 中定义的 air，其余采用默认设置，单击 OK 按钮确定。

Step14　定义边界条件。

1）定义入口。选择 Problem Setup→Boundary Conditions，在 Zone 栏选择 in，在 Type 下拉列表框中选择 pressure-inlet，单击 Edit 弹出 Pressur Inlet 面板，定义 Gauge Total Pressure = 200 Pa，在 Turbulence Specification Method 下拉列表框中选择 Intensity and Length Scale，定义 Turbulent Intensity = 5%，Turbulent Length Scale = 0.05 m，单击 OK 按钮确定。

2）定义出口。选择 Problem Setup→Boundary Conditions，在 Zone 栏选择 out，在 Type 下拉列表框中选择 pressure-out，单击 Edit 弹出 Pressure Outlet 面板，定义 Gauge Pressure = 0 Pa，湍流参数设置与入口处相同，单击 OK 按钮确定。

3）定义叶片。选择 Problem Setup→Boundary Conditions，在 Zone 栏选择 blader，在 Type 下拉列表框中选择 wall，单击 Edit，在弹出的 Wall 对话框中选择 Momentum 标签栏，在 Wall Motion 栏选中 Moving Wall；选中 Relative to Adjacent Cell Zone 和 Rotational，并指定 Speed = 0rpm，旋转中心为原点（X = 0、Y = 0），定义叶片随 FLUID_ROTATE 一起转动；其余保持默认设置，单击 OK 按钮确定，如图 3-69 所示。

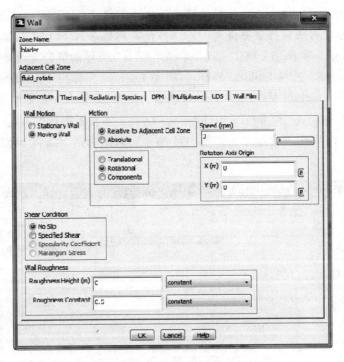

图 3-69 定义叶片旋转速度

4）定义 Interface。选择 Problem Setup→Boundary Conditions，在 Zone 栏选择 int_1，在 Type 下拉列表框中选择 interface，在弹出对话框单击 Yes 按钮，将 int_1 的边界类型定义为 interface，如图 3-70 所示。采用相同方法定义 int_1：002、int_2、int_2：003。

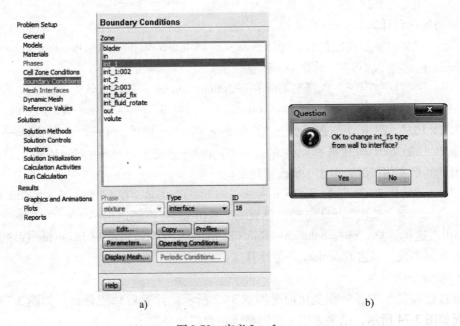

a)   b)

图 3-70 定义 Interface

注意：旋转域和固定域生成网格时均使用了名为 INT_1、INT_2 的边界，而且计算网格又由固定域网格和旋转域网格合并得到，因此当计算网格导入 FLUENT 后，INT_1 和 INT_2 边界会被分割为 int_1 和 int_1：002、int_2 和 int_2：003。详细解释请读者参考 11.3.2 节。

5）耦合 Interface。选择 Problem Setup→Mesh Interface，弹出 Mesh Interface 面板，单击 Create/Edit 弹出 Create/Edit Mesh Interface 对话框，在 Mesh Interface 文本框内输入 int_1，在 Interface Zone 1 列表框中选择 int_1，在 Interface Zone 2 列表框中选择 int_1：002，单击 Create 将 int_1 和 int_1：002 耦合起来，如图 3-71 所示。采用相同方法将 int_2 和 int_2：003 耦合起来。

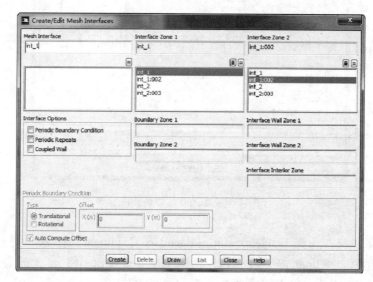

图 3-71　耦合 Interface

（4）初始化和计算

Step15　定义求解器控制参数。选择 Solution→Solution Method，在 Pressure-Velocity Coupling Scheme 栏选择 SIMPLE，其余采用默认设置。

Step16　定义松弛因子。选择 Solution→Solution Controls，采用默认设置。

Step17　定义监视器。选择 Solution→Monitors，选择 Residuals-Print，单击 Edit 定义各项残差值为 1×10^{-6}，单击 OK 按钮确定。在 Surface Monitors 栏单击 Create，在 Surface Monitor 面板勾选 Plot，在 Surface 栏选择 out，在 Field Variable 栏选择 Volume Flow Rate，监测计算过程中出口流量变化情况，单击 OK 按钮确定。

Step18　初始化流场。选择 Solution→Solution Initialization，在 Initialization Method 栏选择 Hybrid Initialization，单击 Initialize 初始化流场，单击 Close 按钮退出。

Step19　迭代计算。选择 Solution→Run Calculation，在 Number of Iterations 栏输入 2200 定义最大求解步数，单击 Calculate 开始计算。

（5）参数变化

计算过程监视器中各参数变化情况如图 3-72 所示。计算后总压分布云如图 3-73 所示，流动情况如图 3-74 所示，结果表明生成网格满足数值计算要求。

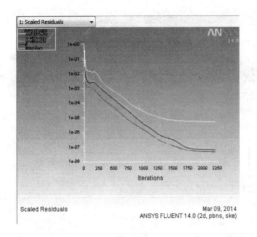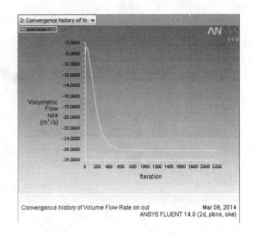

图 3-72 监视器参数变化情况

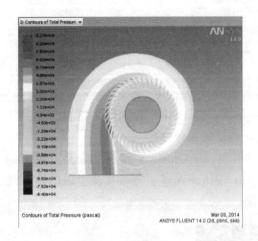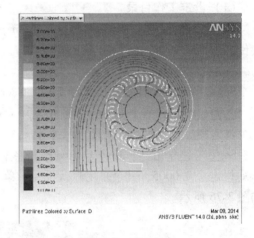

图 3-73 总压分布云　　　　　　　　　　　图 3-74 流动情况

3.4 非结构壳/面网格生成实例 3 ——潜艇

3.4.1 问题描述与分析

　　潜艇周围的流场特别是尾流场不但是其水动力性能的基本反映，而且是潜艇水动力噪声的主要来源，因此潜艇尾部流动特性的预报直接关系到潜艇性能的优劣。为了迅速了解设计上的改动导致的流场结构变化，必须借助于数值计算手段。本文以 Suboff 潜艇标准模型作为研究对象，其是美国 DARPA（Defence Advanced Research Projects Agency，国防先进技术研究署）为建立潜艇 CFD 分析软件验证数据库专门设计的一款潜艇模型。Suboff 潜艇标准模型包含一个艇体，一个指挥台尾壳和四个对称的尾翼，如图 3-75 所示。

　　本节讲解重点是如何在潜艇表面生成壳/面网格，而后在第 4 章介绍如何以本节壳/面网格为基础生成体网格。学习本节时需关注如下知识点：a）旋转生成曲面；b）创建曲面的型线；c）及时建立几何拓扑。

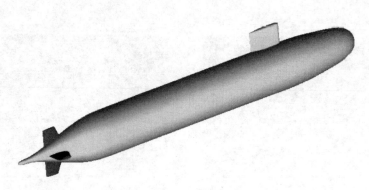

图 3-75　Suboff 潜艇标准模型

3.4.2　修改几何模型

（1）设定工作目录

Step1　选择 File→Change Working Dir，选择文件存储路径，将光盘中"第 3 章/3.4"文件夹下 Submarine. tin 复制到工作目录下。

（2）打开模型

Step2　打开几何模型。选择 File→Geometry→Open Geometry，选择 Submarine. tin 并打开，几何模型包含三个 Part，分别为艇身（Submarine）、鳍（Fin）和尾翼（Tail）。

注意：可以通过打开关闭 Part 来确定不同 Part 对应的几何部位。

Step3　建立拓扑。单击 Geometry 标签栏![icon]，在 Repair Geometry 面板单击![icon]，在 Tolerance 栏定义 0.0005，其余采用默认设置，单击 Apply 按钮，观察主窗口自动生成的点和线，如图 3-76 所示。

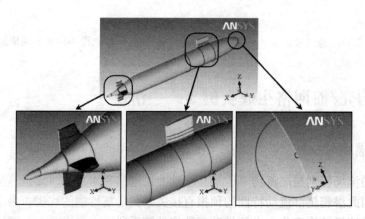

图 3-76　建立拓扑结果

注意：观察发现艇身表面包含较多碎面，这对于生成高质量的壳/面网格不利，因此考虑重新生成艇身。艇身是旋转曲面，ICEM 中生成旋转曲面需要母线和轴线。

（3）创建艇身母线

Step4　创建打断点。母线应是艇身曲面边线的一半，观察艇身鼻处有一条曲线需要被打断。如图 3-77 所示，单击 Geometry 标签栏![icon]，在 Create Point 面板单击![icon]，在 Method 下拉列表框中选择 Parameters，在 Parameter（s）文本框输入 0.5，单击 Curve 文本框后 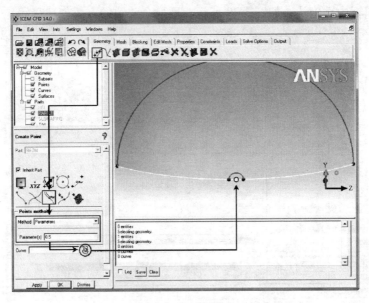，在主窗口选择标示的曲线，单击鼠标中键确定，创建曲线的中点。

图 3-77　创建打断点

注意：当 Parameters = 0.5 时，本操作即创建曲线的中点。

Step5　打断线。如图 3-78 所示，单击 Geometry 标签栏 ，在 Create/Modify Curve 面板单击 ，在 Method 下拉列表框中选择 Segment by point，单击 Curve 文本框后 ，在主窗口选择待打断线，单击 Points 文本框后 ，选择 Step4 中创建的点，单击鼠标中键确定。

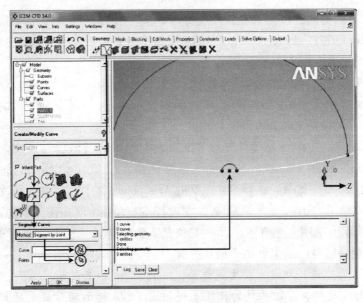

图 3-78　打断线

Step6 创建母线。单击 Geometry 标签栏，在 Create/Modify Curve 面板单击，在 Method 下拉列表框中选择 Concatenate Curves，单击 Curves 栏文本框后，依次选择艇身上部的线，单击鼠标中键确认，如图 3-79 所示，通过合并线的方式创建母线。

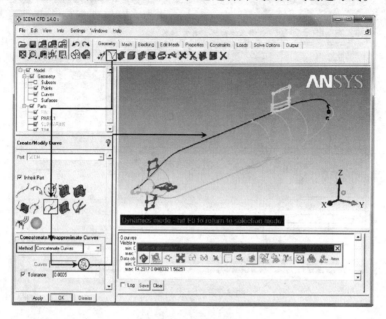

图 3-79　创建母线

注意：Step4～Step6 完成母线创建工作，首先通过 Step4 创建点，Step5 应用 Step4 中创建的点分割曲线，Step6 将 Step5 中分割的曲线与其他曲线合并，创建母线。

（4）创建艇身

Step7 删除先前的曲面。为避免新建艇身与 Step2 中的艇身重合，需删除先前的艇身曲面。单击 Geometry 标签栏，在 Delete Surface 面板单击，在主窗口依次选择需删除的面，单击鼠标中键确定，删除结果如图 3-80 所示。

注意：在主窗口依次选择曲面工作烦琐，可创建一个 Part，将所有的点/线元素置于其中，然后在模型树下删除 SURMARINE，这样既删除了艇身，又保存了与之相关的点/线元素。每个点、线、面元素仅从属于一个 Part。

Step8 创建艇身。考虑尾部均布有三个尾翼，考虑定义网格尺寸方便，分两次旋转生成艇身曲面。如图 3-81 所示，单击 Geometry 标签栏，在 Create /Modify Surface 面板单击，定义 Start angle =0°、End angel =90°，单击 Axis points 文本框后，依次选择主窗口标示的 P_1 和 P_2，单击 Curves 文本框后，在选择主窗口标示 Curve，单击鼠标中键确定，结果如图 3-82a 所示。采用上述方法，以 P_1 和 P_2 为旋转轴线端点，以图 3-82a 中标示曲线为母线，生成剩余艇身，结果如图 3-82b 所示。

注意：本操作通过旋转母线方式生成曲面，Start angle 和 End angle 指定母线旋转角度；P_1 和 P_2 指定母线旋转轴。该操作的目的是得到图 3-82a 标示的母线。尾翼几何尺寸相对较小，生成网格时也应设置较小网格尺寸。通过定义图 3-82a 标示母线的网格尺寸渐变可以保证尾翼到艇身网格尺寸的平滑过渡，详情参考 3.4.3 中的 Step28。

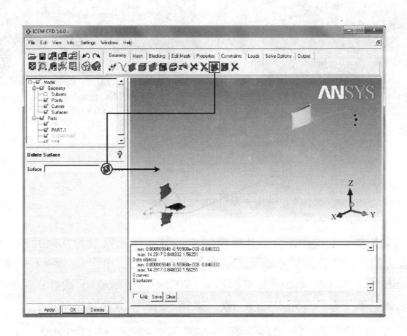

图 3-80　删除艇身

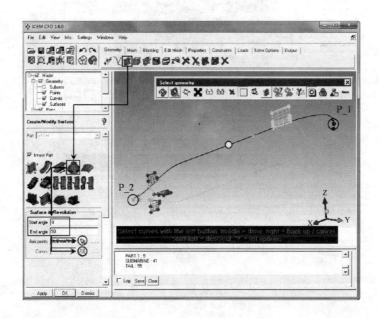

图 3-81　创建艇身

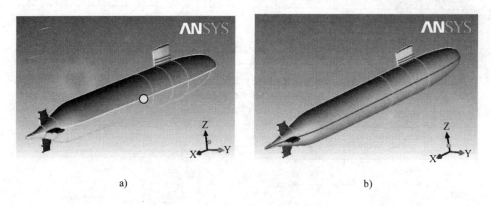

a)   b)

图 3-82 创建艇身结果

  Step9 建立拓扑。上述操作会使几何模型中部分点线元素变为冗余元素，因此需重新建立拓扑。首先删除所有点元素和线元素，如图 3-83 所示，单击 Geometry 标签栏 ，弹出 Delete Ans Entity 面板，单击 Entity 文本框后 ，在 Select Geometry 选择工具栏仅选择 和 ，然后单击 删除所有的点元素和线元素。采用 Step3 中方法建立拓扑。

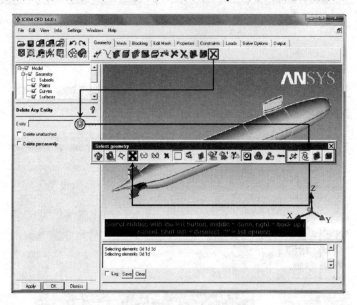

图 3-83 删除所有点线元素

  注意：修改几何模型时常需多次删除点线元素、建立拓扑的操作，以保证几何模型"干净"。

  （5）分割艇身

  为方便定义网格生成方法和网格尺寸，提高生成网格质量，需分割艇身曲面。先创建型线，使用新建型线分割艇身曲面。

  Step10 创建型线。如图 3-84 所示，单击 Geometry 标签栏 ，在 Create/Modify Curve 面

板单击![icon]，在 Isocurve Methods 下拉列表框中选择 By Parameter，并定义 Parameter = 0.6；在 U/V direction 栏选中 V 定义型线方向；单击 Surface（s）文本框后![icon]，在主窗口选择标示的 Surface，单击鼠标中键确定，生成型线。采用上述方法，分别创建 Parameter 为 0.06、0.15、0.20、0.80、0.90 的型线，结果如图 3-85 所示。

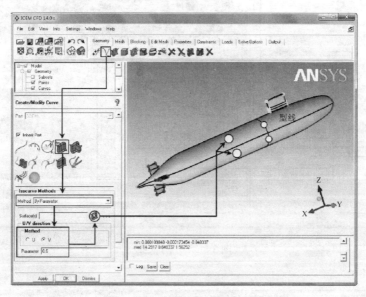

图 3-84　创建型线

注意：该操作的与 Step4 的操作相似，Step4 根据参数创建曲线上的点，该操作根据参数创建曲面上的型线。生成型线的方向和参数可根据需要通过试凑的方式确定。

Step11　分割艇身。如图 3-86 所示，单击 Geometry 标签栏![icon]，在 Create/Modify 面板单击![icon]，单击 Surface 文本框后![icon]，在主窗口选择标示艇身 Surface 作为待修剪 Surface，单击![icon]，在主窗口选择标示 Curve 作为修剪线，单击鼠标中键确定。采用该方法用 Step10 中创建的型线逐一分割艇身。

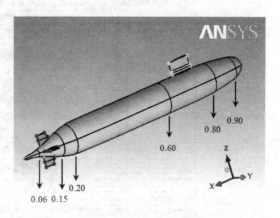

图 3-85　型线创建结果

Step12　建立拓扑。Step11 中分割面的操作会产生冗余的点和线，因此需要重新建立拓扑。采用 Step9 的方法先删除所有的点线元素，然后建立拓扑。

（6）创建远场

创建圆形远场首先需要确定圆心位置和半径。

Step13　创建圆心。如图 3-87 所示，单击 Geometry 标签栏![icon]，弹出 Create Point 面板，单击![icon]，在 Method 下拉列表框中选择 Parameters，并定义 Parameter = 0.5，单击 2 locations 文本框后![icon]，在主窗口依次选择头鼻和尾椎的点，创建两点的中点作为圆心。

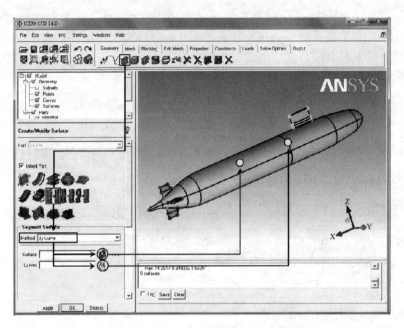

图 3-86　分割艇身

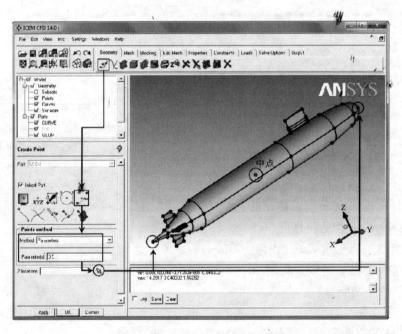

图 3-87　创建圆心

注意：本操作根据距端点的相对距离建立点，当 Parameter = 0.5 时即创建两端点的中点。

Step14　创建辅助点。单击 Geometry 标签栏 ，弹出 Create Point 面板，单击 并定义各坐标增量（DX = 0、DY = 7、DZ = 0），单击 Base point 文本框后 ，在主窗口选择 Step13 中创建的圆心，单击鼠标中键确定，结果如图 3-88 所示。

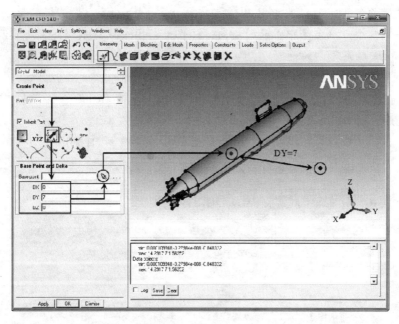

图 3-88 创建辅助点

Step15 创建远场。单击 Geometry 标签栏，弹出 Create/Modify Surface 面板，依次单击和创建标准球形，定义 Radius = 35、Start angle = 0°、End angle = 90°，单击 Locations 文本框后，在主窗口依次选择 Step13 创建的圆心和 Step14 创建的辅助点，单击 Apply 按钮，生成图 3-89 所示的半球形远场。

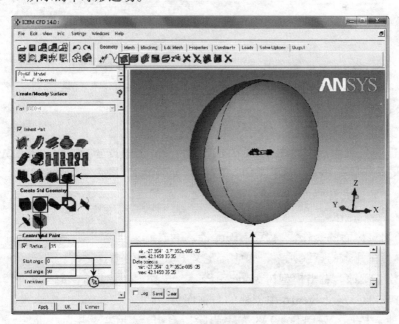

图 3-89 创建远场

注意：本操作创建球面，其中 Radius 指定球半径；Locations 栏选择的第一个点为球面中心，选定的第二个点确定球中心面的法向，Step13 和 Step14 分别创建了所需两个点；Start angle 和 End angle 确定球面的范围。

（7）创建对称面

Step16　创建对称面，封闭外场。如图 3-90 所示，单击 Geometry 标签栏 ，弹出 Create/Modify Surface 面板，单击 ，在 Method 下拉列表框中选择 From 2-4 Curves，单击 Curves 文本框后 ，选择主窗口标示的半球边线，单击鼠标中键确定，封闭外场。

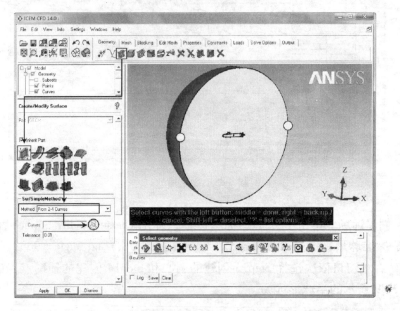

图 3-90　创建对称面

Step17　分割对称面。如图 3-91 所示，单击 Geometry 标签栏 ，在 Create/Modify 面板单击 ，在 Method 下拉列表框中选择 By Curve，单击 Surface 文本框后 ，在主窗口选择 Step16 创建的对称面作为待修剪 Surface，单击 ，选择主窗口标示 Curve 作为修剪线，单击鼠标中键确定。

Step18　删除分割面。采用 Step7 的方法，删除 Step17 中被分割的面。采用先分割面再删除面的方法，依次删除鳍（FIN）和尾翼（TAIL）根部无用的面，最终结果如图 3-92 所示。

注意：本节欲生成潜艇外部网格，删除与之无关的面。

（8）定义 Part

生成远场和对称面的操作没有指定 Part 名，生成元素被置于默认的 Part 下；而且上述操作使模型中存在冗余的点线元素，因此需定义 Part，创建拓扑。

Step19　定义 Part。右击模型树 Model→Parts，选择 Create Part，定义 Step15 中生成的远场面为 FAR_FIELD，定义 Step16 中创建的对称面为 SYM。

Step20　建立拓扑。采用 Step9 的方法删除所有点/线元素，并以 Tolerance = 0.05 建立拓扑。如图 3-93 所示，右击模型树 Model→Curves，选择 Color by Count，检查各 Curve 的颜色。

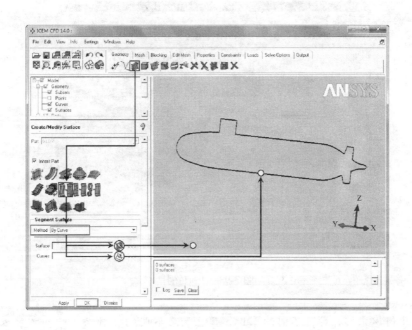

图 3-91 分割对称面

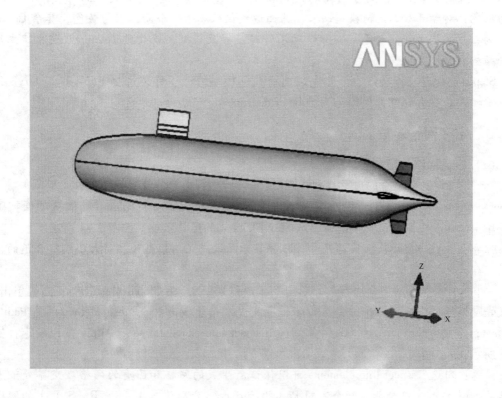

图 3-92 分割结果

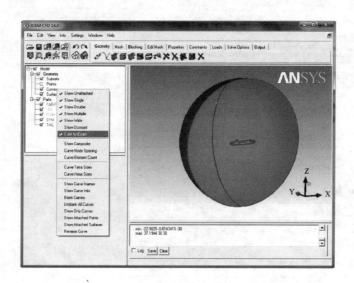

图 3-93   几何拓扑

注意：几何建立拓扑后，不同的 Curve 颜色表名不同的拓扑特点——黄色表明该 Curve 仅从属于一个面，是曲面的边界线；红色表明该 Curve 从属于且仅从属于两个面；蓝色表明该 Curve 从属于多个面。对于封闭的几何模型而言，两个面相交构成 Curve，因此 Curve 均应为红色；对于开放的几何模型而言，曲面边线仅从属于一个面，应为黄色，其余 Curve 也均应为红色。当 Curve 颜色与实际情况不符时应修改模型，或改变 Tolerance 重新建立几何拓扑结构。

Step21   保存几何文件。至此完成所有几何模型修改工作，选择 File→Geometry→Save Geometry As，保存当前几何模型为 Submarine. tin。

3.4.3   定义网格参数

（1）定义网格全局参数

Step22   定义网格全局尺寸。单击 Mesh 标签栏，在 Global Mesh Setup 面板单击，定义 Scale factor = 1，勾选 Display；定义 Max element = 30，勾选 Display。其他选项保持默认值，单击 Apply 按钮确定，主窗口显示 Max Element 的尺寸示意，如图 3-94 所示。

注意：主窗口显示最大网格尺寸，根据显示结果与几何模型的相对大小调节合适的尺寸参数。

Step23   定义壳网格全局参数。单击 Mesh 标签栏，在 Global Mesh Setup 面板单击，定义壳网格类型（Mesh Type）为 All Tri，定义壳网格生成方法（Mesh Method）为 Path Dependent；定义 Ignore size = 0.001，并勾选 Respect line element，单击 Apply 按钮确定，如图 3-95 所示。

注意：勾选 Respect line elements 可以保证新生成的网格和已有的网格在交界处节点的连续性。图 3-96 中包含属于两个不同 Part 的 Surface，分别为 S_L 和 S_R。S_L 上的网格是事先生成的，然后定义交界线上节点分布（交接线与 S_L 右侧网格节点不一致），最后生成

S_R 的网格。若未勾选 Respect line element，则 S_R 左侧与交接线节点分布相同，如图 3-96a 所示；若勾选，则 S_R 左侧和 S_L 右侧网格节点分布一致，如图 3-96b 所示。Respect line elements 中的 line elements 是指已存在曲面网格边界上的节点分布。

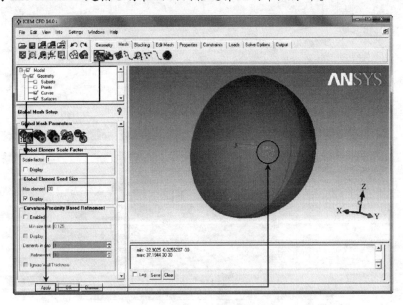

图 3-94　定义网格全局参数

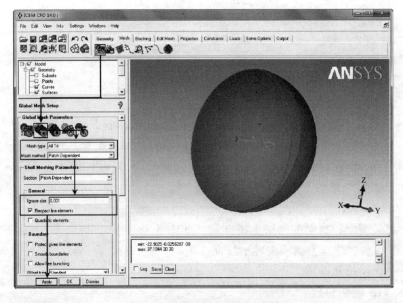

图 3-95　定义壳网格全局参数

Step24　定义 Part 网格尺寸。如图 3-97 所示，单击 Mesh 标签栏 ，弹出 Part Mesh Set-up 窗口；定义各 Part 最大网格尺寸为 FAR_FIELD = SYM = 30、SUBMARINE = 2、FIN = TAIL = 0.5，单击 Apply 按钮确定。

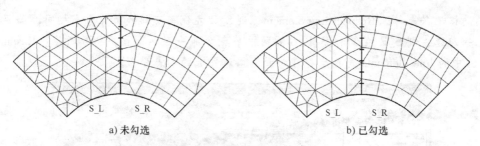

a) 未勾选　　　　　　　　　　　　　　b) 已勾选

图 3-96　勾选 Respect line element 的影响

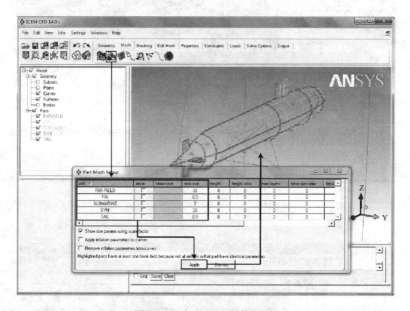

图 3-97　定义 Part 网格尺寸

　　注意：为方便显示特征网格尺寸和曲线节点分布情况，右击模型树 Model→Geometry→Curves，勾选 Curve Node Spacing 和 Curve Element Count，在主窗口显示各 Curve 的节点数和节点分布情况。右击模型树 Model→Geometry→Surface，定义面显示方式为 Wire Frame，勾选 Tetra Sizes 在主窗口显示各面允许最大壳网格。

　　（2）定义 Autoblock

　　Step25　定义鳍面、翼面的网格生成方式。如图 3-98 所示，单击 Mesh 标签栏⬚，单击 Surfaces 文本框后⬚，选择主窗口中标示鳍面、翼面，在 Mesh Method 下拉列表框中选择 Autoblock，单击 Apply 按钮确定。

　　（3）定义 FIN 网格参数

　　Step26　定义节点加密。如图 3-99 所示，单击 Mesh 标签栏⬚，弹出 Curve Mesh Setup 面板，在 Method 下拉列表框中选择 General，单击 Select Curve 文本框后⬚，在主窗口选择标示 Curve，在 Number of nodes 文本框内定义节点数为 26；在 Bunching law 下拉列表框中选择节点加密方式为 BiGeometric，定义 Spacing 1 = 0.02、Ratio 1 = 1.1，勾选 Curve direction，主窗口中会显示加密方向，单击 Apply 按钮确定。

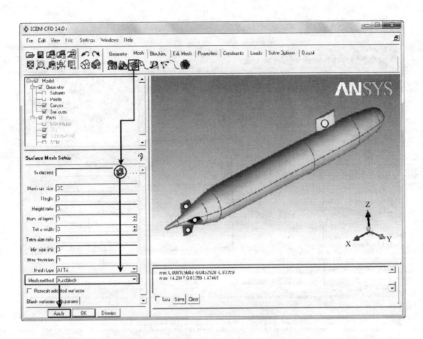

图 3-98 定义局部网格生成方式

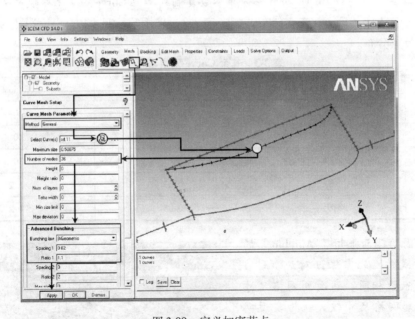

图 3-99 定义加密节点

Step27 复制节点加密方式。单击 Mesh 标签栏，弹出 Curve Mesh Setup 面板，在 Method 下拉列表框中选择 Copy Parameters，单击 From Curve 栏，选择主窗口标示的 Curve，单击 To Selected Curve 栏，选择主窗口标示待定义 Curve，在 Copy 栏选中 Absolute，单击 Apply 按钮确定，如图 3-100 所示。

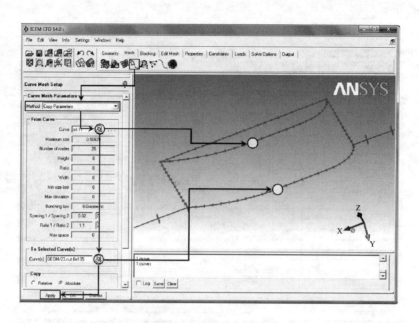

图 3-100　复制 Curve 节点设置

注意：本操作将某条 Curve 的节点分布参数复制到其他 Curve，简化参数定义。

Step28　定义其余 Curve 节点分布。参考表 3-3，采用 Step26 的方法定义图 3-101 中标示各条 Curve 节点分布。

表 3-3　其余 Curve 网格参数

	Number of Nodes	Spacing 1	Ratio 1
C_1	13	0	0
C_2	13	0	0
C_3	25	0	0
C_4	11	0.03	1.2
C_5	9	0.05	1.2

注意：因为鳍面采用了 Autoblock 的网格生成方式，因此需保证对边（C_1和 C_2）节点数相同。鳍面处网格尺寸较小，艇身处网格尺寸较大，为实现网格尺寸平滑过渡，定义 C_4 和 C_5 的节点分布。

（4）定义其余位置

Step29　定义其余位置节点分布。采用 Step26 和 Step27 的方法，参考表 3-4和图 3-102 定义其余位置节点分布情况。

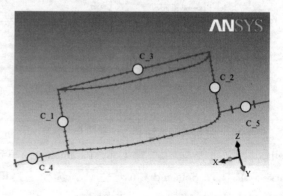

图 3-101　FIN 边线命名

表3-4　网格参数

	Number of Nodes	Spacing 1	Ratio 1
NOSE_1、NOSE_2、NOSE_3	11	0.05	1.2
FIN_1、FIN_2、FIN_3、FIN_4	16	0.02	1.1
FIN_5、FIN_6	9	0	0
FIN_7、FIN_8、FIN_9	11	0.01	1.1
FIN_10、FIN_11、FIN_12	8	0.02	1.2
TAIL_1、TAIL_2、TAIL_3	21	0.02	1.1
TAIL_4、TAIL_5	8	0	0

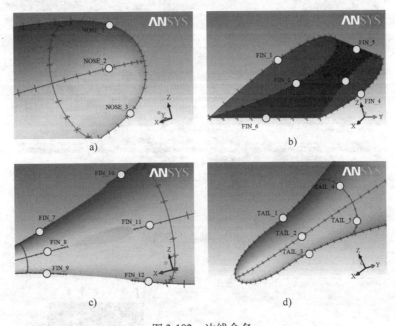

图 3-102　边线命名

3.4.4　生成网格

Step30　生成网格。单击 Mesh 标签栏 ▣，在 Compute Mesh 面板中单击 ●，其余参数保持为默认，单击 Compute 按钮，生成网格，如图 3-103 所示。

Step31　检查网格质量。单击 Mesh 标签栏 ▣，在 Mesh type to check 栏选择 TRI_3，检查三角形网格单元；在 Element to check 选择 All，检查所有的网格单元，在 Criterion 下拉列表框中选择 Quality 作为质量好坏的评判标准，单击 Apply 按钮确定。如图 3-104 所示，网格质量在消息窗口以文字形式显示，在柱状图区以图表形式显示，网格质量均在 0.10 以上。

Step32　保存网格。选择 File→Mesh→Save Mesh As，保存当前的网格文件为 Submarine_Shell.uns。

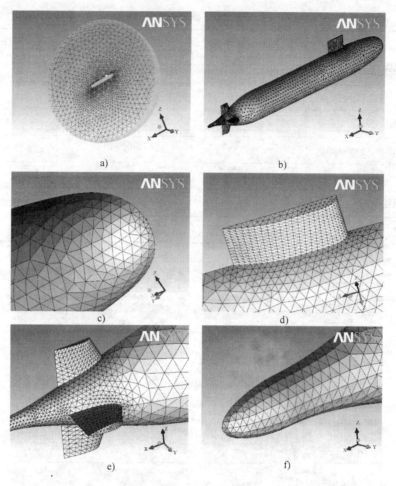

图 3-103　网格生成结果

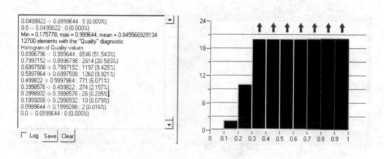

图 3-104　网格质量

本 章 小 结

　　本章通过具体实例讲解如何使用 ICEM 生成壳/面网格，并通过数值计算检验所生成网格。希望读者通过本章学习逐渐熟悉 ICEM 基本操作，掌握壳/面网格的类型、生成方法及生成流程。

第4章
非结构体网格生成及实例

本章介绍 ICEM 中非结构体网格的类型和生成方法，通过具体实例着重讲解如何使用 ICEM 生成三维体网格，并通过数值计算检验生成网格。

知识要点：

➢ ICEM 非结构体网格类型

➢ ICEM 非结构体网格生成方法

➢ ICEM 非结构体网格生成流程

➢ 自顶向下（Top-Down）生成非结构体网格

➢ 自底向上（Bottom-Up）生成非结构体网格

➢ 生成棱柱边界层网格

4.1　非结构体网格概述

非结构体网格（Auto Volume Meshing）是指在 ICEM 中设定网格类型和生成方法等参数后，由软件自动计算得到的体网格。该方法生成网格过程中人工参与工作量较小，减轻了工程人员的负担，但是计算机工作量大，对计算机性能要求较高。生成的体网格可用于流体力学、固体力学的数值计算。

4.1.1　非结构体网格类型

下面是三种不同的非结构体网格类型（Mesh Type）。

1）Tetra/Mixed，一种应用广泛的非结构体网格类型。在默认情况下，系统自动生成四面体网格（Tetra），如图 4-1a 所示；通过设定可以创建三棱柱边界层网格（Prism），如图 4-1b 所示；也可以在计算域内部生成以六面体单元为主的体网格（Hexcore），图 4-1c 所示；或者生成既包含边界层又包含六面体单元的网格，如图 4-1d 所示。

2）Hex-Dominant，一种以六面体网格单元为主的非结构体网格类型，如图 4-2 所示。近壁面处网格质量较好，但在非结构体网格内部网格质量较差。生成此类体网格时，需要壳/面网格的类型为 All Quad 或 Quad Dominant。

3）Cartesian，一种自动生成的六面体非结构体网格，内部网格线均为直线，边界处网格线适应边界曲线，如图 4-3 所示。

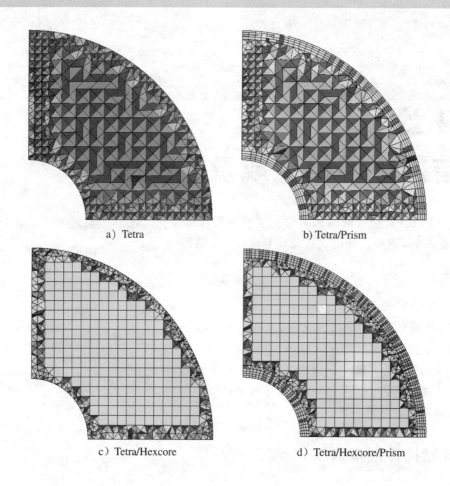

a）Tetra

b）Tetra/Prism

c）Tetra/Hexcore

d）Tetra/Hexcore/Prism

图 4-1 Tetra/Mixed 网格类型

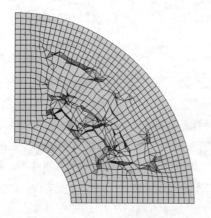

图 4-2 Hex-Dominant 网格类型

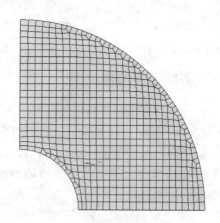

图 4-3 Cartesian 网格类型

4.1.2 自动体网格生成方法

不同的非结构体网格类型对应不同的网格生成方法（Mesh Method），对应关系见表 4-1。

表4-1 自动体网格类型与生成方法概述

网格类型	网格生成方法	概 述
Tetra/Mixed	Robust（Octree）	使用八叉树方法生成四面体网格，是一种自顶向下的网格生成方法：即首先生成体网格，而后生成壳/面网格。不需花费大量时间用于几何修补和生成壳网格，适用于复杂几何模型
	Quick（Delaunay）	使用Delaunay方法生成四面体网格，是一种自底而上的网格生成方法：即首先生成壳/面网格，而后在此基础上生成体网格
	Smooth（Advancing Front）	使用基于Delaunay的方法生成四面体网格，是一种自底而上的体网格生成方法。与Delaunay方法不同的是，近壁面网格尺寸变化平缓，对初始的壳/面网格质量要求较高
	TGrid	一种自底向上的四面体网格生成方法，能够使近壁面附近网格尺寸变化平缓
Hexa-Dominant		生成以六面体网格单元为主的体网格，是一种自底向上的网格生成方法。对于简单几何，生成的网格单元可能全部是六面体网格；对于复杂模型，在边界面附近生成六面体网格，内部由四面体网格和五面体（Pyramid）网格单元填充
Cartesian	Body-Fitted	创建非结构笛卡儿网格的方法
	Staircase（Global）	该方法可以对笛卡儿网格进行细化
	Hexa-Core	生成以六面体为主的网格，如图4-1c所示

4.1.3 自动体网格生成流程

与壳/面网格生成流程相似，图4-4为生成自动体网格的一般流程。

1）定义壳网格、体网格全局参数，包括网格类型、网格生成方法及相关选项。

2）定义Part的网格尺寸。

3）定义壳/面元素的网格尺寸。

4）定义线元素的网格尺寸。

5）定义加密区域相关参数。

6）生成线网格，通常此步可以省略。

7）生成体网格。

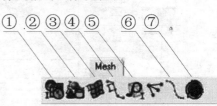

图4-4 生成自动体网格流程

4.2 非结构体网格生成实例1——蝶阀

4.2.1 问题描述与分析

蝶阀是一种结构简单的调节阀，用于控制空气、水、蒸气等各类流体的流动，在管道上主要起切断和节流作用。本节将通过蝶阀讲解如何在ICEM中生成非结构体网格。

通过本节学习应掌握如下知识点：a）ICEM生成非结构体网格流程；b）Robust（Octree）网格生成方法；c）Body用法；d）棱柱网格参数。

4.2.2 修改几何文件

Step1 选择 File→Change Working Dir，定义工作目录，将光盘中 "几何文件/第四章/4.2" 文件夹内 PipeValve. tin 复制到工作目录下。

Step2 打开几何模型。选择 File→Geometry→Open Geometry，打开几何文件 Pipe_Valve. tin。

Step3 建立拓扑。单击 Geometry 标签栏 ，在 Repair Geometry 面板中单击 ，在 Tolerance 文本框中输入 0.00001，其余采用默认设置，单击 Apply 按钮，观察主窗口自动生成的点和线，如图 4-5 所示。

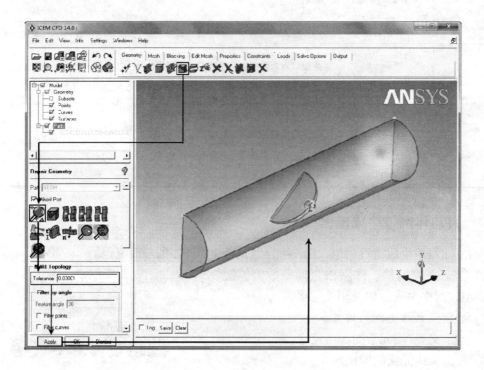

图 4-5 建立拓扑结构

Step4 定义 Part。右击模型树 Model→Parts→Create Part，如图 4-6a 所示，依次定义各个 Part：IN（入口）、OUT（出口）、SYM（对称面）、VALVE（蝶阀）和 WALL（壁面）。定义完成后的模型树如图 4-6b 所示。

注意：在定义 Part 时注意各个 Curve 的归属。

Step5 创建 Body。单击 Geometry 标签栏 ，如图 4-7 所示，在 Part 下拉列表框中输入名称 BODY_ FLUID，单击 ，在 Method 栏勾选 Entire model，单击 Apply 按钮，创建整个模型的 Body，结果如图 4-7 中主窗口标示。

注意：本操作定义 Body，Body 可以体现非结构自动体网格的材料特性，尤其对于在一个问题中包含多种材料时更是需要根据不同的材料定义 Body。生成非结构体网格时若没有人为定义 Body，ICEM 会自动生成一个 Body。ICEM 提供两种 Body 定义方式：a) 通过指定点位

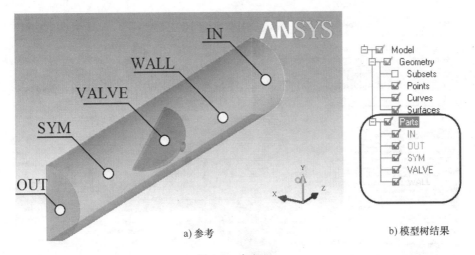

a) 参考   b) 模型树结果

图 4-6 定义 Part

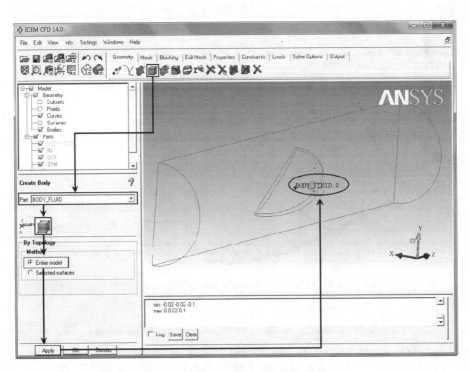

图 4-7 定义 Body

置定义 Body；b) ![icon]通过几何拓扑定义 Body，任何一个封闭曲面空间均会被定义 Body。

4.2.3 定义网格参数

Step6 定义网格全局尺寸。如图 4-8 所示，单击 Mesh 标签栏![icon]，在 Global Mesh Setup 面板中单击![icon]，定义 Scale factor = 1、Max element = 0.005；在 Curvature/Proximity Based Refinement 栏勾选 Enabled，定义 Min Size limit = 0.001，其他选项保持默认值，单击 Apply 按钮确定。

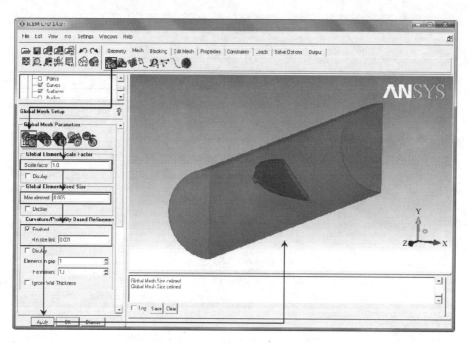

图 4-8 定义网格全局尺寸

注意：当网格生成方法为 Robust（Octree）时，Curvature/Proximity Based Refinement 选项可用。勾选该选项后，当曲线曲率变大时会自动减小网格尺寸以捕捉几何模型的细小特征，如图 4-9 所示。

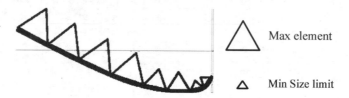

图 4-9 Curvature/Proximity Base Refinement 选项

Step7 定义全局体网格参数。如图 4-10 所示，单击 Mesh 标签栏 ，在 Global Mesh Setup 面板单击 ，在 Mesh Type 的下拉列表框中选择 Tetra/Mixed，在 Mesh Method 下拉列表框中选择 Robust（Octree），其余保持默认设置，单击 Apply 按钮确定，定义非结构体网格的类型和生成方法。

注意：因为 Robust（Octree）是一种自顶向下的网格生成方法，因此不需要特别定义壳/面网格参数。

Step8 定义全局棱柱网格参数。如图 4-11 所示，单击 Mesh 标签栏 ，在 Global Mesh Setup 面板中单击 ，分别定义 Min prism quality = 0.05、Ortho weight = 0.1、Fillet Ratio = 1.0、Max prism angle = 90、Max height over base = 1，单击 Apply 按钮确定。

注意：Min prism quality 限制棱柱网格单元最小网格质量，当生成棱柱网格不满足该条件时，ICEM 将自动光顺网格或采用金字塔形网格单元替换棱柱网格单元。

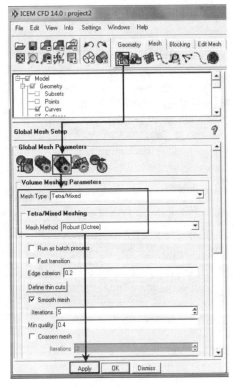

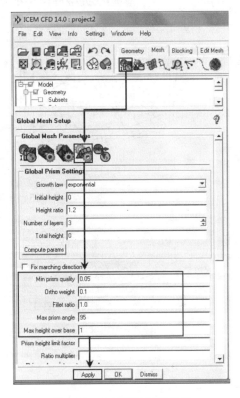

图 4-10 全局体网格参数 图 4-11 全局棱柱网格参数

Ortho weight 定义调整不同类型网格质量的权重，0 代表仅提高四边形/四面体网格质量，1 代表仅提高棱柱单元网格质量，如图 4-12 所示。

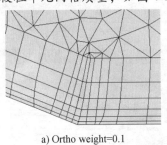

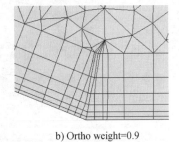

a) Ortho weight=0.1　　　　　　　　b) Ortho weight=0.9

图 4-12 不同的 Ortho weight 设置

Fillet Ratio 定义角点位置棱柱内边线倒圆角，0 代表不导圆角，1 代表导较大圆角，如图 4-13 所示。

Max height over base 限制棱柱网格纵横比，当棱柱单元纵横比到达设定值后棱柱网格不再生成，如图 4-14 所示。

Step9　定义棱柱网格参数。如图 4-15 所示，单击 Mesh 标签栏 🎨，弹出 Part Mesh Setup 窗口，在 VALVE 行勾选 Prism，并定义 max size = 0.002、height = 0.0005、height ratio = 1.2、 num layers = 3，定义蝶阀附近棱柱网格的尺寸参数；在 WALL 行勾选 Prism，并定义 height = 0.001、height ratio = 1.2、num layers = 3，定义壁面附近棱柱网格的尺寸参数。

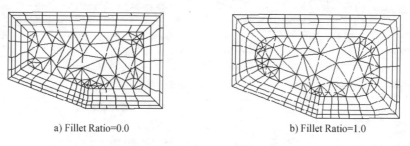

a) Fillet Ratio=0.0   b) Fillet Ratio=1.0

图 4-13　不同的 Fillet Ratio 设置

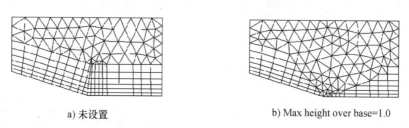

a) 未设置   b) Max height over base=1.0

图 4-14　不同的 Max height over base 设置

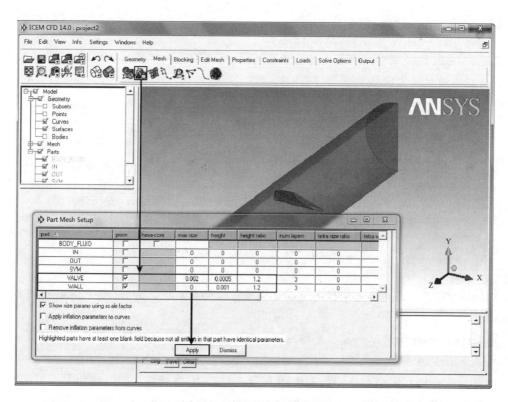

图 4-15　定义棱柱网格参数

注意：max size 定义棱柱边界层网格允许的最大高度；height 定义第一层棱柱边界层的网格高度；height ratio 定义棱柱边界层的增长比例；num layers 定义棱柱边界层的网格总层数。

Step10　保存几何模型。选择 File→Geometry→Save Geometry As，保存当前几何模型为 Pipe_ Valve. tin。

4.2.4　生成网格

（1）生成网格

Step11　生成网格。如图 4-16a 所示，单击 Mesh 标签栏，在 Compute Mesh 面板中单击，勾选 Create Prism Layers，其余参数保持默认设置，单击 Compute 按钮生成网格，生成网格如图 4-16b 所示。

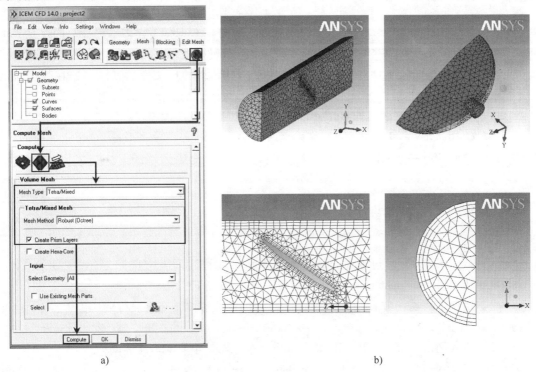

a)　　　　　　　　　　　　　　　　b)

图 4-16　生成网格

Step12　检查网格质量。单击 Edit Mesh 标签栏，在 Mesh type to check 栏选择 TETRA_ 4、TRI_ 3、PENTA_ 6、QUAD_ 4、PYRA_ 5 五种单元类型；在 Element to check 栏勾选 All，检查所有的网格单元，在 Criterion 栏下拉菜单中选择 Quality 作为质量好坏的评判标准，单击 Apply 按钮确定。网格质量在消息窗口以文字形式显示，在柱状图区以图表形式显示，如图 4-17 所示。

Step13　保存网格。选择 File→Mesh→Save Mesh As，保存当前的网格文件名为 Pipe_ Valve. uns。

（2）导出网格

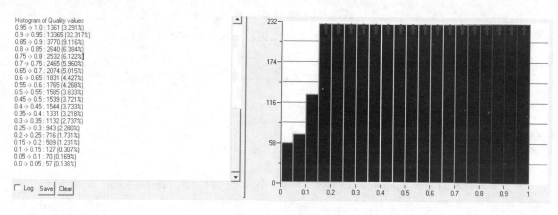

图 4-17　网格质量

Step14　单击 Output 标签栏，选择求解器。本节以 FLUENT 作为求解器，因此在 Output Solve 下拉列表框中选择 Fluent_ V6，单击 Apply 按钮确定。

Step15　在标签栏选择 Output，单击，保存 FBC 和 ATR 文件为默认名，在弹出对话框中单击 No，不保存当前项目文件，在弹出的窗口中选择 Step13 中保存的 Pipe_ Valve. uns。在随后弹出对话框的 Grid dimension 栏选中 3D，即输出三维网格；可以在 Output file 栏内修改输出的路径和文件名，将文件名改为 Pipe_ Valve，单击 Done 按钮，导出网格。此时可在 Output file 栏所示的路径下找到 Pipe_ Valve. msh 文件，至此完成网格生成工作。

4.2.5　数值计算及后处理

（1）读入网格

Step1　打开 FLUENT。进入 Windows 操作系统，在程序列表中选择 Start →All Program →ANSYS 14. 0→Fluid Dynamics→FLUENT 14. 0，启动 FLUENT 14. 0。

Step2　定义求解器参数。在 Dimension 栏选择 3D 求解器，其余保持默认设置，单击 OK 按钮。

Step3　读入网格。选择 File→Read→Mesh，选择 4. 2. 4 节中生成的网格。

Step4　定义网格单位。选择 Problem Setup→General→Mesh→Scale，在 Scaling 栏选择 Convert Units，并在 Mesh Was Created In 下拉列表框中选择 m，单击 Scale 将网格长度单位定义为 m，单击 Close 按钮关闭。

Step5　检查网格。选择 Problem Setup →General →Mesh→Check，Minimum Volume 应大于 0。

Step6　网格质量报告。选择 Problem Setup →General →Mesh→Report Quality，查看网格质量详细报告。

Step7　显示网格。选择 Problem Setup →General →Mesh→Display，在弹出 Mesh Display 面板的 Surface 栏内为边界名，与 ICEM 中定义的 Part 名一一对应。单击 Display 按钮，在 FLUENT 内显示网格。

（2）定义求解模型

Step8　定义求解器参数。选择 Problem Setup →General→Solve，求解器参数采用默认设置，选择三维基于压力稳态求解器。

Step9　定义湍流模型。选择 Problem Setup→Models→Viscous-Laminar，在弹出的 Viscous Model 面板中勾选 Laminar 层流模型，单击 OK 按钮关闭。

Step10　定义材料。选择 Problem Setup →Materials，选择 Fluid 并单击 Create/Edit，在弹出对话框定义材料名为 water，定义 Density = 1000kg/m^3，Cp = 4216 J/（kg·K），k = 0.677W/（m·K），μ = 0.008kg/（m·s），单击 Change/Create 创建材料。

（3）定义边界条件。

Step11　定义 BODY_FLUID 的材料。选择 Problem Setup →Cell Zone Conditions，在 Zone 栏选择 body_fluid，在 Type 下拉列表框中选择 fluid，单击 Edit 按钮，在弹出对话框的 Material Name 下拉列表框中选择 Step10 中定义的 water，其余采用默认设置，单击 OK 按钮确定。

Step12　定义边界条件。

1）定义入口。选择 Problem Setup→Boundary Conditions，在 Zone 栏选择 in，在 Type 栏下拉列表框中选择 velocity-inlet，单击 Edit 按钮弹出 Velocity Inlet 面板，在 Velocity Specification Method 下拉列表框中选择 Magnitude/Normal to Boundary，在 Reference Frame 下拉列表框中选择 Absolute，在 Velocity Magnitude 栏定义入口速度为 2m/s，单击 OK 按钮确定。

2）定义出口。选择 Problem Setup→Boundary Conditions，在 Zone 栏选择 out，在 Type 下拉列表框中选择 outflow，单击 Edit 按钮弹出 Pressure Outlet 面板，采用默认设置，单击 OK 按钮确定。

3）定义对称面。选择 Problem Setup→Boundary Conditions，在 Zone 栏选择 sym，在 Type 下拉列表框中选择 symmetry，单击 Edit 按钮，采用默认设置，单击 OK 按钮确定。

4）定义蝶阀壁面。选择 Problem Setup→Boundary Conditions，在 Zone 栏选择 valve，在 Type 下拉列表框中选择 wall，单击 Edit 按钮弹出 Wall 面板，采用默认设置，单击 OK 按钮确定。

5）采用4）中方法定义壁面（wall）。

（4）初始化和计算

Step13　定义求解器控制参数。选择 Solution→Solution Method，在 Pressure-Velocity Coupling Scheme 栏选择 SIMPLE，在 Momentum 下拉列表框中选择 First Order Upwind，其余采用默认设置。

Step14　定义松弛因子。选择 Solution→Solution Controls，采用默认设置。

Step15　定义监视器。选择 Solution→Monitors，选择 Residuals-Print，单击 Edit 按钮定义各项残差值为 1×10^{-6}，单击 OK 按钮确定。在 Surface Monitors 栏单击 Create，在 Surface Monitor 面板勾选 Plot，在 Report Type 下拉列表框中选择 Area-Weight Average，在 Field Variable 栏选择 Static Pressure，在 Surfaces 栏选择 out，监测计算过程中出口静压变化情况，单击 OK 按钮确定。

Step16　初始化流场。选择 Solution→Solution Initialization，在 Initialization Method 栏选择 Hybrid Initialization，单击 Initialize 初始化流场。

Step17　迭代计算。选择 Solution→Run Calculation，在 Number of Iterations 栏输入 1500 定义最大求解步数，单击 Calculate 开始计算。

Step18　计算结果。视器中各参数变化情况如图 4-18 和图 4-19 所示。计算后蝶阀表面压力分布云图和迹线图分别如图 4-20 和图 4-21 所示。结果表明生成网格满足数值计算要求。

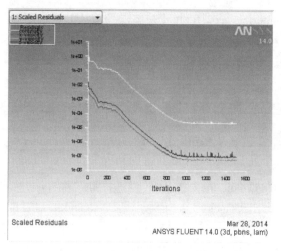

图 4-18　残差变化

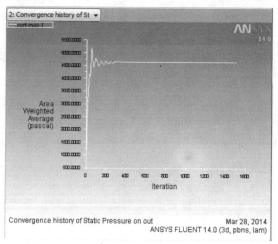

图 4-19　出口压力变化

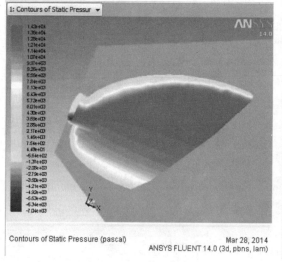

图 4-20　表面静压分布

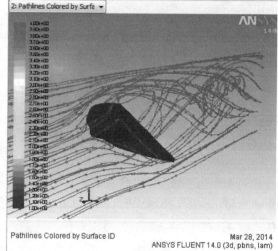

图 4-21　流动情况

4.3　非结构体网格生成实例 2 ——换热器

4.3.1　问题描述与分析

换热器是流体热交换的通用工艺设备，广泛应用于化工、石油、电力、轻工、冶金、原子能、造船、航空、供暖等行业，特别是在石油炼制和化学加工装置中占有极其重要的地位。本节将通过换热器讲解如何在 ICEM 中生成多域非结构体网格，换热器模型如图 4-22 所示。

通过本节学习应掌握如下知识点：a）多域非结构体网格生成方法；b）扫掠方法生成面。

4.3.2　创建几何模型

（1）创建换热器壳体

Step1　创建圆心 P_ A。单击 Geometry 标签栏，在 Create Point 面板单击，在 Method 下拉列表框中选择 Create 1 Point，并在数据栏定义 X = 0、Y = 0、Z = 0，其余采用默认设置，单击 Apply 按钮生成 P_ A，如图 4-23 所示。

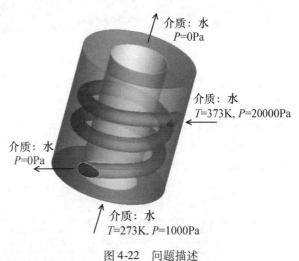

介质：水
P=0Pa

介质：水
T=373K, P=20000Pa

介质：水
P=0Pa

介质：水
T=273K, P=1000Pa

图 4-22　问题描述

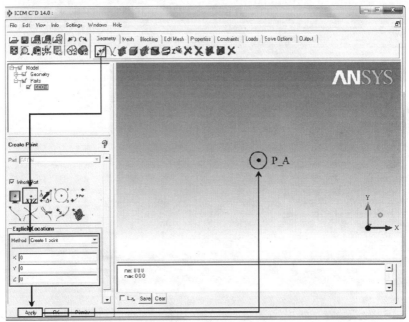

图 4-23　创建 P_ A

Step2　创建其余各点。采用 Step1 的方式，参考表 4-2 生成其余点，结果如图 4-24 所示。

表 4-2　各点坐标

	P_ B	P_ C	P_ D	P_ E
X	0.5	1.0	0	0
Y	0	0	0.5	1
Z	0	0	0	0

Step3　创建圆弧 C_1。单击 Geometry 标签栏，在 Create/Modify Curve 面板中单击；定义圆弧的起始角度（Start angle）和终止角度（End angle）分别为 0° 和 360°，即整个圆弧；单击 Points 文本框后，在主窗口选择圆心 P_A，然后单击经过圆弧的两点 P_B 和 P_D，结果如图 4-25 所示。

Step4　创建圆弧 C_2。采用 Step3 的方法，以 P_A 为圆心，以 P_C 和 P_E 为经过圆弧的两点创建圆弧 C_2，结果如图 4-26 所示。

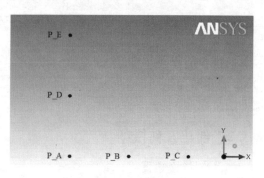

图 4-24　点创建结果

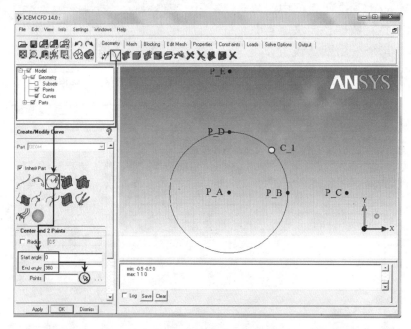

图 4-25　创建 C_1

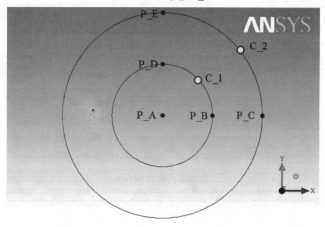

图 4-26　创建 C_2

Step5 创建 P_F。单击 Geometry 标签栏 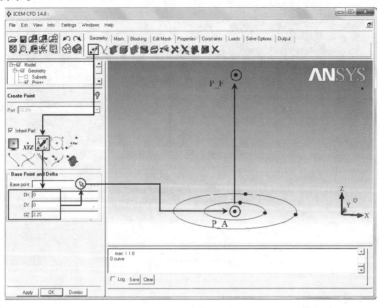，在 Create Point 面板单击 ，在数据输入栏定义 DX = 0、DY = 0、DZ = 2.25，单击 ，然后选择 P_A，单击鼠标中键确定生成 P_F，如图 4-27 所示。

图 4-27 创建 P_F

注意：本操作通过设置增量值的方法创建点。

Step6 创建换热器内壁面。单击 Geometry 标签栏 ，在 Create/Modify Surface 面板单击 ，在 Method 下拉列表框中选择 Vector，单击 Through 2 points 文本框后 ，在主窗口依次选择 P_A 和 P_F，定义拉伸矢量；单击 Swept curves 文本框后 ，在主窗口选择 Step3 中创建的 C_1，单击鼠标中键确定，生成内壁面如图 4-28 所示。

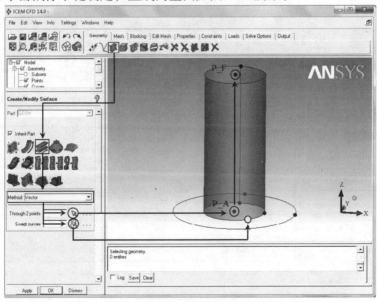

图 4-28 创建内壁面

注意：本操作通过拉伸方法创建面，Swept curves 为被拉伸曲线，P_A 和 P_F 定义拉伸方向和长度。

Step7　创建换热器外壁面。采用 Step6 的方法，通过 P_A 和 P_F 定义拉伸矢量，拉伸 Step4 中生成的 C_2 创建换热器外壁面，结果如图 4-29 所示。

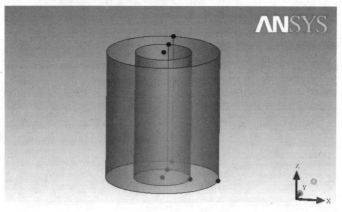

图 4-29　创建外壁面

Step8　创建换热器底面。单击 Geometry 标签栏 ![icon]，在 Create/Modify Surface 面板单击 ![icon]，在 Method 下拉列表框中选择 From 2-4 Curves，然后单击 Curves 文本框后 ![icon]，在主窗口依次选择如图 4-30 标示的两条 Curve，单击鼠标中键确定，生成换热器底面。

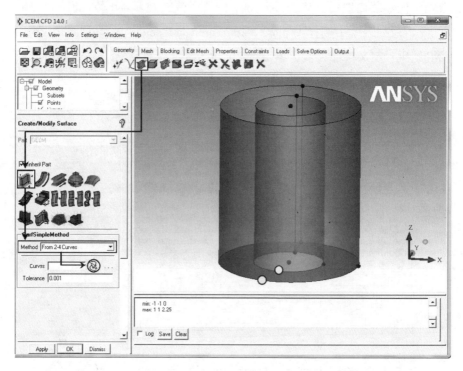

图 4-30　创建底面

Step9 创建换热器顶面。采用 Step8 的方法创建换热器顶面,结果如图 4-31 所示。至此完成换热器壳体面的生成工作。

(2)创建螺旋管

Step10 创建螺旋线上的点。单击 Geometry 标签栏 ，在 Create Point 面板单击 $\boxed{xyz}$ ，在 Method 下拉列表框中选择 Create multiple points，在 m1 m2…mn OR m1, mn, incr 文本框输入 "0, 1, 0.05" 定义变量 m，在 F(m)→X 文本框定义 X = 0.75 * cos(m * 720)，在 F(m)→Y 文本框定义 Y = 0.75 * sin(m * 720)，F(m)→Z 文本框定义 Z = 0.5 + m，单击 Apply 按钮生成位于拉伸线上的点，如图 4-32 所示。

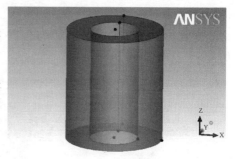

图 4-31 创建顶面

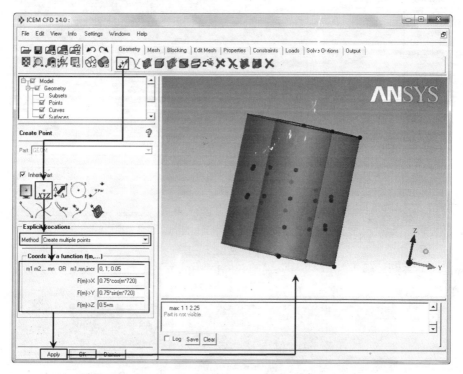

图 4-32 创建系列点

注意:本操作通过函数创建点,Coords as a functin f(m..)各选项的意义如下所示。

- m1 m2…mn OR m1, mn, incr:两种定义变量 m 的方法。"m1 m2…mn",即依次列出 m 的值,如输入 "1 2 3 4",则变量 m = {1, 2, 3, 4}。"m1, mn, incr",即通过定义端点坐标和增益值的方法定义参数 m,如输入 "1, 4, 1" 可以实现和 "m1 m2…mn" 相同的参数定义。

- F(m)→X, F(m)→Y, F(m)→Z,定义 X、Y、Z 三个坐标轴的坐标函数。例如,在 F(m)→X 文本框输入 "m + 1", F(m)→Y 文本框输入 "m * 6", F(m)→Z 文本框输入 "(m + 2) * sin(30)",最后生成的点集坐标分别为 (2,6,1.5)、(3,12,2)、(4,18,2.5)、(5,24,3)。

- 此外,ICEM 的输入栏中支持简单的数学函数,包括 +、-、√、/、*、^、( )、sin( ), cos( )、

tan( )、asin( )、acos( )、atan( )、log( )、log10( )、exp( )、sqrt( )、abs( )等，其中角度单位为度。

Step11　补齐螺旋线上的点 P_H。单击 Geometry 标签栏 ✏，在 Create Point 面板单击 ✏，定义 DX = 0、DY = 1、DZ = 0.125，单击 Base point 文本框后 ✎，在主窗口中选择标示的 P_G，单击鼠标中键确定，生成 P_H，如图 4-33 所示。

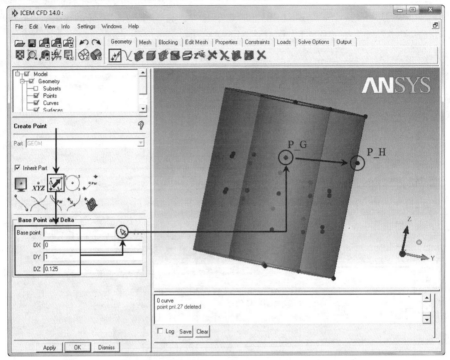

图 4-33　创建 P_H

Step12　补齐螺旋线上的点 P_J。采用 Step11 中的方法，如图 4-34 所示，以 P_I 为基准，以 DX = 0、DY = −1、DZ = −0.125 为增量创建点 P_J。

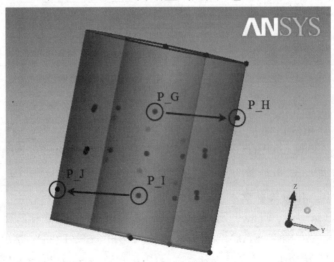

图 4-34　创建 P_J

Step13 创建螺旋线。单击 Geometry 标签栏 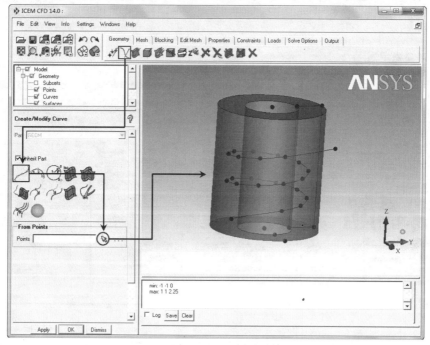，在 Create/Modify Curve 面板单击，单击 Points 文本框后，在主窗口按顺序选择 Step10 ~ Step12 创建的各点，单击鼠标中键确定，生成螺旋线如图 4-35 所示。

图 4-35　创建螺旋线

注意：Step10 ~ Step12 创建螺旋线上的点，其中 Step11 和 Step12 创建的点保证螺旋线可以伸出换热器外壁，以便于创建完整的换热器螺旋管。选择节点时一定要按照一定顺序，顺序错乱导致曲线扭曲。

Step14 创建扫掠线上的点。采用 Step11 中的方法，以 P_H 为基准，以 DX = 0.125、DY = 0、DZ = 0 和 DX = 0、DY = 0、DZ = 0.125 为增量，分别创建 P_K 和 P_L，如图 4-36 所示。

Step15 创建扫掠线。采用 Step3 中的方法，以 P_H 为圆心，以 P_K 和 P_L 为经过圆弧的两点创建扫掠线，结果如图 4-37 所示。

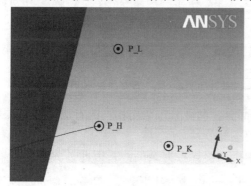

图 4-36　创建 P_K 和 P_L

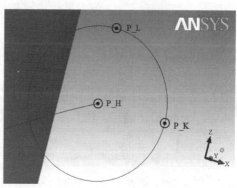

图 4-37　创建扫掠线

Step16 创建螺旋管。单击 Geometry 标签栏，在 Create/Modify Surface 面板单击，单击 Driving curve 文本框后，在主窗口选择 Step13 中创建的螺旋线，单击 Driven curves 文本框后，在主窗口选择 Step15 创建的扫掠线，创建螺旋管，如图 4-38 所示。

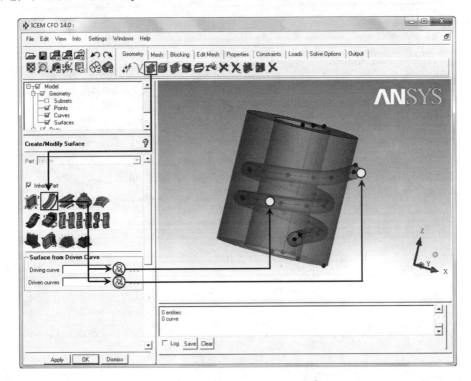

图 4-38　创建螺旋管

注意：本操作通过扫掠方法创建面，Driven curve 为扫掠曲线，Driving curve 定义扫掠路径。

（3）修改几何模型及创建 Part

Step17 创建换热器外壁与螺旋管的交线。单击 Geometry 标签栏，在 Create/Modify Curve 面板单击，在 Method 栏勾选 Surfaces，单击 Surfaces 文本框后，在主窗口依次选择换热器外壁和螺旋管，单击鼠标中键确定，单击 Apply 按钮，创建交线 C_A 和 C_B，结果如图 4-39 所示。

Step18 分割换热器外壁面。如图 4-40 所示，单击 Geometry 标签栏，在 Create/Modify Surface 面板单击，在 Method 下拉列表框中选择 By Curve，单击 Surface 文本框后，在主窗口选择换热器外壁面，单击 Curves 文本框后，在主窗口选择 Step17 创建的交线 C_A，单击 Apply 按钮确定，用 C_A 将换热器外表面分为两部分。采用相同的方法，用交线 C_B 分割换热器外壁面，此时换热器外壁面被分为三部分。

Step19 重新建立拓扑。Step18 中对面的分割操作会导致冗余的线，因此首先删除所有 Curve；然后重新建立拓扑，如图 4-41 所示，单击 Geometry 标签栏，在 Repair Geometry 面板单击，定义 Tolerance = 0.005，单击 Apply 按钮。

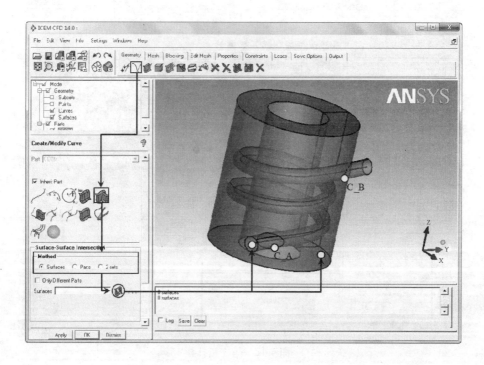

图 4-39　创建交线

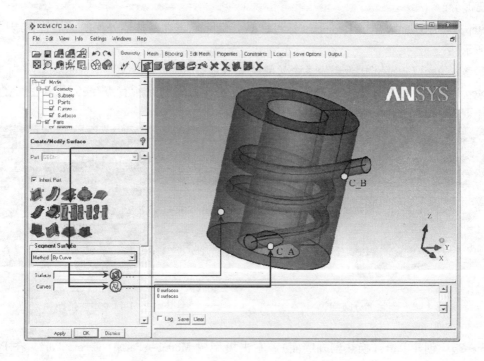

图 4-40　分割换热器外壁面

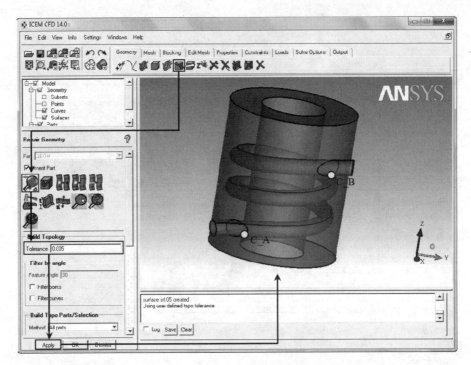

图 4-41　建立拓扑

Step20　分割螺旋管。采用 Step18 中的方法，分别用 C＿A 和 C＿B 分割螺旋管，将其分为三部分。

Step21　删除面。单击 Geometry 标签栏，删除暴露在换热器外面的螺旋管，结果如图 4-42 所示。

注意：Step17 ~ Step20 为删除多余的螺旋管做准备。

Step22　重新建立拓扑。采用 Step19 中的方法，首先删除所有点/线元素，然后通过建立拓扑重构点/线元素，结果如图 4-43 所示。

图 4-42　删除部分螺旋管

图 4-43　建立拓扑

Step23　创建 Part（换热器外壁面）。右击模型树 Model→Parts→Create Part，在 Part 下拉列表框中输入 WALL＿OUT，在弹出 Create Part 面板中单击，单击 Entities 文本框后，在主窗口选择换热器外壁面及上下边线，单击鼠标中键确定，如图 4-44 所示。

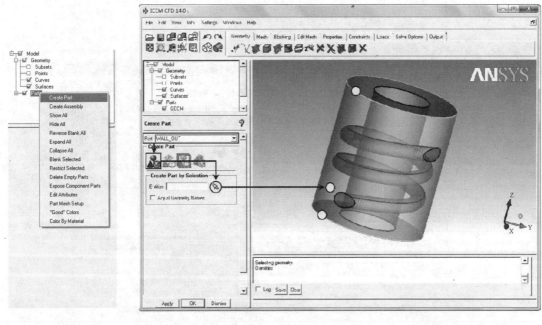

图 4-44 创建 Part

Step24 创建其余 Part。采用 Step23 中方法，参考图 4-45 依次定义其余 Part，定义完成后，模型树下 Part 选项的变化如图 4-46 所示。

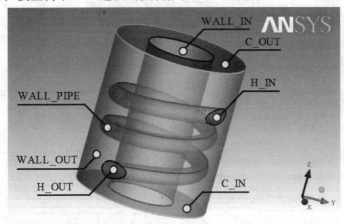

图 4-45 定义其余 Part

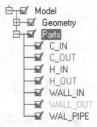

图 4-46 创建结果

Step25 定义 BODY。如图 4-47 所示，单击 Geometry 标签栏 ▧，弹出 Create Body 面板，在 Part 下拉列表框中输入 FLUID_HEAT，然后单击 ▧，在 Method 栏中选中 Selected surfaces，单击 Surfaces 文本框后 ▧，在弹出的 Select geometry 面板单击 ▧，然后在 Select part 对话框中勾选 H_IN、H_OUT 和 WALL_PIPE，单击 Accept 按钮确定。采用相同的方法选择 C_IN、C_OUT、WALL_IN 和 WALL_OUT 定义冷流体域 FLUID_COLD，结果如图 4-48 所示。至此，完成换热器几何生成工作。

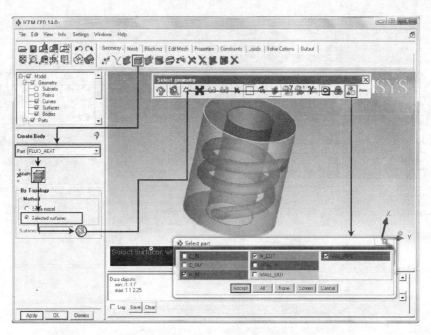

图 4-47　定义 BODY

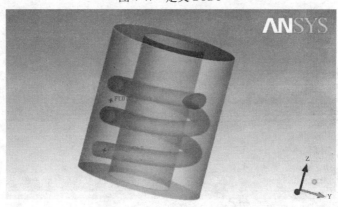

图 4-48　BODY 定义结果

注意：定义 BODY 的方法解释参考 4.2.2 节 Step5 中的解释。

4.3.3　定义网格参数

Step26　定义网格全局参数。单击 Mesh 标签栏![icon]，在 Global Mesh Setup 面板单击![icon]，定义 Scale factor = 1、Max element = 0.2，其他选项保持默认值，单击 Apply 按钮确定，如图 4-49 所示。

Step27　定义体网格全局参数。如图 4-50 所示，单击 Mesh 标签栏![icon]，在 Global Mesh Setup 面板单击![icon]，在 Mesh Type 下拉列表框中选择 Tetra/Mixed，在 Mesh Method 下拉列表框中选择 Robust（Octree），其余保持默认设置，单击 Apply 按钮确定，定义体网格的类型和生成方法。

Step28　定义全局棱柱网格参数。如图 4-51 所示，单击 Mesh 标签栏![icon]，在 Global Mesh Setup 面板单击![icon]，在 Growth law 的下拉列表框中选择 exponential；分别定义 Min prism quality = 0. 1、Ortho weight = 0. 50、Fillet ratio = 0. 10、Max prismangle = 180、Max height over base = 1. 0；单击 Apply 按钮确定。

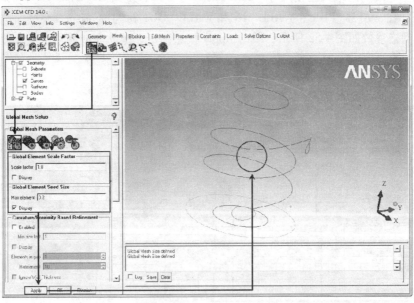

图 4-49　定义网格全局参数

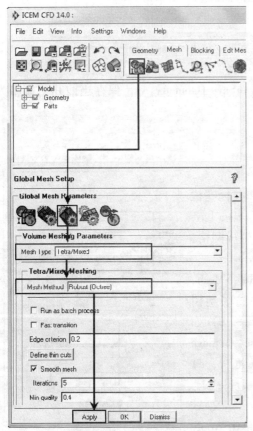

图 4-50　定义体网格全局参数

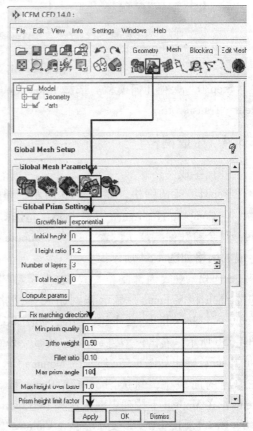

图 4-51　定义棱柱网格全局参数

Step29　定义各个 Part 的网格参数。单击 Mesh 标签栏，弹出 Part Mesh Setup 窗口，定义 C_IN 和 C_OUT 的最大网格尺寸（max size）为 0.15；定义 H_IN 和 H_OUT 的最大网格尺寸为 0.05；在 WALL_PIPE、WALL_IN 和 WALL_OUT 行勾选 prism，在壁面位置生成棱柱网格，棱柱网格参数如图 4-52 所示，单击 Apply 按钮确定，至此完成网格生成参数定义。

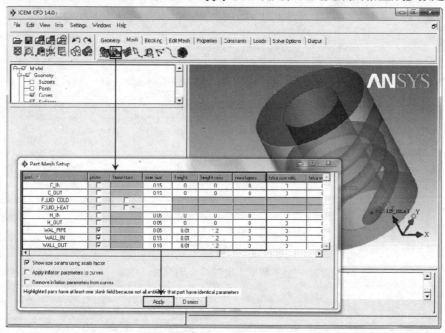

图 4-52　定义各 Part 网格参数

Step30　保存几何模型。选择 File→Geometry→Save Geometry As，保存当前几何模型为 Heat_Transfer.tin。

4.3.4　生成网格

（1）生成网格

Step31　生成网格。如图 4-53 所示，单击 Mesh 标签栏，在 Compute Mesh 面板中单击，勾选 Create Prism Layers，其余参数保持默认设置，单击 Compute 按钮生成网格，生成的网格如图 4-54 所示。

Step32　观察内部网格。a）右击模型树 Model→Mesh，勾选 Shell 和 Volumes，显示壳网格和体网格，右击模型树 Model→Mesh→Shells→Solid & Wire，如图 4-55a 所示；b）如图 4-55b 所示，右击模型树 Model→Mesh→Cut Plane→Manage Cut Plane，弹出如图 4-55c 所示的 Manage Cut Plane 面板；c）在弹出的面板中，勾选 Show Cut Plane 和 Show whole elements，在 Method 下拉列表框中选择 by Coefficients，定义 Ax = 0、By = 1、Bz = 0，定义 Fraction Value = 0.5，单击 Apply 按钮，观察 Y 轴中面处的体网格，如图 4-56 所示。

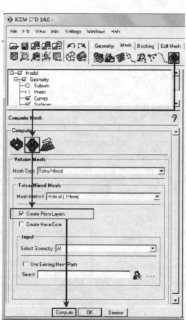

图 4-53　生成网格

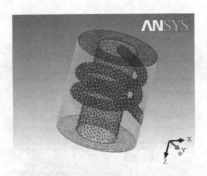
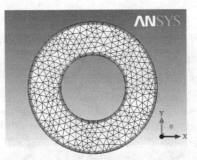
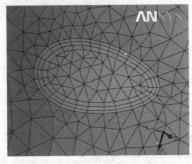

图 4-54　网格生成结果

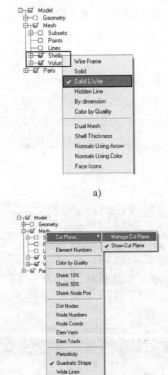

a)

b)

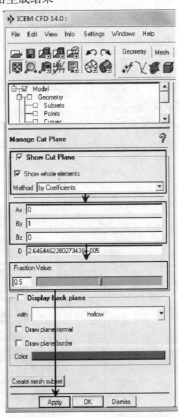

c)

图 4-55　观察内部网格

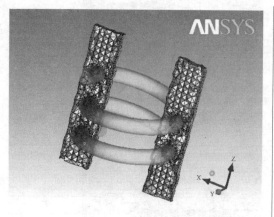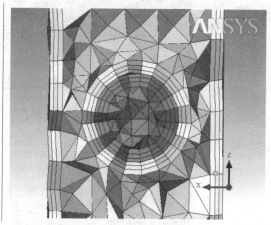

图 4-56　内部网格

　　注意：内部网格为体网格，因此首先在模型树下勾选 Volumes，显示体网格。通过 Ax +
By + Cz + D = 0 的方式定义观察切面。A、B、C 的值定义观察切面的方向。A = 1、B = 0、C
= 0 时，观察切面与 X 轴垂直；A = 0、B = 1、C = 0 时，观察切面与 Y 轴垂直；A = 0、B =
0、C = 1 时，观察切面与 Z 轴垂直。通过滚动条可以调节切面的位置，也可通过输入具体的
数值（Fraction Value）准确定义切面位置。

　　Step33　检查网格质量。单击 Edit Mesh 标签栏，在 Mesh type to check 栏选择 TETRA
_4、TRI _3、PENTA _6、QUAD _4、PYRA _5 五种单元类型；在 Element to check 栏勾选
All，检查所有的网格单元，在 Criterion 下拉列表框中选择 Quality 作为质量好坏的评判标准，
单击 Apply 按钮确定。网格质量在消息窗口以文字形式显示，在柱状图区以图表形式显示，
如图 4-57 所示。

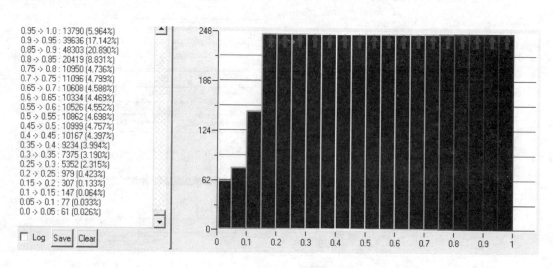

图 4-57　网格质量

Step34　保存网格。选择 File→Mesh→Save Mesh As，保存当前的网格文件为 Heat _ Transfer. uns。

（2）导出网格

Step35　单击 Output 标签栏 ，选择求解器。本节以 FLUENT 作为求解器，因此在 Output Solve 下拉列表框中选择 Fluent _ V6，单击 Apply 按钮确定。

Step36　在标签栏选择 Output，单击 ，保存 FBC 和 ATR 文件为默认名，在弹出对话框中单击 No，不保存当前项目文件，在弹出的窗口中选择 Step34 保存的 Heat _ Transfer. uns。在随后弹出对话框的 Grid dimension 栏选中 3D，即输出三维网格；可以在 Output file 文本框内修改输出的路径和文件名，将文件名改为 Heat _ Transfer，单击 Done 按钮，导出网格。此时可在 Output file 文本框所示的路径下找到 Heat _ Transfer. msh，至此完成网格生成工作。

4.3.5　数值计算及后处理

（1）读入网格

Step1　打开 FLUENT。进入 Windows 操作系统，在程序列表中选择 Start→All Program→ANSYS 14.0→Fluid Dynamics→FLUENT 14.0，启动 FLUENT 14.0。

Step2　定义求解器参数。在 Dimension 栏选择 3D 求解器，其余保持默认设置，单击 OK 按钮。

Step3　读入网格。选择 File→Read→Mesh，选择 4.3.4 节生成的网格。

Step4　定义网格单位。选择 Problem Setup→General→Mesh→Scale，在 Scaling 栏选择 Convert Units，并在 Mesh Was Created In 下拉列表框中选择 m，单击 Scale 将网格长度单位定义为 m，单击 Close 按钮关闭。

Step5　检查网格。选择 Problem Setup→General→Mesh→Check，Minimum Volume 应大于 0。

Step6　网格质量报告。选择 Problem Setup→General→Mesh→Report Quality，查看网格质量详细报告。

Step7　显示网格。选择 Problem Setup→General→Mesh→Display，弹出 Mesh Display 面板的 Surface 文本框内为边界名，与 ICEM 中定义的 Part 名一一对应。单击 Display 按钮，在 FLUENT 内显示网格。

（2）定义求解模型

Step8　定义求解器参数。选择 Problem Setup→General→Solve，求解器参数采用默认设置，选择三维基于压力稳态求解器。

Step9　定义湍流模型。选择 Problem Setup→Models→Viscous-Laminar，在弹出的 Viscous Model 面板中勾选 Laminar 层流模型，单击 OK 按钮关闭。

Step10　定义材料。选择 Problem Setup→Materials，选择 Fluid 并单击 Create/Edit，在弹出对话框中单击 FLUENT Database，在 FLUENT 材料数据库选择 water-liquid，单击 Change/Create 创建材料。

（3）定义边界条件。

Step11　定义 FLUID _ COLD 的材料。选择 Problem Setup→Cell Zone Conditions，在 Zone

栏选择 fluid_cold，在 Type 下拉列表框中选择 fluid，单击 Edit 按钮，在弹出对话框的 Material Name 下拉列表框中选择 Step10 定义的 water-liquid，其余采用默认设置，单击 OK 按钮确定。采用相同的方法定义 FLUID_HEAT 的材料为 water-liquid。

Step12　定义边界条件。

1）定义冷水入口。选择 Problem Setup→Boundary Conditions，在 Zone 栏选择 c_in，在 Type 下拉列表框中选择 pressure-inlet，单击 Edit 按钮弹出 Pressure Inlet 面板，设置 Gauge Total Pressure = 1000 Pa、Supersonic/Initial Gauge Pressure = 800 Pa、Total Temperature = 273K，单击 OK 按钮确定。

2）定义热水入口。采用上一步的方法，按照 Gauge Total Pressure = 20000Pa、Supersonic/Initial Gauge Pressure = 10000 Pa、Total Temperature = 373K 定义热水入口 h_in。

3）定义冷水出口。选择 Problem Setup→Boundary Conditions，在 Zone 栏选择 c_out，在 Type 下拉列表框中选择 pressure-outlet，单击 Edit 按钮弹出 Pressure Outlet 面板，定义 Gauge Pressure = 0 Pa、Backflow Total Temperature = 300K。采用相同的方法和参数定义 h_out。

4）定义壁面。选择 Problem Setup→Boundary Conditions，在 Zone 栏选择 wall_pipe，在 Type 下拉列表框中选择 wall，单击 Edit 按钮弹出 Wall 面板，在 Thermal 标签栏的 Thermal Conditions 栏勾选 Coupled，单击 OK 按钮确定。采用相同的方法定义 wall_pipe-shadow。

注意：冷水域（FLUID_COLD）和热水域（FLUID_HEAT）生成网格时均使用了名为 wall_pipe 的边界，因此当计算网格导入 FLUENT 后，wall_pipe 边界会被分割为 wall_pipe 和 wall_pipe-shadow，其中一个从属于冷水域，一个从属于热水域。读者可联系 11.3.2 节内容加深认识。

5）定义其余壁面。选择 Problem Setup→Boundary Conditions，在 Zone 栏选择 wall_in，在 Type 下拉列表框中选择 wall，单击 Edit 按钮弹出 Wall 面板，在 Thermal 标签栏定义 Heat Flux = 0W/m^2，单击 OK 按钮定义绝热壁面。采用相同的方法和参数定义 wall_out。

（4）初始化和计算

Step13　定义求解器控制参数。选择 Solution→Solution Method，在 Pressure-Velocity Coupling Scheme 栏选择 SIMPLE，在 Momentum 下拉列表框中选择 First Order Upwind，其余采用默认设置。

Step14　定义松弛因子。选择 Solution→Solution Controls，采用默认设置。

Step15　定义监视器。选择 Solution→Monitors，选择 Residuals-Print，单击 Edit 定义各项残差值为 1×10^{-6}，单击 OK 按钮确定。在 Surface Monitors 栏单击 Create，在 Surface Monitor 面板勾选 Plot，在 Report Type 下拉列表框中选择 Area-Weight Average，在 Field Variable 栏选择 Static Temperature，在 Surfaces 栏选择 c_out，监测计算过程中冷水出口温度变化情况，单击 OK 按钮确定。

Step16　初始化流场。选择 Solution→Solution Initialization，在 Initialization Method 栏选择 Hybrid Initialization，单击 Initialize 初始化流场。

Step17　迭代计算。选择 Solution→Run Calculation，在 Number of Iterations 文本框中输入 2000，定义最大求解步数，单击 Calculate 开始计算。

Step18　计算结果。监视器中各参数变化情况如图 4-58 和图 4-59 所示。计算后换热器内部流场分布情况如图 4-60 所示。

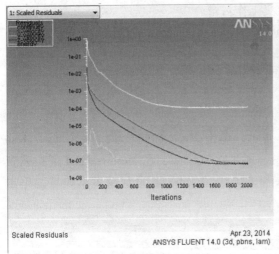

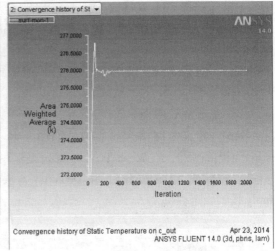

图 4-58 残差变化 　　　　　　　　　　　 图 4-59 出口温度变化

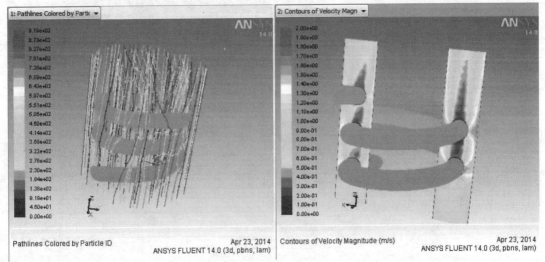

图 4-60 流场情况

4.4 非结构体网格生成实例 3——潜艇

4.4.1 问题描述与分析

上面两节都是自顶向下生成体网格，本节将以潜艇绕流计算为例，重点讲解自底下上生成非结构三维体网格的方法。首先导入 3.4 节生成的壳网格，并在其基础上拉伸生成棱柱网格，而后用四面体网格填充棱柱网格和远场之间的空隙。学习本节时需关注如下知识点：a）自下而上生成网格的方法和流程；b）加密区的定义方法。

4.4.2 定义网格参数

（1）打开文件

Step1　选择 File→Change Working Dir，定义工作目录。

Step2　打开几何文件。选择 File→Geometry→Open Geometry，打开几何文件 Submarine. tin。

Step3　打开壳网格文件。选择 File→Mesh→Open Mesh，打开壳网格文件 Submarine _ Shell. uns。

（2）生成棱柱网格

Step4　定义体网格全局参数。如图 4-61 所示，单击 Mesh 标签栏，在 Global Mesh Setup 面板单击，在 Mesh Type 下拉列表框中选择 Tetra/Mixed，在 Mesh Method 下拉列表框中选择 Quick（Delaunay），在 Delaunay Scheme 栏勾选 TGlib，其余保持默认设置，单击 Apply 按钮确定。

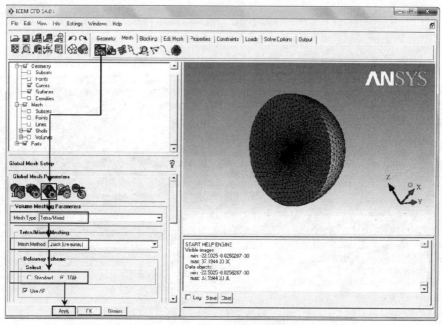

图 4-61　定义体网格全局参数

注意：Delaunay Scheme 栏有两个选项定义 Delaunay 格式，使用标准的 Delaunay 格式生成非结构体网格，或使用最新的 TGlib Delaunay 格式生成非结构体网格，与标准 Delaunay 格式的区别是表面附近体网格过渡均匀，内部体网格过渡较快。

Step5　定义棱柱网格参数全局。如图 4-62 所示，单击 Mesh 标签栏，在 Global Mesh Setup 面板单击，在 Global Prism Settings 栏定义全局棱柱网格尺寸参数（在 Growth law 下拉列表框中选择 exponential，定义 Initial height =0.02、Height ratio =1.3、Number of layers = 4）；定义 Min prism quality =0.01、Ortho weight =0.5、Fillet Ratio =0.2、Max prism angle = 150、Max height over base =0；在 New volume part 文本框中输入 SUBMARINE _ PRISM，单击 Apply 按钮确定。

注意：New volume part 与自顶向下网格生成过程中 Body 的功能相同，可以表示棱柱网格的材料特征。

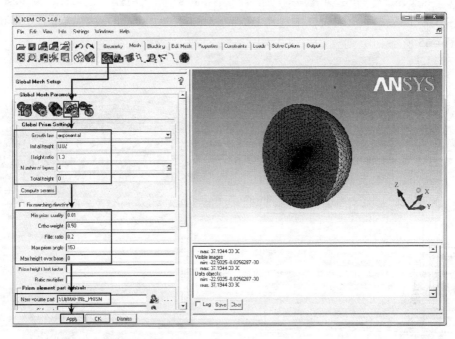

图 4-62　定义棱柱网格全局参数

Step6　指定生成棱柱边界层的 Surface。如图 4-63 所示，单击 Mesh 标签栏 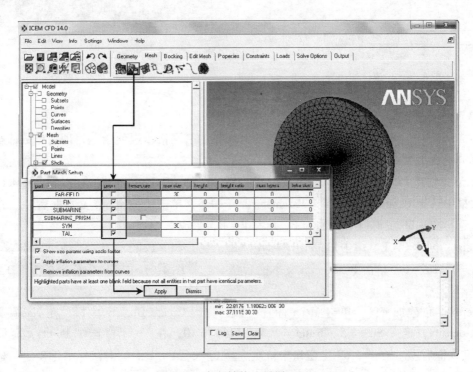，在 Part Mesh Setup 面板勾选 FIN、SUBMARINE 和 TAIL 行的 Prism，在潜艇表面生成棱柱边界层。

图 4-63　定义棱柱边界层 Surface

Step7　生成棱柱网格。如图 4-64 所示，选择 Mesh 标签栏，在 Compute Mesh 面板单击，在 Select Mesh 下拉列表框中选择 Existing Mesh，单击 Compute 按钮生成棱柱边界层网格，如图 4-65 所示。

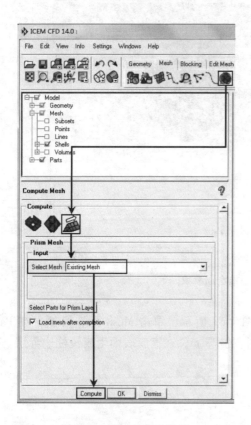

图 4-64　生成棱柱边界层

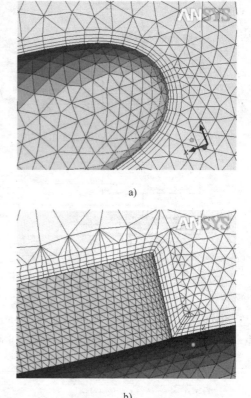

a)

b)

图 4-65　棱柱网格

（3）定义加密区

生成网格时，在流场中参数变化剧烈的区域需加密网格，以便于获得理想的数值解，本文在尾鳍附近加密网格。

Step8　创建 P_C。单击 Geometry 标签栏，在 Create Point 面板单击，在 Method 下拉列表框中选择 Parameters 并定义 Parameter(s) = 0.5，单击 2 locations 文本框后，在主窗口依次选择图 4-66 主窗口中标示的 P_A 和 P_B，生成 P_C。

Step9　创建 P_E。单击 Geometry 标签栏，在 Create Point 面板单击，在定义 DX = 3、DY = 0、DZ = 0，单击 Base point 文本框后，选择图 4-67 主窗口中标示的 P_D，生成 P_E。

Step10　创建加密区。单击 Mesh 标签栏，弹出 Create Density 面板，在 Name 文本框中输入 density，定义 Size = 5、Ratio = 1.5、Width = 10；在 From 栏选中 Points，而后单击 Points 文本框后，在图 4-68 主窗口中依次选择 P_C、P_E，单击鼠标中键确定，建立加密区域。

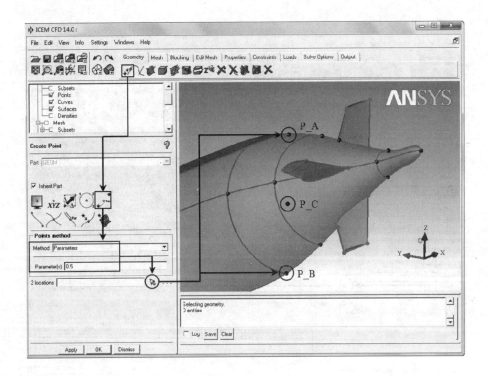

图 4-66 创建 P_C

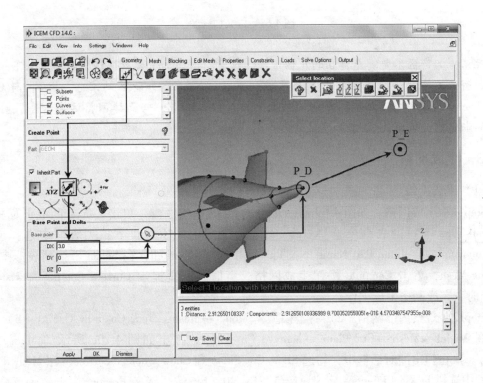

图 4-67 创建 P_E

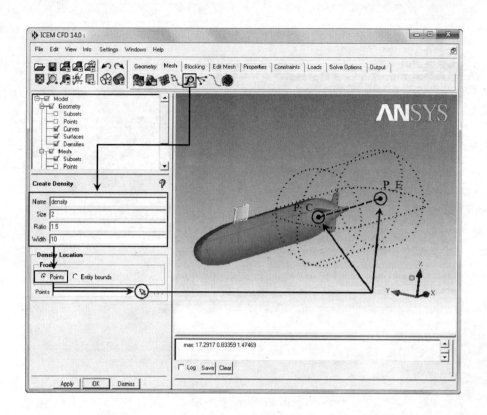

图 4-68　定义加密区

注意：加密区不是真是存在的几何区域，仅表明网格加密大致区域，网格节点不一定会位于加密区边界上。加密操作中各个参数的意义：Name，加密区的名字；Size，与 Global Scale Factor 的乘积指定加密区允许的最大网格尺寸；Ratio，四面体网格远离加密区时网格尺寸的渐变比；Width，指定加密区的大小。

4.4.3　生成网格

（1）生成网格

Step11　生成网格。如图 4-69 所示，单击 Mesh 标签栏，单击 Compute Mesh 面板，在 Mesh Type 下拉列表框中选择 Tetra/Mixed，在 Mesh Method 下拉列表框中选择 Quick（Delaunay）；在 Volume Part Name 下拉列表框中选择 inherited，在 Select 下拉列表框中选择 Existing Mesh，单击 Compute 按钮生成网格。当信息窗口提示 Current Coordinate system is global 时，完成网格生成工作。

Step12　观察内部网格。a）右击模型树 Model→Mesh，勾选 Color by Quality；b）右击模型树 Model→Mesh→Cut Plane→Manage Cut Plane，弹出如图 4-70c 所示的 Manage Cut Plane；c）在弹出的对话框中，勾选 Show Cut Plane 和 Show whole elements，在 Method 下拉列表框中选择 by Coefficients，定义 Ax = 1、By = 0、Bz = 0，定义 Fraction Value = 0.743，单击 Apply 按钮，显示尾鳍位置垂直于 X 轴的体网格，如图 4-71 所示。

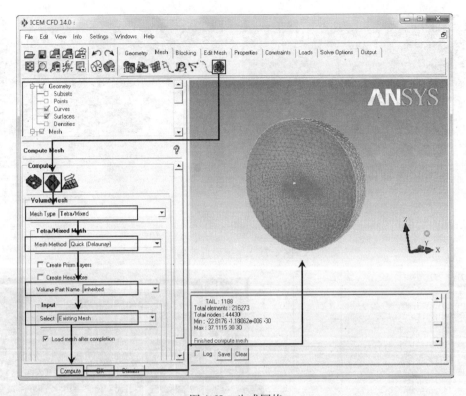

图 4-69 生成网格

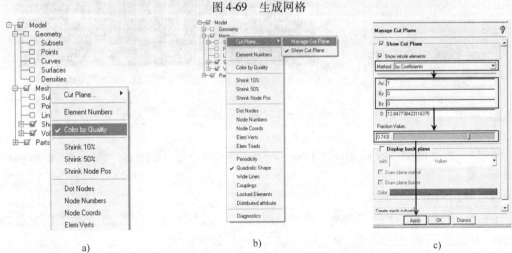

a)   b)   c)

图 4-70 观察内部网格

注意：通过颜色表征不同网格质量，便于调整网格质量。

Step13 检查网格质量。单击 Edit Mesh 标签栏，在 Mesh type to check 栏选择 TETRA _4、TRI _3、PENTA _6、QUAD _4、PYRA _5 五种单元类型；在 Element to check 栏勾选 All，检查所有的网格单元，在 Criterion 下拉列表框中选择 Quality 作为质量好坏的评判标准，单击 Apply 按钮确定。网格质量在消息窗口以文字形式显示，在柱状图区以图表形式显示，如图 4-72 所示。

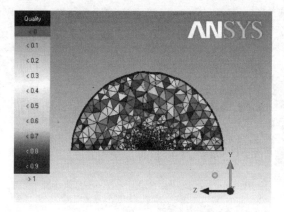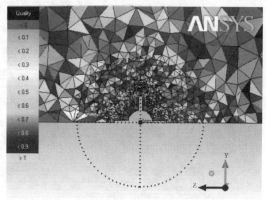

图 4-71　尾鳍附近网格

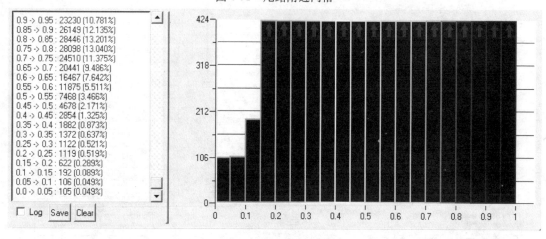

图 4-72　网格质量

Step14　保存网格。选择 File→Mesh→Save Mesh As，保存当前的网格文件为 Submarine _ Volume. uns。

（2）导出网格

Step15　单击 Output 标签栏 ，选择求解器。本节以 FLUENT 作为求解器，因此在 Output Solve 下拉列表框中选择 Fluent _ V6，单击 Apply 按钮确定。

Step16　在标签栏选择 Output，单击 ，保存 FBC 和 ATR 文件为默认名，在弹出对话框中单击 No，不保存当前项目文件，在弹出的窗口中选择 Step14 保存的 Submarine _ Volume. uns。在随后弹出对话框的 Grid dimension 栏选中 3D，即输出三维网格；可以在 Output file 文本框内修改输出的路径和文件名，将文件名改为 Submarine，单击 Done 按钮导出网格。此时可在 Output file 文本框所示的路径下找到 Submarine. msh，至此完成网格生成工作。

4.4.4　数值计算及后处理

参考 4.2.5 节在 FLUENT 设置数值计算参数：介质为水，流态为层流，入口速度为 5m/s，在计算过程中监视残差和艇身表面平均压力的变化情况，计算过程中各参数变化如图 4-

73 和图 4-74 所示。最终数值计算结果如图 4-75 和图 4-76 所示，结果表明生成网格满足数值计算需求。

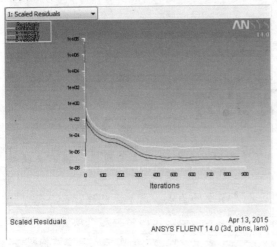

图 4-73　残差变化

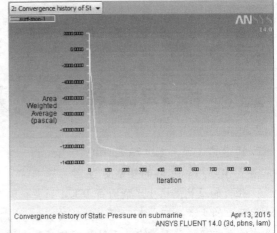

图 4-74　表面压力变化

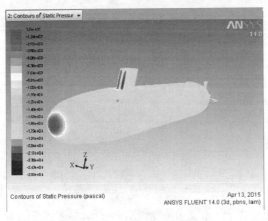

图 4-75　艇身表面压力分布

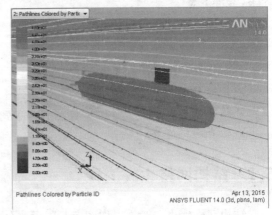

图 4-76　艇附近流动情况

本 章 小 结

本章主要讲解三维非结构体网格的生成方法，前两个实例采用自顶向下的方式生成体网格，最后一个实例采用自底向上的方式生成体网格。希望读者通过本章学习，对 ICEM 生成非结构体网格有一定的认识，熟悉生成棱柱边界层网格的设定，并可以自己动手分析和解决问题。

第5章
二维结构网格生成及实例

通过第 3 章和第 4 章的学习，已经初步掌握了使用 ICEM 生成非结构网格，接下来的两章着重学习结构网格的生成方法。

强大的结构网格生成能力是 ICEM 的突出特色，也是本书的重点。第 1 章已经详细介绍了结构化网格的生成原理，下面通过具体的实例学习使用 ICEM 生成结构化网格。建议读者在学习本章内容之前熟悉第 1 章中关于结构网格的基本概念。本章主要学习使用 ICEM 生成二维结构网格。

知识要点：

➢ 二维结构网格生成方法
➢ 复习创建几何模型
➢ 模型拓扑结构的分析方法
➢ 划分 Block
➢ 建立映射关系
➢ 检查网格质量

5.1 结构网格生成流程

结构网格生成一般流程如图 5-1 所示，分别为：a）生成几何模型，这是后续工作的基础；b）创建 Block，描述几何模型拓扑结构；c）建立映射关系，明确几何模型和 Block 之间的对应关系；d）生成网格。

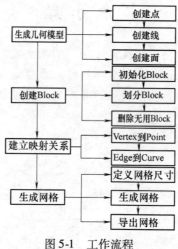

图 5-1　工作流程

5.2　二维结构网格生成实例 1——凝固

5.2.1　问题描述与分析

本节将通过讲解一个简单的二维凝固实例来学习二维结构网格的生成方法，图 5-2 所示为轴对称碗状物，碗状物的底面有高温液体稳定流入，侧面和底面温度高于晶体熔点，上端面温度低于晶体熔点，在该区域晶体将凝固，通过数值计算模拟凝固过程。学习本节时需关注如下内容：a）几何模型的创建方法；b）二维结构网格生成流程；c）二维结构网格生成方法。参照 5.1 节流程生成二维结构网格。

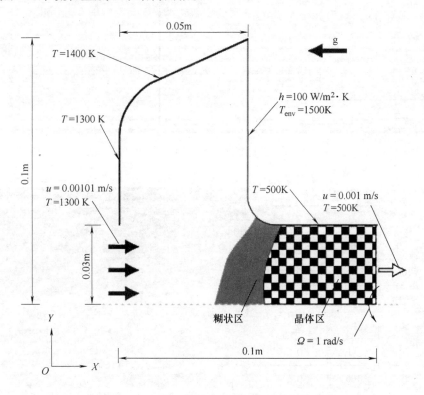

图 5-2　凝固问题

5.2.2　创建几何模型

（1）创建 Point

Step1　选择 File→Change Working Dir，定义工作目录。

Step2　创建 P_1。单击 Geometry 标签栏 ，在 Create Point 面板单击 ，在 Method 下拉列表框中选择 Create 1 Point，定义 X=0、Y=0、Z=0，单击 Apply 按钮生成 P_1，如图 5-3 所示。

Step3　创建其余各点。采用 Step2 的方法，参考表 5-1 中各点的坐标数据创建其余各点，结果如图 5-4 所示。

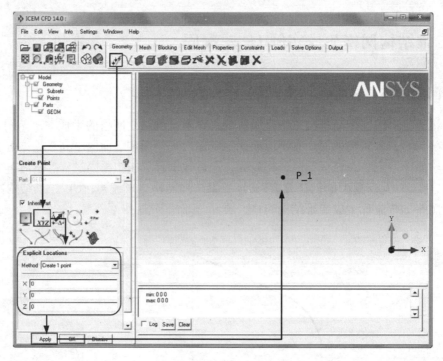

图 5-3　创建 P_1

表 5-1　坐标数据			
编　号	X	Y	Z
P_2	100	0	0
P_3	100	30	0
P_4	60	30	0
P_5	60	40	0
P_6	50	40	0
P_7	50	100	0
P_8	0	70	0

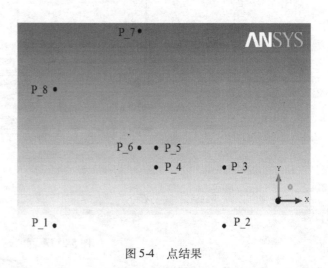

图 5-4　点结果

　　Step4　创建点集 Part。将生成各点定义为一个 Part，以便后续的观察和操作。右击模型树 Model→Parts，选择 Create Part，在弹出对话框的 Part 下拉列表框中输入名称 POINT，而后单击 🔧，单击 Entities 文本框后 🔖，选择生成的各点，单击鼠标中键确定。

　　（2）创建 Curve

　　Step5　创建 C_4-6。如图 5-5 所示，单击 Geometry 标签栏 📐，在弹出面板中取消勾选 Inherit Part，在 Part 下拉列表框中输入 CURVE，单击 🔧，定义 Start angle = 0、End angle = 90，单击 Points 文本框后 🔖，依次选择 P_5、P_4、P_6，单击鼠标中键确定，生成 C_4-6。

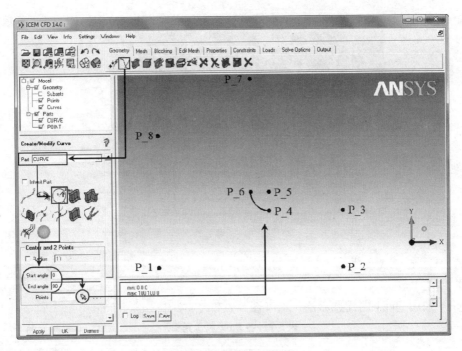

图 5-5　创建 C_4-6

Step6　创建 C_1-2。如图 5-6 所示，单击 Geometry 标签栏 ，在 Part 下拉列表框中选择 CURVE，单击 ，而后单击 Point 文本框后 ，在主窗口依次选择 P_1、P_2，单击鼠标中键确定，生成 C_1-2。

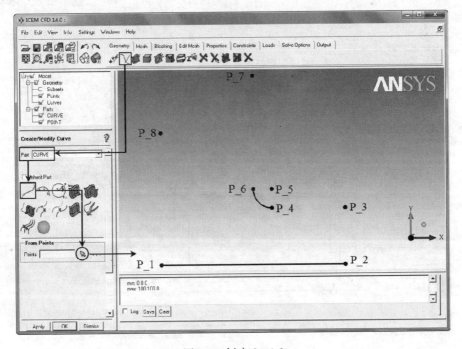

图 5-6　创建 C_1-2

Step7   创建其余 Curve。采用 Step6 的方法，创建其余 Curve，结果如图 5-7 所示。

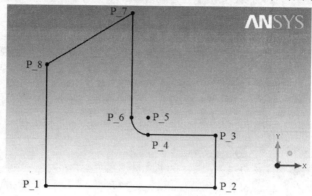

图 5-7   Curve 创建结果

注意：C _ E-G 代表连接 P _ E 与 P _ G 的 Curve。

（3）创建 Part

Step8   采用 Step4 的描述方法，参考图 5-2 和表 5-2 定义各个 Part。

表 5-2   各 Part 包含元素

Part	包含元素	Part	包含元素
AXIS	C _ 1-2	WALL _ FREE	C _ 4-6、C _ 6-7
OUT	C _ 2-3	WALL _ SIDE	C _ 7-8
WALL _ SOLID	C _ 3-4		

Step9   打断 C _ 1-8。根据图 5-2 描述的问题，C _ 1-8 分为入口和壁面两部分，因此需打断 C _ 1-8。如图 5-8 所示，单击 Geometry 标签栏，在弹出对话框的 Part 下拉列表框中

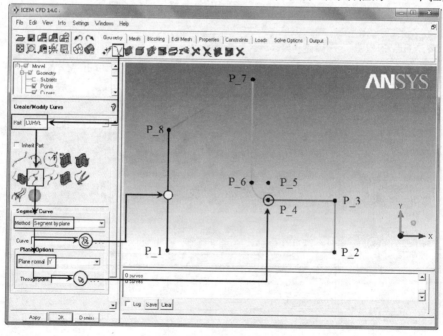

图 5-8   打断 C _ 1-8

选择 CURVE，单击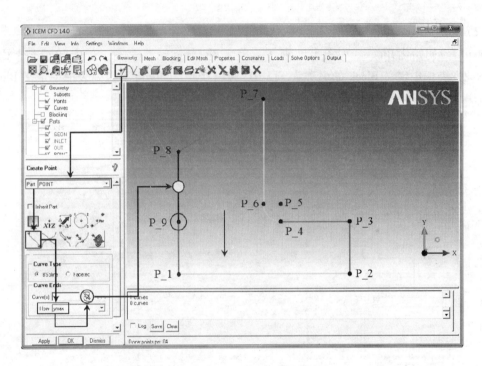，在 Method 下拉列表框中选择 Segment by plane，单击 Curve 文本框后，在主窗口选择 C_1-8，在 Plane normal 下拉列表框中选择 Y，单击 Through point 文本框后，在主窗口选择 P_4，单击 Apply 按钮确定。上述操作将 C_1-8 打断为上下两部分，将上部分 Curve 定义为 WALL_BOTTOM，将下部分 Curve 定义为 INLET。

注意：上述操作通过平面打断线，其中 Plane normal 下拉列表选择 Y 即定义平面法线方向，Through point 栏定义平面通过的点。

Step10　创建端点 P_9。C_1-8 在 Step9 中被打断，但断点处无 Point，本操作将该处端点补齐。如图 5-9 所示，单击 Geometry 标签栏，在 Create Point 面板取消勾选 Inherit Part，在 Part 下拉列表框中选择 POINT，单击，在 How 下拉列表框中选择 ymax，单击 Curves 文本框后，选择 INLET 所对应 Curve，单击鼠标中键生成端点。

图 5-9　创建 P_9

注意：本操作创建 P_9 便于后续建立映射关系，如图 5-15 所示。

Step11　保存几何模型。至此完成模型生成工作，在菜单栏中选择 File→Geometry→Save Geometry As，保存当前几何模型为 Soliding. tin。

5.2.3　创建 Block

（1）分析 Block 生成策略

Step12　分析几何模型特点，若将 C_1-8 和 C_1-2 拉成一条直线，C_3-4、C_4-6、C_6-7 拉成一条直线，则模型的拓扑结构为一长方形，各点对应关系参考图 5-10，根据该拓扑结构生成网格。

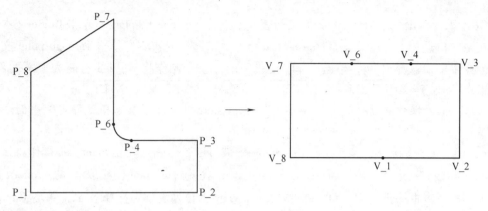

图 5-10　Block 生成策略

（2）创建 Block

Step13　初始化 Block。如图 5-11 所示，单击 Blocking 标签栏⊠，在 Create Block 面板的 Part 下拉列表框中定义 Block 的名称为 FLUID，单击⊗，在 Type 下拉列表框中定义 Block 类型为 2D Planar，单击 Apply 按钮。

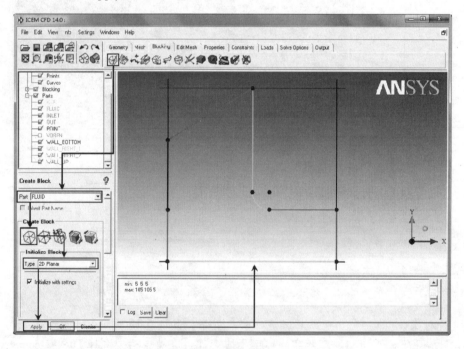

图 5-11　初始化 Block

注意：本操作自动生成包围几何模型的 Block，若在 Type 下拉列表框中选择 2D Planar 则在 X-Y 平面生成二维 Block；若在 Type 下拉列表框中选择 3D Bounding Box 则生成三维 Block。

Step14　调节 Vertex 位置。如图 5-12 所示，单击 Blocking 标签栏⊠，在 Edit Associations 栏单击，在 Entity 栏选中 Point，建立 Vertex 到 Point 的映射关系；单击 Vertex 文本框后

，选择主窗口标示 Vertex，单击 Point 文本框后，选择与 Vertex 对应的 Point，通过建立 Vertex 到 Point 映射的方式移动 Vertex，最终结果如图 5-13 所示。

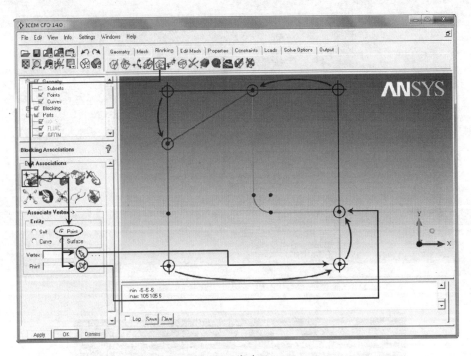

图 5-12　移动 Vertex

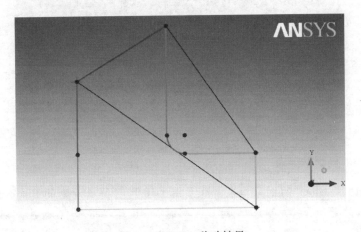

图 5-13　Vertex 移动结果

　　Step15　划分 Block。如图 5-14 所示，单击 Blocking 标签栏，单击 Split Block 面板，在 Block Select 栏选中 Visible，在 Split Method 下拉列表框中选择 Screen select，单击 Edge 文本框后，在主窗口选择 E_2-8，并按住鼠标左键移动至合适位置，松开鼠标，单击鼠标中键确定。

　　Step16　完成 Block 划分。参考图 5-10 的 Block 生成策略，采用 Step15 的方法，完成 Block 的划分，结果如图 5-15 所示。

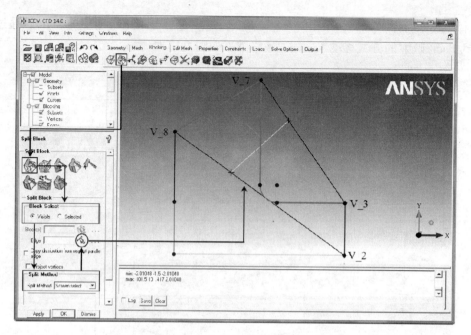

图 5-14　划分 Block

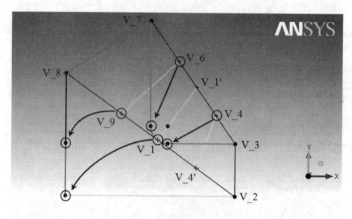

图 5-15　Block 划分结果

注意：图 5-15 是 Block 的划分结果，联系图 5-10 即可得出清晰的 Block 创建策略。划分出 E_6-9 主要目的是使 V_9 与 P_9 对应，同时 V_6 可以与 P_6 对应；划分 E_1-1′ 的目的是使 V_1 与 P_1 对应；划分 E_4-4′ 的目的是使 V_4 与 P_4 对应，保证 Block 与 Geometry 的拓扑结构相仿。

5.2.4　建立映射关系

Step17　建立 Vertex 到 Point 的映射。参考图 5-15 中 Vertex 与 Point 的对应关系，采用 Step14 的方法建立 Vertex 到 Point 的映射关系，结果如图 5-16 所示。

Step18　建立 E_1-4′-2 与 C_1-2 的映射。如图 5-17 所示，单击 Blocking 标签栏，单击 Edit Associations 栏，勾选 Project vertces，单击 Edge 文本框后，依次选择主窗口标示

的两条 Edge，然后单击 Curve 文本框后 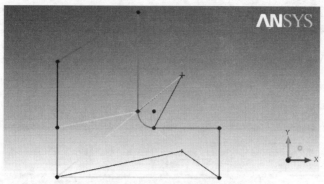，选择主窗口标示 Curve，单击鼠标中键确定，结果如图 5-18 所示。

图 5-16 移动 Vertex 的结果

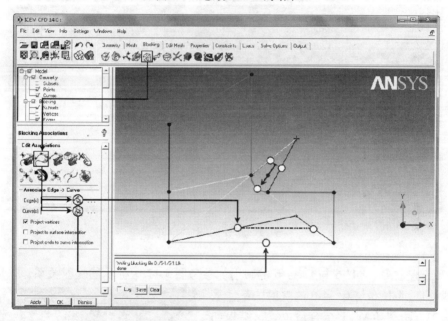

图 5-17 建立 E_1-4'-2 与 C_1-2 的映射

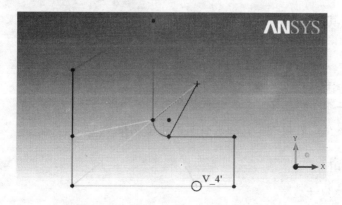

图 5-18 E_1-4'-2 与 C_1-2 的映射结果

注意：Edge 颜色为黑色时，表明 Edge 与 Surface 存在映射关系；Edge 颜色为绿色时，表明 Edge 与 Curve 存在映射关系；Edge 颜色为蓝色时，表明 Edge 无映射关系。勾选 Project vertices 后，选中 Edge 两端的 Vertex 会根据映射关系自动调整位置，在本操作中 V _ 4′自动移动至 C _ 1-2。

Step19　调节 V _ 4′的位置。如图 5-19 所示，单击 Blocking 标签栏，然后单击 Move Veritces 栏，单击 Vertex 文本框后，选择主窗口标示 V _ 4′，按住鼠标左键移动至合适位置。

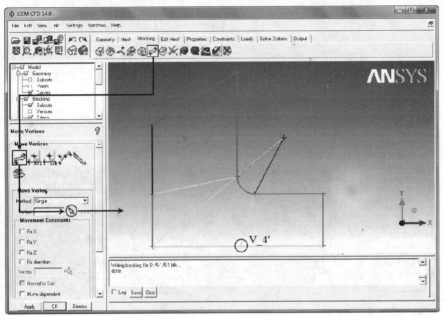

图 5-19　调节 V _ 4′的位置

Step20　建立 E _ 4-1′-6 与 C _ 4-6 的映射。参考图 5-17 中标示的映射关系，采用 Step18 的方法建立 E _ 4-1′-6 与 C _ 4-6 的映射关系，采用 Step19 中方法移动 V _ 1′至合适位置，结果如图 5-20 所示。

Step21　建立其余 Edge 与对应 Curve 的映射关系。采用 Step18 的方法，建立其余边线处 Edge 与对应 Curve 映射关系，完成后各边线处 Edge 颜色均变为绿色。

注意：生成二维结构网格时必须保证边界处 Edge 与对应 Curve 建立映射关系，否则生成网格不能用于数值计算。

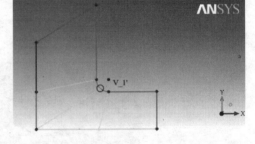

图 5-20　E _ 4-1′-6 与 C _ 4-6 的映射结果

5.2.5　生成网格

（1）定义网格尺寸

Step22　定义 I _ 1 网格尺寸。如图 5-21 所示，单击 Blocking 标签栏，进入设置节点参数操作, 在 Pre-Mesh Params 面板单击 ⬚, 而后单击 Edge 文本框后 ⬚, 选择主窗口 Edge (I _1), 在 Nodes 文本框中定义节点数为 31; 勾选 Copy Parameters, 在 Method 下拉列表框中选择 To All Parallel Edges, 单击 Apply 按钮确定。

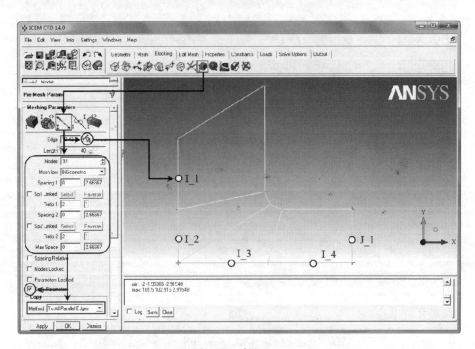

图 5-21 定义 I _1

注意: 该操作中各参数的详细含义参考第 8 章相关内容。

Step23 定义其余 Edge 网格尺寸。参考表 5-3, 采用 Step22 的方法定义其余 Edge 的网格尺寸参数。

表 5-3 节 点 分 布

Edge	Spacing1	Spacing2	Nodes	Edge	Spacing1	Spacing2	Nodes
I _2	0	0	31	I _4	0	0	31
I _3	0	0	15	J _1	0	0	21

Step24 保存块文件。选择 File→Blocking→Save Blocking As, 保存当前块文件为 Soliding. blk。

(2) 生成网格

Step25 预览网格。如图 5-22 所示, 勾选模型树 Model→Blocking→Pre-Mesh, 预览网格生成情况。

Step26 检查网格质量。如图 5-23 所示, 单击 Blocking 标签栏 ⬚, 在 Criterion 下拉列表框中选择 Determinant 3 ×3 ×3, 其余保持默认设置, 单击 Apply, 网格质量均大于 0.8。

Step27 保存网格。右击模型树 Model→Blocking→Pre-Mesh, 选择 Convert to Unstruct Mesh, ICEM 将自动生成网格文件 hex. uns 并保存在工作目录下。

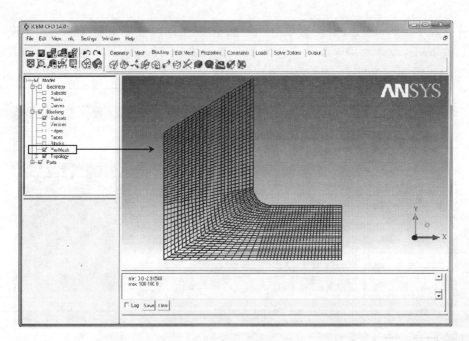

图 5-22　预览网格

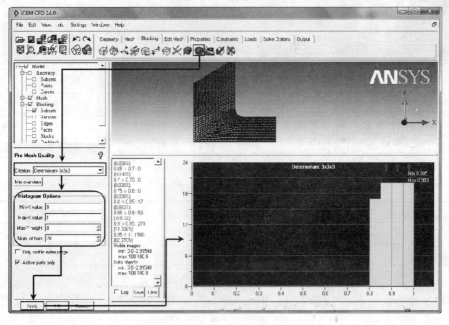

图 5-23　检查网格质量

（3）导出网格

Step28　定义求解器。单击 Output 标签栏 ![icon]，在 Output Solver 下拉列表框中选择 Fluent _ V6，单击 Apply 按钮确定。

Step29　导出网格。单击 Output 标签栏 ![icon]，保存 FBC 文件为默认名，在弹出的窗口中选择 Step28 保存的 hex. uns，弹出如图 5-24 所示的对话框，在 Grid dimension 栏选中 2D，即输出二维网格；在 Output file 文本框内定义导出网格名为 Soliding，单击 Done 按钮完成。

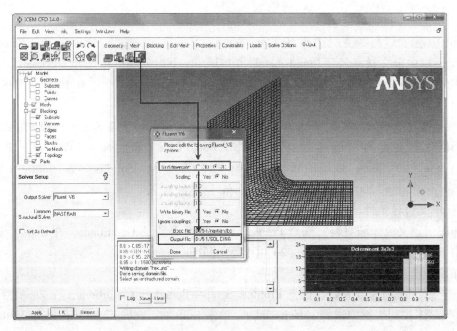

图 5-24 导出网格

5.2.6 数值计算及后处理

下面介绍在 FLUENT 软件中通过数值计算检验生成的网格是否满足计算要求。

（1）读入网格

Step1 打开 FLUENT。进入 Windows 操作系统，在程序列表中选择 Start→All Program→ANSYS 14.0→Fluid Dynamics→FLUENT 14.0，启动 FLUENT 14.0。

Step2 定义求解器参数。在 Dimension 栏选择 2D 求解器，其余保持默认设置，单击 OK 按钮。

Step3 读入网格。选择 File→Read→Mesh，选择 5.2.5 节生成的网格。

Step4 定义网格单位。选择 Problem Setup→General→Mesh→Scale，在 Scaling 栏选择 Specify Scaling Factors，并在 Specify Scaling Factors 栏定义 X = 0.001、Y = 0.001，单击 Scale 按钮将网格长度单位定义为 mm。

Step5 检查网格。选择 Problem Setup→General→Mesh→Check，Minimum Volume 应大于 0。

Step6 网格质量报告。选择 Problem Setup→General→Mesh→Report Quality，查看网格质量详细报告。

（2）定义求解模型

Step7 定义求解器参数。选择 Problem Setup→General→Solve，在 2D Space 栏选择 Axisymmetric Swirl，定义二维旋转。

Step8 定义重力加速度。选择 Problem Setup→General→Solve，勾选 Gravity，在 X（m/s^2）文本框中输入 -9.8，定义 X 方向重力加速度。

Step9 激活凝固/融化模型。选择 Problem Setup→Models→Solidification & Melting-Off，单击 Edit，在弹出对话框中勾选 Solidification/Melting 和 Include Pull Velocities，其余采用默

认设置，单击 OK 按钮确定。

Step10　定义材料密度。选择 Problem Setup→Materials，选择 Fluid 并单击 Create/Edit，在弹出对话框中定义材料名为 liquid-metal，在 Density 下拉列表框中选择 polynomial，在弹出对话框的 Coefficients 文本框中输入 2，定义两个参数分别为 8000 和 -0.1，单击 OK 按钮确定。

注意：通过多项式方式定义流体密度，该操作定义材料的密度为 $\rho = 8000 - 0.1T$。

Step11　定义材料其他参数。定义 $C_p = 680J/(kg \cdot K)$、$k = 30W/(m \cdot K)$、$\mu = 0.0053kg/(m \cdot s)$、Pure Solvent Melting Heat $= 100000J/kg$、Solidus Temperature $= 1100\ K$、Liquid Temperature $= 1200K$，单击 Change/Create 创建材料。

（3）定义边界条件

Step12　定义流体域材料。选择 Problem Setup→Cell Zone Conditions，在 Zone 栏选择 fluid，单击 Edit，定义流体域材料为（2）中定义的 liquid-metal。

Step13　定义边界条件。

1）定义 inlet 为速度入口。选择 Problem Setup→Boundary Conditions，在 Zone 栏选择 inlet，在 Type 下拉列表框中选择 velocity-inlet，单击 Edit。在 Velocity Specification Method 下拉列表框中选择 Magnitude，Normal to Boundary，即速度方向垂直于边界；在 Velocity Magnitude 栏定义入口速度为 0.001m/s；在 Thermal 标签栏定义入口温度为 1300K。

2）定义 outlet 为速度出口。选择 Problem Setup→Boundary Conditions，在 Zone 栏选择 outlet，在 Type 下拉列表框中选择 velocity-inlet，单击 Edit。在 Velocity Specification Method 下拉列表框中选择 Components；在 Axial-Velocity 栏定义轴向速度为 0.001m/s，在 Swirl Angular Velocity 栏定义转速为 1rad/s；在 Thermal 标签栏定义入口温度为 500K。

3）定义 wall_bottom。选择 Problem Setup→Boundary Conditions，在 Zone 栏选择 wall_bottom，在 Type 下拉列表框中选择 wall，单击 Edit，在 Thermal 标签栏定义壁面温度为 1300K，其余采用默认设置，单击 OK 按钮确定。

4）定义 wall_right_1。选择 Problem Setup→Boundary Conditions，在 Zone 栏选择 wall_right_1，在 Type 下拉列表框中选择 wall，单击 Edit 并选择 Momentum 标签栏，在 Shear Condition 栏勾选 Marangoni Stress，并定义表面张力梯度为 -0.00036N/(m \cdot K)；在 Thermal 标签栏勾选 Convection，定义对流换热系数（Heat Transfer Coefficient）为 $100W/(m^2 \cdot K)$，定义自由来流温度（Free Stream Temperature）为 1500K，其余采用默认设置，单击 OK 按钮确定。

5）定义 wall_right_2。选择 Problem Setup→Boundary Conditions，在 Zone 栏选择 wall_right_2，在 Type 下拉列表框中选择 wall，单击 Edit 并选择 Momentum 标签栏，在 Wall Motion 栏勾选 Moving Wall，在 Motion 栏勾选 Rotational，在 Speed 栏输入 1 定义旋转速度；选择 Thermal 标签栏，在 Thermal Conditions 栏勾选 Temperature，并在 Temperature 栏输入 500 定义壁面温度。

6）定义 wall_up。选择 Problem Setup→Boundary Conditions，在 Zone 栏选择 wall_up，在 Type 下拉列表框中选择 wall，单击 Edit 并选择 Thermal 标签栏，在 Thermal Conditions 栏勾选 Temperature，并在 Temperature 栏输入 1400 定义壁面温度。

（4）初始化和稳态计算

Step14　定义求解器控制参数。选择 Solution→Solution Method，在 Pressure-Velocity Coupling Scheme 栏选择 Coupled，在 Pressure 下拉列表框中选择 PRESTO 离散格式，勾选 Pseudo Transient，其余采用默认设置。

注意：PRESTO 的压力离散格式适用于压力梯度阶跃的旋转流动。使用 Coupled 求解器时，勾选 Pseudo Transient 可以显著提高计算稳定性和收敛性。

Step15　定义求解方程。选择 Solution→Solution Controls，单击 Equations，在弹出的对话框中仅选择 Energy，单击 OK 按钮确定，即稳态计算仅求解能量方程。

Step16　定义松弛系数。选择 Solution→Solution Controls，单击 Advanced，选择 Expert 标签栏，在 Energy Time Scale Factor 栏输入 150。

注意：勾选 Pseudo Transient 后推荐增加 Energy Time Scale Factor。

Step17　定义监视器。选择 Solution→Monitors，选择 Residuals-Print、Plot，单击 Edit，在 Options 栏勾选 Plot，其余采用默认设置，单击 OK 按钮确定。

Step18　初始化流场。选择 Solution→Solution Initialization，在 Initialization Method 栏选择 Hybrid Initialization，单击 Initialize 初始化流场。

注意：计算复杂流动问题时，Hybrid Initialization 会提供一个较为理想的初始压力场和速度场，从而提高求解器的收敛性能。

Step19　定义周向速度。选择 Define→Custom Field Functions，在 Field Functions 栏选择 Mesh、Radial Coordinate，在 New Function Name 文本框中输入 omega 定义名称，单击 Define。

注意：周向速度为 $V = \Omega \cdot R$，其中 Ω 为旋转速度，R 为径向坐标。

Step20　初始化速度场。选择 Solution→Solution Initialization，单击 Patch，在 Variable 栏勾选 Axial Velocity，在 Value 栏输入 0.001，在 Zones to Patch 栏选择 fluid，单击 Patch 初始化轴向速度；在 Variable 栏勾选 Swirl Pull Velocity，勾选 Use Field Function，在 Zones to Patch 栏选择 fluid，单击 Patch 初始化周向速度。

Step21　迭代计算。选择 Solution→Run Calculation，在 Time Step Method 栏勾选 User Specified，采用默认 Pseudo Time Step（1s），在 Number of Iterations 栏输入 20，定义最大求解步数，单击 Calculate 开始计算。计算后温度分布如图 5-25 所示。

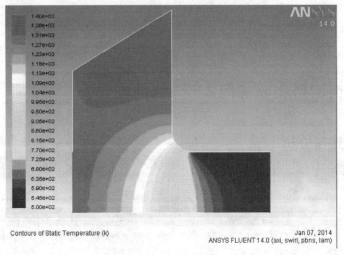

图 5-25　稳态计算温度云图

（5）瞬态计算

Step22 选择瞬态求解器。选择 Problem Setup→General→Solve，在 Time 栏选择 Transient，选择瞬态求解器。

Step23 选择离散方法。选择 Solution→Solution Method，在 Pressure-Velocity Coupling Scheme 栏选择 Coupled，在 Pressure 下拉列表框中选择 PRESTO 离散格式，其余采用默认设置。

Step24 选择求解方程。选择 Solution→Solution Controls，在 Liquid Fraction Update 栏输入 0.1 定义松弛因子；单击 Equations，在弹出对话框选择 Flow、Swirl Velocity 和 Energy，单击 OK 按钮定义求解方程。

Step25 迭代计算。选择 Solution→Run Calculation，在 Time Step Size 栏输入 0.1 定义迭代计算时间步长，在 Number of Time Steps 栏输入 50 定义迭代次数，单击 Calculate 开始计算。

Step26 显示计算结果。选择 Result→Graphics and Animations，在 Graphics 栏选择 Contours，单击 Set Up，在 Options 栏勾选 Filled，在 Contours of 下拉列表框中分别选择 Temperature/Static Temperature 和 Solidification/Melting/Liquid Fraction，单击 Display，分别显示 5s 后的温度云图和液态组分布图，如图 5-26 和图 5-27 所示。结果表明生成网格满足数值计算需求。

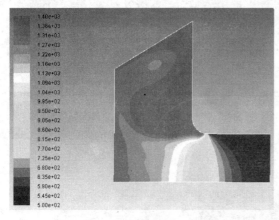

图 5-26　5s 后温度分布图

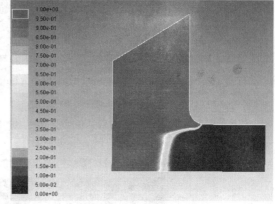

图 5-27　5s 后液态组分布图

5.3　二维结构网格生成实例 2——流动传热

5.3.1　问题描述与分析

注射混合管是常见的流体机械，由直径一大一小的两个管径构成，如图 5-28a 所示，高温流体（$t = 40℃$）以 1.2m/s 速度由下部管径流入，低温流体（$t = 20℃$）以 0.4m/s 的速度由侧部管径流入，高低温流体掺混后在上部管径流出。本节选用的二维混合管尺寸如图 5-28b 所示。学习本节时需关注如下内容：a）基于基准点和增量创建点；b）拓扑结构分析方法。

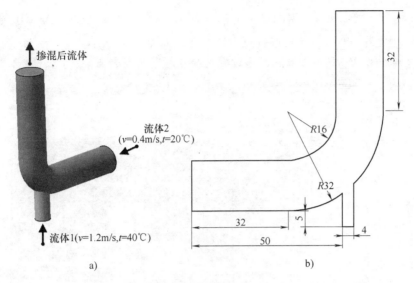

图 5-28　混合管示意图

5.3.2　创建几何模型

（1）创建 Point

Step1　选择 File→Change Working Dir，选择文件存储路径。

Step2　创建 P_1。单击 Geometry 标签栏 ，在 Create Point 面板单击 ，在 Method 下拉列表框中选择 Create 1 Point，并在数据栏定义 X = 0、Y = 0、Z = 0，单击 Apply 按钮生成 P_1，如图 5-29 所示。

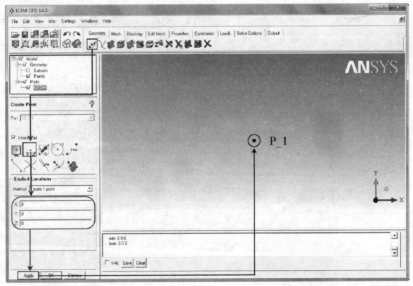

图 5-29　创建 P_1

Step3　创建 P_2、P_8。单击 Geometry 标签栏 ，在 Create Point 面板单击 ，在数据输入栏定义 DX = 0、DY = −16、DZ = 0，单击 Base point 文本框后 ，选择主窗口 P_1，单

击鼠标中键确定生成 P_2。采用同样的方法定义 DX = 0、DY = −32、DZ = 0，以 P_1 为
Base point 生成 P_8。单击◻，观察各点生成情况，如图 5-30 所示。

　　注意：本操作以 P_1 为基准点，通过定义坐标增量生成新点。

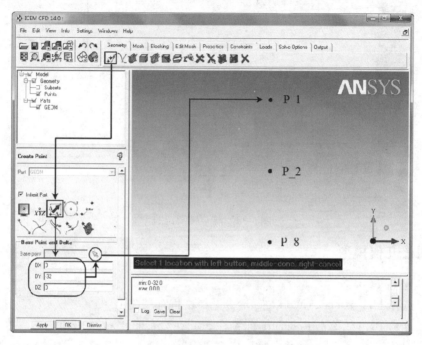

图 5-30　创建 P_2 和 P_8

　　Step4　创建 P_3、P_9。采用 Step3 的方法，以 P_1 为基准点，定义 DX = 16、DY =
0、DZ = 0 生成 P_3；定义 DX = 32、DY = 0、DZ = 0 生成 P_9。单击◻，观察各点生成情
况，如图 5-31 所示。

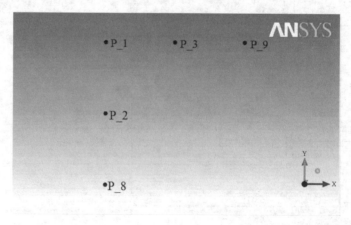

图 5-31　创建 P_3 和 P_9

　　Step5　创建 P_4 ~ P_7。采用 Step3 的方法，定义 DX = 0、DY = 32、DZ = 0，以 P_3
为基准点生成 P_5，以 P_9 为基准点生成 P_7；定义 DX = −32、DY = 0、DZ = 0，以 P_

2 为基准点生成 P_4，以 P_8 为基准点生成 P_6。单击 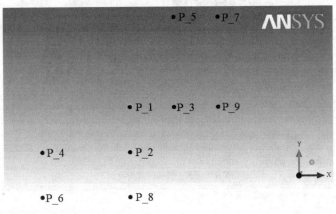，观察各点创建情况，如图 5-32 所示。

图 5-32　创建 P_4 ~ P_7

Step6　创建 P_10 ~ P_13。采用 Step2 的方法，定义 X = 18、Y = −37、Z = 0 为坐标创建 P_10。采用 Step3 的方法，定义 DX = 4、DY = 0、DZ = 0，以 P_10 为基准点创建 P_11；定义 DX = 0、DY = 21、DZ = 0，以 P_10 为基准点创建 P_12，以 P_11 为基准点创建 P_13。单击 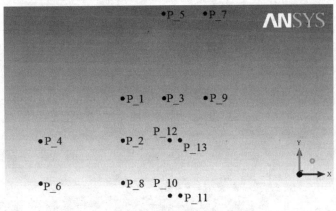，观察各点创建情况，如图 5-33 所示。至此完成各点的生成工作。

图 5-33　创建 P_10 ~ P_13

（2）创建 Curve

Step7　生成 C_2-3。单击 Geometry 标签栏 ，在 Create/Modify Curve 面板单击 ，定义 Start angle = 0、End angle = 90，然后单击 Points 文本框后 ，在主窗口先单击圆心 P_1，而后依次单击弧线的起点 P_2 和终点 P_3，生成图 5-34 中主窗口标示的 Curve。

Step8　创建 C_8-9。采用 Step7 的方法，定义 Start angle = 0、End angle = 90，以 P_1 为圆心，在主窗口依次单击 P_1、P_10 和 P_9，生成 C_8-9，结果如图 5-35 所示。

Step9　创建 C_2-4。单击 Geometry 标签栏 ，在 Create/Modify Curve 面板单击 ，然后单击 Points 文本框后 ，在主窗口依次选择 P_2 和 P_4，单击鼠标中键确定，结果如图 5-36 所示。

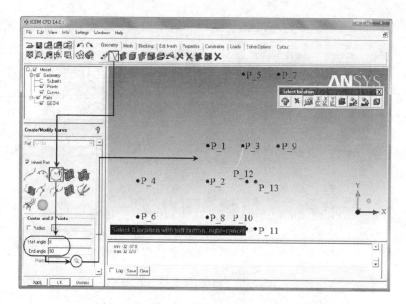

图 5-34 创建 C_2-3

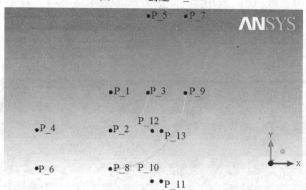

图 5-35 创建 C_8-9

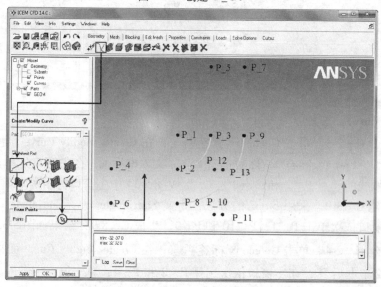

图 5-36 创建 C_2-4

Step10 生成其余的线。采用 Step9 的方法，依次生成 C_6-8、C_4-6、C_3-5、C_7-9、C_10-11、C_10_12、C_11-13，结果如图 5-37 所示。

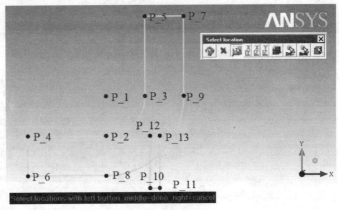

图 5-37 创建其余 Curve

Step11 打断 Curve。图 5-37 与图 5-28 混合管模型仍有差距，需打断图 5-37 中 C_10-12 和 C_11-13。如图 5-38 所示，单击 Geometry 标签栏，在 Create/Modify Curve 面板单击，在 Method 下拉列表框中选择 Segment by curve，勾选 Segment both curves；单击 Curve to segment 文本框后，在主窗口中选择 C_10-12；单击 Segment at curve 文本框后，在主窗口选择 C_8-9，单击鼠标中键确定，将 C_10-12 和 C_8-9 在交点处打断。采用相同方法将 C_11-13 和 C_8-9 在交点处打断。

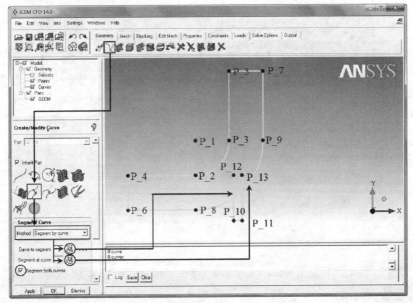

图 5-38 打断 Curve

注意：勾选 Segment both curves 将在交点处打断两条 Curve，否则仅打断 Curve to segment 栏选定的 Curve。

Step12　删除 Curve。单击 Geometry 标签栏 ✗，在 Deletc Curve 面板单击 ✍，然后在主窗口选择图 5-39 中标示的 Curve，单击鼠标中键确定，结果如图 5-40 所示。

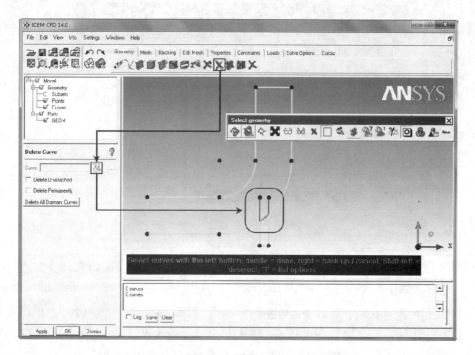

图 5-39　删除 Curve

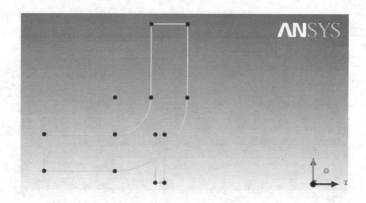

图 5-40　删除 Curve 结果

Step13　补齐 Point。单击 Geometry 标签栏 ✍，在 Create Point 面板单击 ✕，然后单击 Curve 文本框后 ✍，依次选择图 5-41 中标示的两条 Curve，单击鼠标中键确定，生成两条线的交点 P_14。采用相同方法生成 P_15。

注意：本操作创建两条 Curve 的交点。补齐 Point 后便于后续建立映射关系。

Step14　定义 Part。右击模型树 Model→Part→Create Part，参考图 5-42 定义热水入口（INLET_1）、冷水入口（INLET_2）、出口（OUT_MIXER），定义未标示的曲线为 WALL。

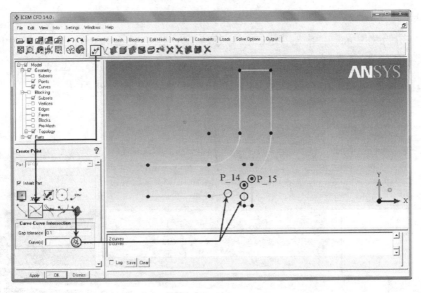

图 5-41 补齐 Point

Step15 保存几何模型。至此完成模型生成工作，在菜单栏选择 File→Geometry→Save Geometry As，保存当前几何模型为 Fixer. tin。

5.3.3 创建 Block

（1）分析 Block 生成策略

分析混合管的几何特点，若将粗管拉直为一个长方形，则粗管与细管呈规则的垂直状，可据此创建 Block 拓扑结构，如图 5-43 所示，其中 P＿4 与 V＿4 对应，P＿5 与 V＿5 对应，以此类推。下面将根据图 5-43 所示拓扑结构创建 Block。

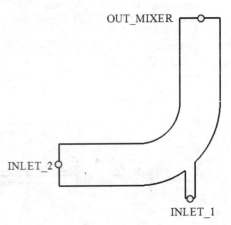

图 5-42 定义 Part

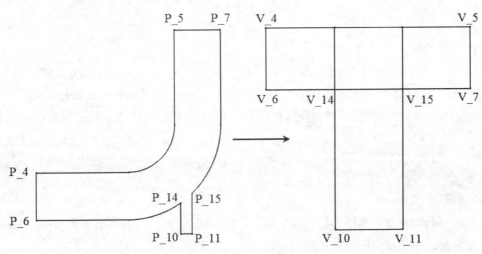

图 5-43 Block 生成策略

（2）初始化 Block

Step16 初始化 Block。单击 Blocking 标签栏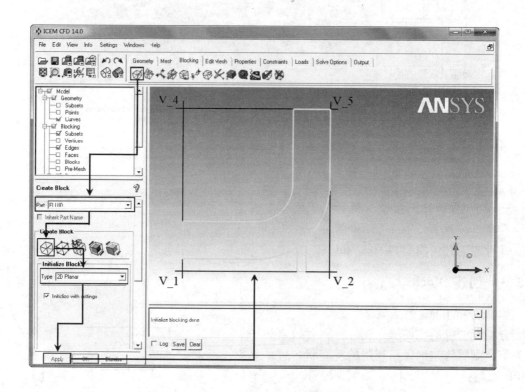，弹出 Create Block 面板，在 Part 下拉列表框中定义 Block 名称为 FLUID，单击，在 Type 下拉列表框中选择 Block 类型为 2D Plane，然后单击 Apply 按钮，在主窗口创建初始 Block，如图 5-44 所示。

图 5-44　初始化 Block

（3）划分 Block

Step17 沿 Y 方向划分 Block。单击 Blocking 标签栏，弹出 Split Block 面板，单击，在 Block Select 栏勾选 Visible，在 Split Method 下拉列表框中选择 Screen select，单击 Edge 文本框后，在主窗口选择 E _1-4，并按住鼠标左键移动至合适位置，松开鼠标，单击鼠标中键确定，结果如图 5-45 所示。

Step18 沿 X 方向划分 Block。采用 Step17 的方法，沿 X 方向两次划分 Block，最终结果如图 5-46 所示。

（4）删除无用 Block

Step19 删除 Block。如图 5-47 所示，单击 Blocking 标签栏，然后单击 Delete Block 面板，在主窗口中选择待删除 Block，单击鼠标中键确定，结果如图 5-48 所示。

注意：参考图 5-43 确定要删除的 Block。

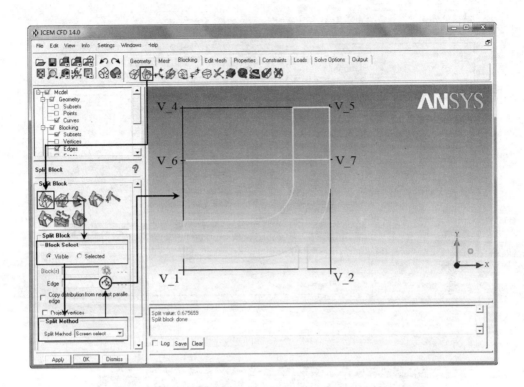

图 5-45　沿 Y 方向划分 Block

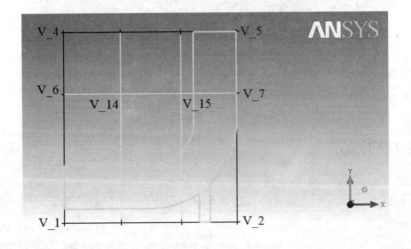

图 5-46　沿 X 方向划分 Block

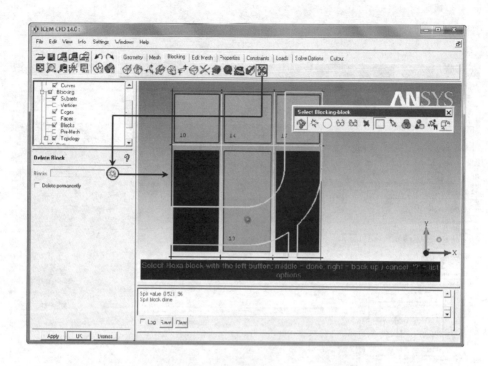

图 5-47　删除 Block

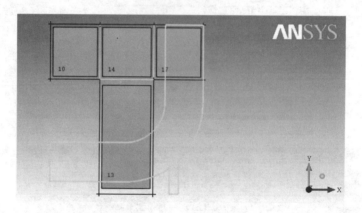

图 5-48　删除结果

5.3.4　建立映射关系

（1）建立 Vertex 到 Point 的映射

根据图 5-43 所示 Block 生成策略，建立 Vertex 到 Point 的映射关系。

Step20　建立 V _ 4 与 P _ 4 的映射关系。单击 Blocking 标签栏，在 Edit Associations 栏单击，在 Entity 栏勾选 Point；单击 Vertex 文本框后，选择图 5-49 主窗口中标示的 Vertex，单击 Point 文本框后，选择图 5-49 主窗口中标示的 Point，单击鼠标中键确定，结果如图 5-50 所示。

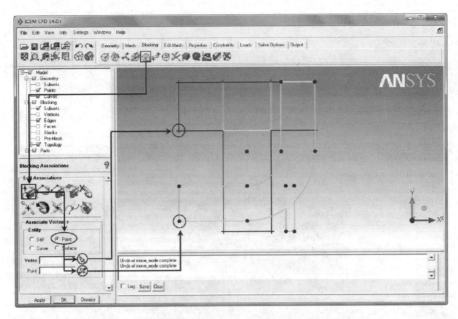

图 5-49　建立 V_4 到 P_4 映射

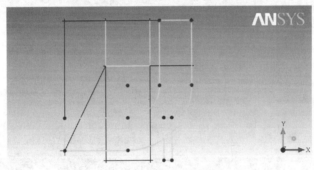

图 5-50　V_4 到 P_4 的映射结果

Step21　建立其余 Vertex 的映射关系。根据图 5-43 所示 Block 的生成策略可以分析得到图 5-51 所示的映射关系图，采用 Step20 的方法，逐步建立各 Vertex 到 Point 的映射关系，结果如图 5-52 所示。

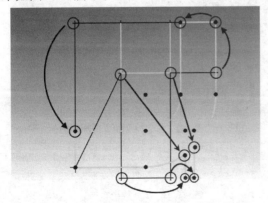

图 5-51　Vertex 到 Point 映射关系图

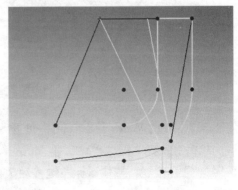

图 5-52　Vertex 映射结果图

（2）建立 Edge 到 Curve 的映射

Step22　建立 E_4-5 到 C_4-5 的映射。根据图 5-43 所示 Block 的生成策略可知 E_4-5 与 C_4-5 对应。单击 Blocking 标签栏，在 Edit Associations 栏单击，勾选 Project verti-ces，单击 Edge 文本框后，依次选择图 5-53 主窗口中标示的三条 Edge，而后单击 Curve 文本框后，依次选择主窗口中标示的三条 Curve，单击鼠标中键确定，结果如图 5-54 所示。

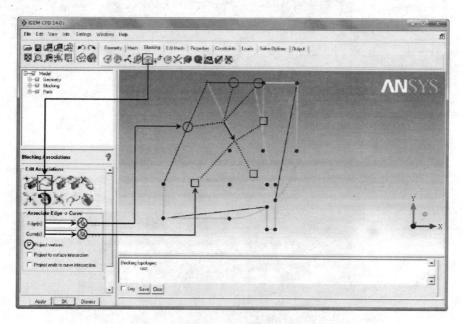

图 5-53　建立 E_4-5 与 C_4-5 的映射

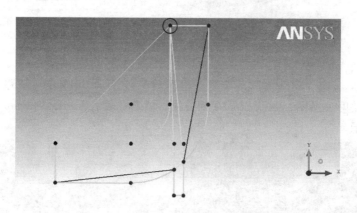

图 5-54　E_4-5 与 C_4-5 的映射结果

Step23　移动 Vertex 位置。图 5-54 标示位置有重合的 Vertex，需移动重合 Vertex 至合适位置。单击 Blocking 标签栏，在 Move Vertices 栏单击，单击 Vertex 文本框后，选择图 5-54 中重合位置，按住鼠标左键移动至合适位置，结果如图 5-55 所示。

注意：依托于 Vertex 与 Curve 的映射关系，当鼠标左键移动 Vertex 时，Vertex 仅在 Curve 上移动。

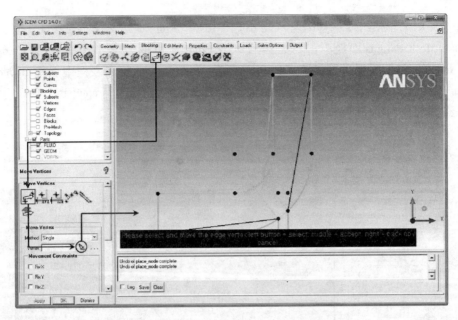

图 5-55　E_4-5 与 C_4-5 的映射结果

　　Step24　建立其余 Edge 映射。采用 Step22 的方法建立其余边界处 Edge 的映射关系，完成映射后的 Edge 颜色由黑色变为绿色。在模型树中取消 Geometry 的显示以便于观察 Block 情况。右击模型树 Model→Blocking→Edge，勾选 Show Association，显示 Edge 的映射关系，如图 5-56 所示。

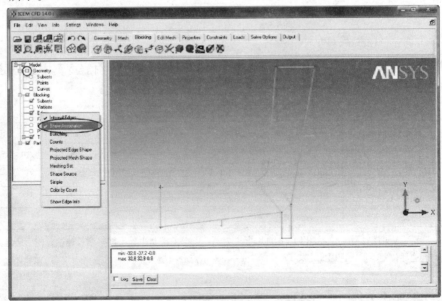

图 5-56　Edge 创建映射结果

5.3.5　生成网格

（1）定义网格尺寸

Step25　定义网格尺寸。如图 5-57 所示，单击 Blocking 标签栏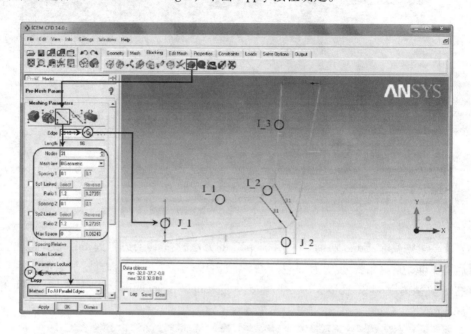，进入设置节点参数操作。在 Pre-Mesh Params 面板单击，然后单击 Edge 文本框后，选择主窗口 Edge（J _ 1），在 Nodes 文本框中定义网格节点数为 31，在 Mesh Law 下拉列表框中选择 BiGeometric，定义 Spacing 1 = Spacing 2 = 1、Ratio 1 = Ratio 2 = 1.2，勾选 Copy Parameters，在 Copy Method 下拉列表框中选择 To All Parallel Edges，单击 Apply 按钮确定。

图 5-57　定义 J _ 1 尺寸参数

Step26　定义其余 Edge 网格参数。按照 Step25 的方法，使用表 5-4 中数据定义其余 Edge 的节点分布情况。

表 5-4　节 点 分 布

Edge	Nodes	Mesh Law	Spacing1	Ratio 1	Spacing 2	Ratio 2
I _ 1	31	BiGeometric	0	—	0	—
I _ 2	15	BiGeometric	0.1	1.2	0.1	1.2
I _ 3	31	BiGeometric	0	—	0	—
J _ 2	21	BiGeometric	0	—	0	—

注：表中"—"表明该项不需定义。以 I _ 1 的 Ratio 1 为例，Ratio 1 控制边界层网格增长速度，因为已定义 Spacing 1 = 0，即边界位置不加密，因此定义 Ratio 1 与否并不对节点分布造成影响。

Step27　保存块文件。选择 File→Blocking→Save Blocking As，保存当前块文件为 Fix-er. blk。

（2）生成网格

Step28　预览网格。如图 5-58 所示，勾选模型树 Model→Blocking→Pre-Mesh，预览网格生成情况，观察发现在主窗口的标示部位有问题网格单元。

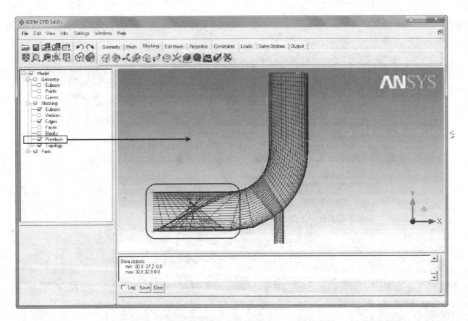

图 5-58　网格预览

Step29　修正图 5-58 中标示的问题。通过前面扎实的工作可以保证几何模型、Block 没有问题，上述问题网格单元的出现的原因可能是映射关系错误，可以通过加强映射关系来试着解决问题。为方便显示，取消勾选模型树 Model→Blocking→Pre-Mesh，仅显示 Edge 和 Curve，如图 5-59 所示。单击择 Blocking 标签栏，在 Split Block 面板单击，在 Block Se-lect 栏选中 Visible，并勾选 Copy Distribution from nearest parallel edge 和 Project vertices，单击 Edge 文本框后，选择主窗口标示 Edge，在合适位置划分 Block，单击鼠标中键确定。

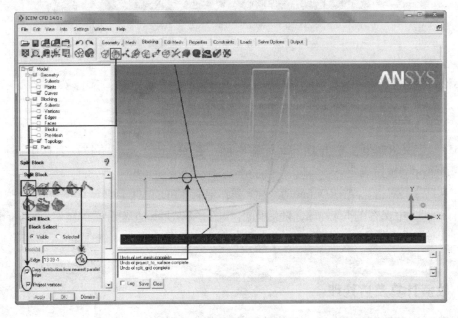

图 5-59　修复映射问题

Step30 预览网格。采用 Step28 的方法预览网格，结果如图 5-60 所示，已修复了图 5-58 中的网格问题。至此完成网格生成工作。

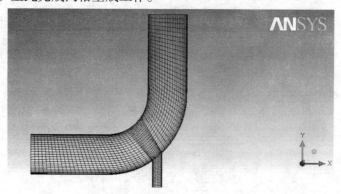

图 5-60 网格预览

注意：通过 Step29 的操作，划分 Block 后，增加的 Vertex 与 Curve 建立新的映射关系，打断 Edge 的映射关系更加明确，使 Block 与几何模型的映射得到加强。

Step31 检查网格质量。单击 Blocking 标签栏，在 Criterion 下拉列表框中选择 Determinant $3 \times 3 \times 3$，其余保持默认设置，单击 Apply 按钮，质量分布如图 5-61 所示，网格质量均大于 0.9。

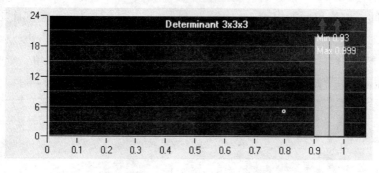

图 5-61 网格质量

Step32 保存网格。右击模型树 Model→Blocking→Pre-Mesh，选择 Convert to Unstruct Mesh，ICEM 将自动生成网格文件 hex. uns，并保存在工作目录下。

（3）导出网格

Step33 定义求解器。单击 Output 标签栏，在 Output Solver 下拉列表框中选择 Fluent _ V6，单击 Apply 按钮确定。

Step34 导出网格。单击 Output 标签栏，保存 FBC 文件为默认名，在随后弹出的窗口中选择 Step32 中保存的 hex. uns，随后弹出如图 5-24 所示的对话框，在 Grid dimension 栏选中 2D，即输出二维网格；在 Output file 文本框内定义导出网格名为 Fixer，单击 Done 按钮完成。

5.3.6 数值计算及后处理

下面将在 FLUENT 软件中通过数值计算检验生成的网格是否满足计算要求。

（1）读入网格

Step1 打开 FLUENT。进入 Windows 操作系统，在程序列表中选择 Start→All Program→ANSYS 14.0→Fluid Dynamics→FLUENT 14.0，启动 FLUENT 14.0。

Step2 定义求解器参数。在 Dimension 栏选择 2D 求解器，其余选择默认设置，单击 OK 按钮。

Step3 读入网格。选择 File→Read→Mesh，选择 5.3.5 节生成的网格。

Step4 定义网格单位。选择 Problem Setup→General→Mesh→Scale，在 Scaling 栏选择 Specify Scaling Factors，并在 Specify Scaling Factors 栏定义 X = 0.01、Y = 0.01，单击 Scale 将网格长度单位定义为 cm。

Step5 检查网格。选择 Problem Setup→General→Mesh→Check，Minimum Volume 应大于 0。

Step6 网格质量报告。选择 Problem Setup→General→Mesh→Report Quality，查看网格质量详细报告。

（2）定义求解模型

Step7 定义求解器参数。选择 Problem Setup→General→Solve，求解器参数采用默认设置，选择二维基于压力稳态求解器。

Step8 定义能量模型。选择 Problem Setup→Models→Energy-Off，单击 Edit，在弹出的对话框中勾选 Energy Equations，单击 OK 按钮确定。

注意：该流动问题为流动传热问题，因此勾选 Energy Equation。

Step9 定义湍流模型。选择 Problem Setup→Models→Viscous-Laminar，单击 Edit，在弹出的对话框中选择标准 k-e 湍流模型（Standard k-epsilon），近壁面处理方法采用增强壁面函数（Enhanced Wall Treatment）。

Step10 定义材料。选择 Problem Setup→Materials，选择 Fluid 并单击 Create/Edit，在弹出的对话框中定义材料名为 water，定义 Density = 1000kg/m^3，Cp = 4216J/(kg·K)，k = 0.677W/(m·K)，μ = 0.008kg/(m·s)，单击 Change/Create 创建材料。

（3）定义边界条件

Step11 定义流体域材料。选择 Problem Setup→Cell Zone Conditions，在 Zone 栏选择 Fluid，单击 Edit 定义流体域材料为 Step10 中定义的 water。

Step12 定义边界条件。

1）定义 inlet_1 为速度入口。选择 Problem Setup→Boundary Conditions，在 Zone 栏选择 inlet_1，在 Type 下拉列表框中选择 velocity-inlet，单击 Edit。在 Velocity Specification Method 下拉列表框中选择 Magnitude，Normal to Boundary，即速度方向垂直于边界；在 Velocity Magnitude 栏定义入口速度为 1.2m/s，选择 Intensity and Hydraulic Diameter 方式定义湍流强度，并定义 Turbulent Intensity = 5%、Hydraulic Diameter = 0.04m；在 Thermal 标签栏定义入口温度为 313.15K。

2）定义 inlet_2 为速度入口。选择 Problem Setup→Boundary Conditions，在 Zone 栏选择 inlet_2，在 Type 下拉列表框中选择 velocity-inlet，单击 Edit。在 Velocity Specification Method 下拉列表框中选择 Magnitude，Normal to Boundary；在 Velocity Magnitude 栏定义入口速度为 0.4m/s，选择 Intensity and Hydraulic Diameter 方式定义湍流强度，并定义 Turbulent Intensity

=5%、Hydraulic Diameter=0.16m；在 Thermal 标签栏定义入口温度为 293.15K。

3）定义 out_mixer 为出口。选择 Problem Setup→Boundary Conditions，在 Zone 栏选择 out_mixer，在 Type 下拉列表框中选择 outflow，单击 Edit，采用默认设置。

4）定义 wall 为绝热壁面。选择 Problem Setup→Boundary Conditions，在 Zone 栏选择 wall，在 Type 下拉列表框中选择 wall，单击 Edit，采用默认设置。

（4）初始化和计算

Step13　定义求解器控制参数。选择 Solution→Solution Method，在 Pressure-Velocity Coupling Scheme 栏选择 SIMPLE，其余采用默认设置。

Step14　定义监视器。选择 Solution→Monitors，选择 Residuals-Print，Plot，单击 Edit 定义各项残差值为 1×10^{-6}，单击 OK 按钮确定。定义两个监视器，在 Surface Monitors 栏单击 Create，在 Surface 栏选择 out_mixer，在 Field Variable 栏选择 Static Pressure，监测计算过程中出口压力变化情况，单击 OK 按钮确定。采用同样的方法定义第二个监视器监测计算过程中出口温度变化情况。

Step15　初始化流场。选择 Solution→Solution Initialization，在 Initialization Method 栏选择 Hybrid Initialization，单击 Initialize 初始化流场，单击 Close 按钮退出。

Step16　迭代计算。选择 Solution→Run Calculation，在 Number of Iterations 栏输入 400，定义最大求解步数，单击 Calculate 开始计算。

Step17　计算过程监视器中各参数的变化情况和温度分布情况分别如图 5-62 和图 5-63 所示。计算结果表明生成网格满足数值计算要求。

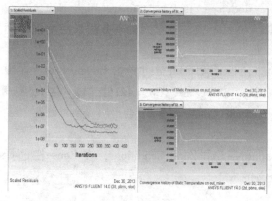
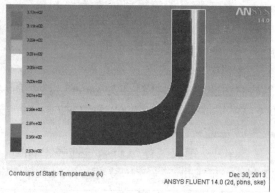

图 5-62　监视器　　　　　　　　　　　　图 5-63　温度分布

5.4　二维结构网格生成实例3——气膜冷却

5.4.1　问题描述与分析

研制高性能航空发动机，保证发动机高效可靠的工作，则必须采用有效冷却手段降低燃烧室和涡轮等热端部件的壁面温度。气膜冷却是燃气轮机透平叶片及其流通部分外部冷却的主要方式。气膜冷却是指冷却工质从叶型表面的离散气膜孔以射流方式喷出进入高温主流，经与主流掺混后形成的低温冷却流贴近壁面向下游流动，形成冷却气膜，从而起到对高温部件表面进行隔热和冷却保护作用的一种冷却方案。

本节选用的简化二维气膜冷却模型如图 5-64 所示。学习本节时需关注如下内容：a）平移几何模型；b）拓扑结构分析方法；c）Vertex 调节方法。

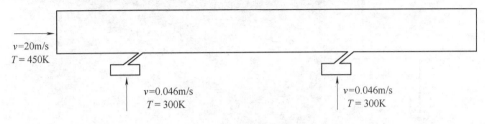

$v=20\text{m/s}$
$T = 450\text{K}$

$v=0.046\text{m/s}$
$T = 300\text{K}$

$v=0.046\text{m/s}$
$T = 300\text{K}$

图 5-64   气膜冷却示意

5.4.2   创建几何模型

（1）创建 Point

Step1   设定工作目录。选择 File→Change Working Dir，选择文件存储路径。

Step2   创建 P _ A。单击 Geometry 标签栏 ，在 Create Point 面板单击 ，在 Method 下拉列表框中选择 Create 1 Point，并在数据栏定义 X = 0、Y = 0、Z = 0，单击 Apply 按钮生成 P _ A，如图 5-65 所示。

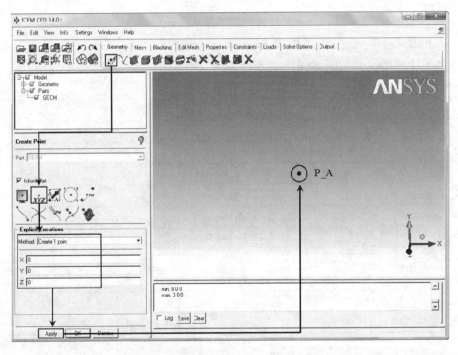

图 5-65   创建 P _ A

Step3   创建 P _ B。如图 5-66 所示，单击 Geometry 标签栏 ，在 Create Point 面板单击 ，在数据输入栏定义 DX = 49、DY = 0、DZ = 0，单击 Base point 文本框后 ，选择 P _ A 为基准点，单击鼠标中键确定生成 P _ B，单击 ，观察 P _ B 生成情况。

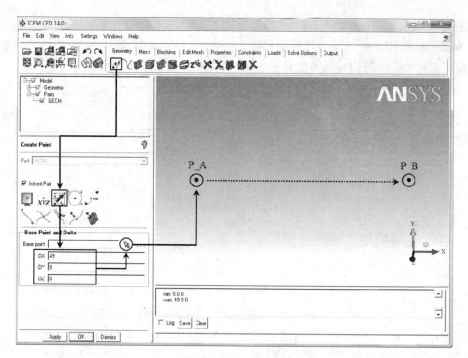

图 5-66　创建 P _ B

Step4　创建 P _ C ~ P _ L。采用 Step3 的方法，按照表 5-5 中参数逐渐定义各点，单击
⬛，观察各点生成情况，如图 5-67 和图 5-68 所示。

表 5-5　各 点 参 数

	Base Point	DX	DY	DZ
P _ C	P _ A	0	− 5	0
P _ D	P _ B	0	− 5	0
P _ E	P _ C	9. 5	0	0
P _ F	P _ D	10	0	0
P _ G	P _ E	− 1. 25/tan(35)	− 1. 25	0
P _ H	P _ F	− 1. 25/tan(35)	− 1. 25	0
P _ I	P _ G	− (3. 3 − 0. 5)/2	0	0
P _ J	P _ H	(3. 3 − 0. 5)/2	0	0
P _ K	P _ I	0	− 1. 25	0
P _ L	P _ J	0	− 1. 25	0

Step5　复制 P _ E ~ P _ L。如图 5-69 所示，单击 Geometry 标签栏▱，弹出 Transforma-
tion Tools 面板，单击 Select 文本框后⬛，在主窗口选择 P _ E ~ P _ L，单击鼠标中键确定；
单击✐选择平移操作，在 Translate 栏勾选 Copy，定义 Number of copies = 1；在 Method 下拉
列表框中选择 Explicit，定义 X Offset = 24. 5、Y Offset = 0、Z Offset = 0，单击 Apply 按钮生成
复制的点。

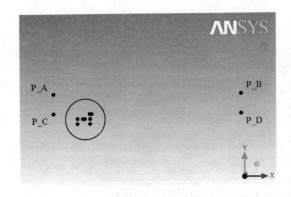

图 5-67　点生成结果

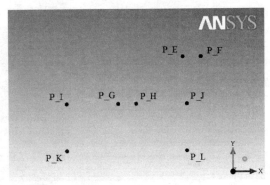

图 5-68　局部放大图

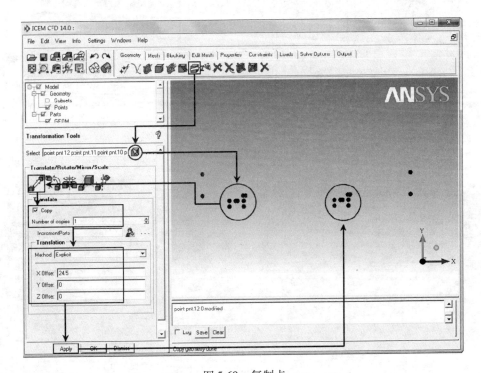

图 5-69　复制点

注意：本操作通过平移方式复制几何模型，Number of copies 定义复制个数；X Offset、Y Offset 和 Z Offset 定义平移的方向和距离，详细解释参见 9.1.1 节。

（2）创建 Curve

Step6　创建 C_A-B。如图 5-70 所示，单击 Geometry 标签栏 $\mathbb{Y}$，弹出 Create/Modify Curve 面板，单击 $\nearrow$，然后单击 Points 文本框后 $\mathbb{R}$，在主窗口中依次选择 P_A 和 P_B，创建 C_A-B。

Step7　创建其余 Curve。采用 Step6 的方法，依次连接各点创建 Curve，结果如图 5-71 和图 5-72 所示，至此完成几何模型生成工作。

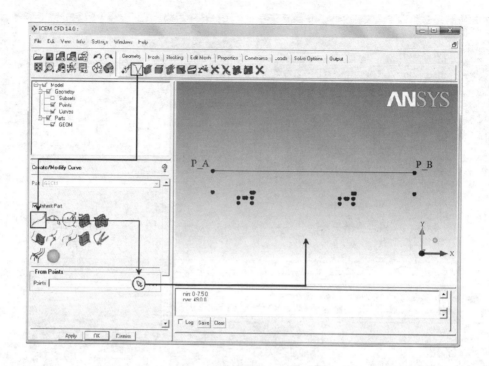

图 5-70 创建 C _ A-B

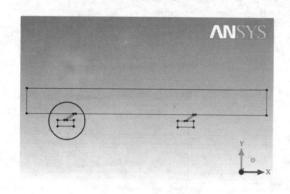

图 5-71 Curve 创建结果

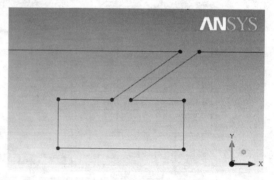

图 5-72 局部放大图

（3）根据计算需要定义 Part

Step8 定义冷空气入口 IN _ COLD。右击模型树 Model→Parts→Create Part，弹出 Create Part 面板，如图 5-73 所示，在 Part 下拉列表框中输入 IN _ COLD，单击 ，然后单击 Entities 文本框后 ，选择主窗口标示的两条 Curve，单击鼠标中键确定。

Step9 定义其余 Part。如图 5-74 所示，采用 Step8 的方法依次定义热空气入口 IN _ HOT 和出口 OUT，将其余尚未定义 Curve 定义为 WALL。

Step10 保存几何模型。选择 File→Geometry→Save Geometry As，保存当前几何模型为 Film _ Cooling. tin。

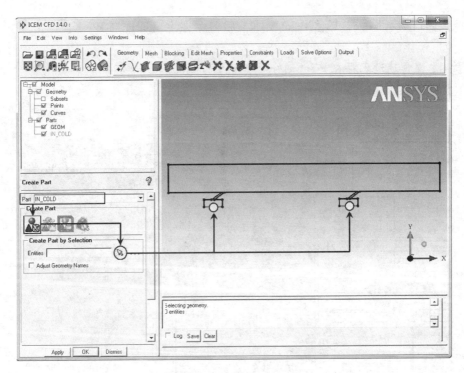

图 5-73 定义冷空气入口

5.4.3 创建 Block

（1）分析 Block 生成策略

Step11 分析几何模型特点。若

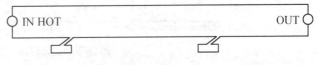

图 5-74 Part 定义图示

将 C_E-G、C_F-H、C_M-O 和 C_N-P 移动为垂直方向，其余 Curve 也做相应移动，则当前几何模型的拓扑结构如图 5-75 所示，可根据该图创建 Block。

（2）初始化 Block

Step12 初始化 Block。如图 5-76 所示，选择 Blocking 标签栏，单击 弹出 Create Block 面板；在 Part 下拉列表框中定义 Block 的名称为 FLUID，单击 ，在 Type 下拉列表框中定义 Block 类型为 2D Planar，然后单击 Apply 按钮创建初始 Block。

（3）划分 Block

Step13 沿 X 方向划分 Block。如图 5-77 所示，单击 Blocking 标签栏 ，弹出 Split Block 面板，单击 ，在 Block Select 栏选中 Visible，在 Split Method 下拉列表框中选择 Prescribed point；单击 Edge 文本框后

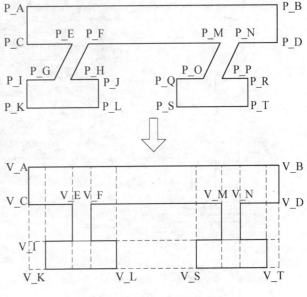

图 5-75 Block 生成策略

，选择主窗口标示 Edge，单击 Point 文本框后 ，在主窗口选择 P_K，单击鼠标中键确定。

注意：本操作通过已存在 Point 划分所有可见的 Block。

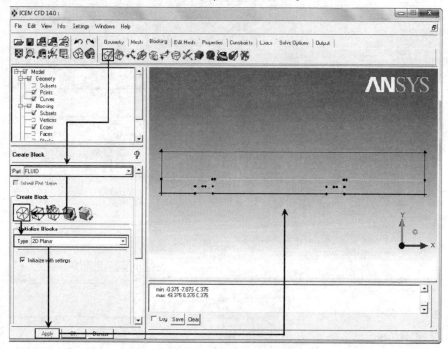

图 5-76　初始化 Block

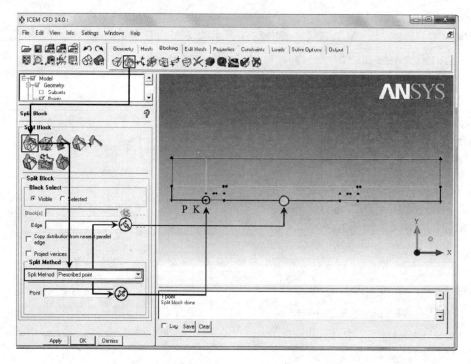

图 5-77　以 P_K 划分 Block

Step14　继续沿 X 方向划分 Block。采用 Step13 的方法，分别以 P _ G、P _ H、P _ J、P _ Q、P _ O、P _ P、P _ R 为基准沿 X 方向划分 Block，结果如图 5-78 所示。

Step15　沿 Y 方向划分 Block。采用 Step13 的方法，分别以 P _ C 和 P _ I 为基准沿 Y 方向划分 Block，结果如图 5-79 所示。

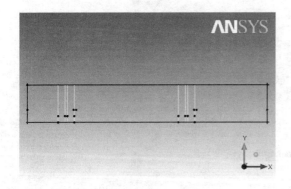 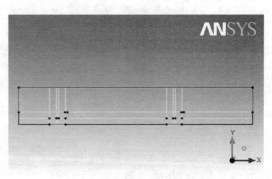

图 5-78　沿 X 方向划分 Block　　　　　　　图 5-79　沿 Y 方向划分 Block

（4）删除无用 Block

Step16　删除 Block。如图 5-80 所示，单击 Blocking 标签栏，然后单击 Delete Block 文本框后，参考图 5-75，在主窗口选择待删除 Block，单击鼠标中键确定，结果如图 5-81 所示。

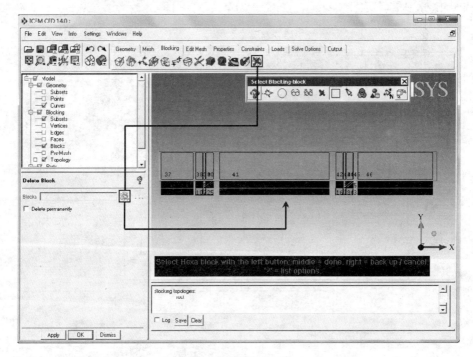

图 5-80　删除 Block

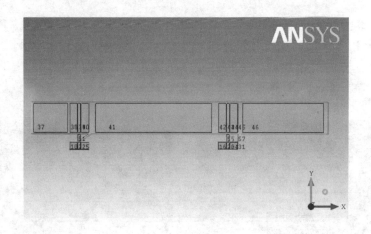

图 5-81　Block 删除结果

5.4.4　建立映射关系

（1）建立 Vertex 与 Point 的映射

参考图 5-75 所示的 Block 生成策略，建立 Vertex 与 Point 的映射关系，移动 Vertex 至合适位置。

Step17　建立 V_F 与 P_F 的映射关系。如图 5-82 所示，单击 Blocking 标签栏，在 Edit Associations 栏单击，在 Entity 栏选中 Point，建立 Vertex 到 Point 的映射关系；单击 Vertex 文本框后，选择主窗口中标示 Vertex，单击 Point 文本框后，选择主窗口中标示 Point，单击鼠标中键确定。

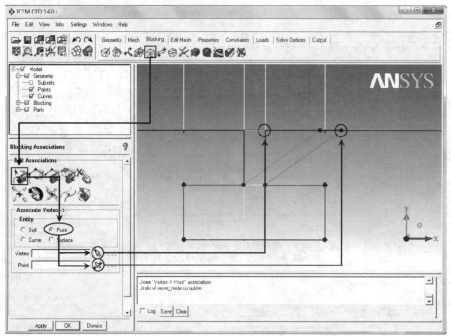

图 5-82　建立 V_F 与 P_F 映射关系

Step18 采用 Step17 的方法建立 V_E、V_M 和 V_N 的映射关系，操作结果如图 5-83 所示。

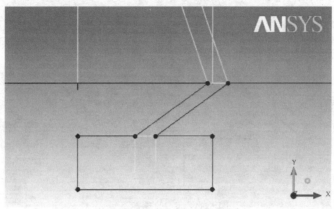

图 5-83 映射关系创建结果

Step19 移动 Vertex。如图 5-84 所示，单击 Blocking 标签栏，弹出 Move Vertices 面板，单击，在 Method 下拉列表框中选择 Single，在 Movement Constraints 栏勾选 Fix Y 和 Fix Z，然后单击 Vertex 文本框后，在主窗口选择标示 V_1 并按住鼠标左键移至 V_F 右侧，单击鼠标中键确定，结果如图 5-85 所示。

注意：V_1 是划分 Block 时出现的 Vertex，参考图 5-75 的 Block 生成策略，V_1 应位于 V_F 右侧，以保证拓扑结构正确。在 Movement Constraints 栏勾选 Fix Y 和 Fix Z，即在鼠标左键移动 Vertex 时，不改变被选中 Vertex 的 Y 和 Z 坐标，仅改变其 X 坐标，实现 Vertex 的水平移动。

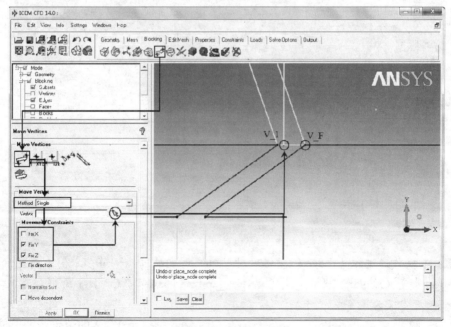

图 5-84 移动 V_1

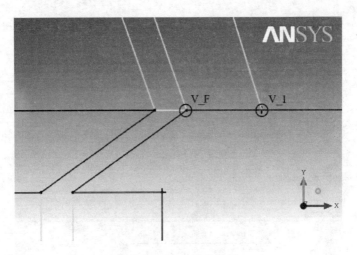

图 5-85   V＿1 移动结果

Step20   明确 V＿1 的位置。如图 5-86 所示，单击 Blocking 标签栏 ，弹出 Move Vertices 面板，单击 ，然后单击 Edge（s）文本框后 ，在选择主窗口中标示 Edge；勾选 Freeze Vert（s），单击 Vert（s）文本框后 ，在主窗口中选择标示 V＿F；在 Length 文本框中输入 1.4，单击 Apply 按钮确定。

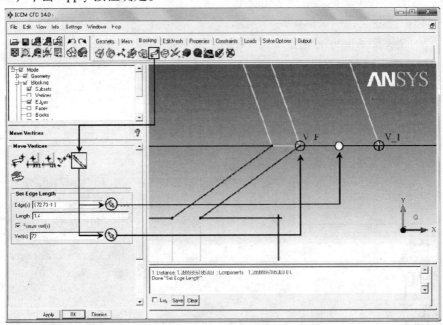

图 5-86   明确 V＿F 位置

注意：本操作通过定义 Edge 长度实现对 Vertex 位置的精确调节。本例中固定 V＿F，定义选中 Edge 长度（Length）为 1.4，实现对 V＿1 位置的调节。C＿H-J 的距离为 1.4，因此本例 Edge 长度定义为 1.4。

Step21   调节 V＿2 的位置。采用 Step20 的方法和数据调节 V＿2 的位置，调节前后对比如图 5-87 所示。

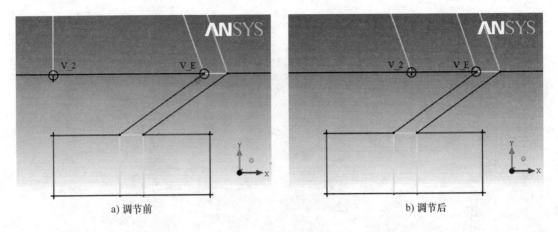

a) 调节前　　　　　　　　　　　　　b) 调节后

图 5-87　调节 V _ 2 位置

Step22　采用 Step20 的方法调节另一个冷水入口处 Vertex 的位置，最终结果如图 5-88 所示。

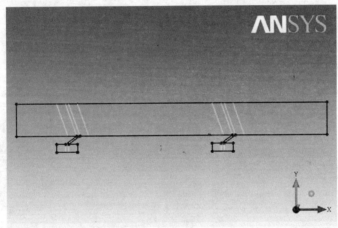

图 5-88　移动 Vertex 结果

Step23　移动 Vertex。如图 5-89 所示，单击 Blocking 标签栏 ，弹出 Move Vertices 面板，单击 ，在 Method 下拉列表框中选择 Set Position，在 Reference From 栏选中 Vertex；在 Coordinate system 下拉列表框中选择 Cartesian，勾选 Modify X；单击 Ref. Vertex 文本框后 ，在主窗口选择参考 Vertex，单击 Vertices to Set 文本框后 ，在主窗口选择待调整 Vertex，单击 Apply 按钮确定，结果如图 5-90 所示。

注意：图 5-88 中部分垂直方向 Edge 是倾斜的，影响网格生成质量，因此通过调节 Vertex 位置方式调整 Edge 方向。本操作根据 Vertex 坐标调节其余 Vertex 位置。本实例中 Ref. Vertex 栏定义参考 Vertex；Vertices to Set 栏定义待调节 Vertex；在 Coordinate system 下拉列表框中选择 Cartesian 并勾选 Modify X，表明仅根据参考 Vertex 的 X 坐标调整待调节 Vertex 位置。

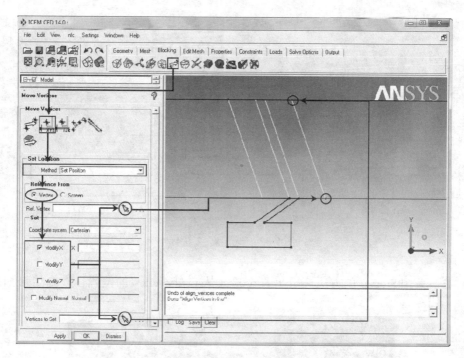

图 5-89　移动 Vertex

Step24　调节其余 Vertex 的位置。参考图 5-75 所示的 Block 生成策略，采用 Step23 的方法调节其余 Vertex 的位置，调整结果如图 5-91 所示。

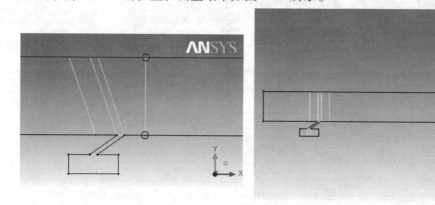

图 5-90　移动 Vertex 结果　　　　　　图 5-91　Vertex 调整结果

（2）建立 Edge 到 Curve 的映射

Step25　建立 E _ A-B 到 C _ A-B 的映射。根据图 5-75 中 Block 生成策略可知 E _ A-B 与 C _ A-B 对应。如图 5-92 所示单击 Blocking 标签栏，在 Edit Associations 栏单击，勾选 Project vertices，单击 Edge 文本框后，在主窗口选择 E _ A-B，然后单击 Curve 文本框后，在主窗口选择 C _ A-B，单击鼠标中键确定。

Step26　建立其余 Edge 的映射。采用 Step25 的方法建立其余 Edge 的映射关系，映射建立完成后，各边界位置 Edge 变为绿色。

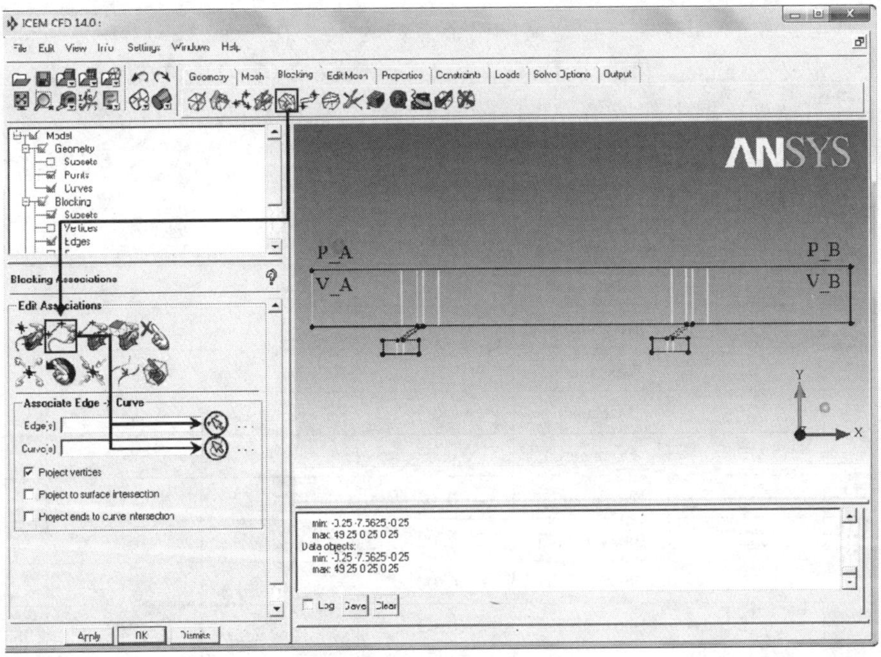

图 5-92　建立 Edge 映射关系

5.4.5　生成网格

（1）定义网格尺寸

Step27　定义 E _ A-C 网格参数。如图 5-93 所示，单击 Blocking 标签栏，进入设置节点参数操作；在 Pre-Mesh Params 面板单击，单击 Edge 文本框后，选择主窗口中标示

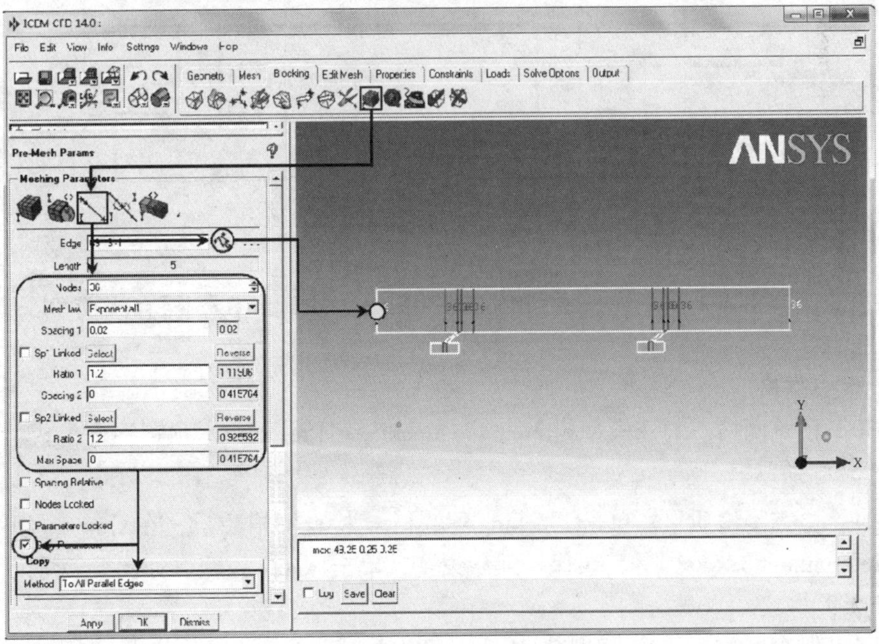

图 5-93　定义 C _ A-参数

Edge（E _ A-C），在 Nodes 文本框定义网格节点数为 36，在 Mesh Law 下拉列表框中选择 Exponential 1，定义 Spacing ＝0.02、Ratio 1 ＝ 1.2、Ratio 2 ＝0.0，勾选 Copy Parameters，在 Copy Method 下拉列表框中选择 To All Parallel Edges，单击 Apply 按钮确定。

Step28　定义其余 Edge 网格参数。采用 Step28 的方法，参考表 5-6 和图 5-94 定义其余 Edge 网格参数。

表 5-6　**Edge 网格参数**

Edge	Nodes	Mesh Law	Spacing 1	Ratio 1	Spacing 2	Ratio 2
E _ 2	15	BiGeometric	0	1.2	0	1.2
E _ 3	21	Exponential2	0	—	0.02	1.2
E _ 4	21	BiGeometric	0	—	0.02	2
E _ 5	15	Exponential	0.02	1.2	0.02	1.2
E _ 6	15	Biexponential	0.02	1.2	0.02	1.2
E _ 7	15	Biexponential	0.02	2	0.02	1.2
E _ 8	31	BiGeometric	0.02	2	0.02	2
E _ 9	15	Biexponential	0.02	1.2	0.02	2
E _ 10	15	Biexponential	0.02	1.2	0.02	1.2
E _ 11	15	Biexponential	0.02	2	0.02	1.2
E _ 12	26	BiGeometric	0.02	2	0	—

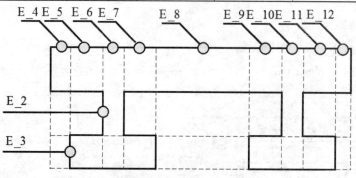

图 5-94　Edge 定义

Step29　保存 Block。选择 File→Blocking→Save Blocking As，保存当前 Block 为 Film _ Cooling.blk。

（2）生成网格

Step30　预览网格。勾选模型树 Model→Blocking→Pre-Mesh，预览网格生成情况，如图 5-95 和图 5-96 所示。

Step31　检查网格质量。单击 Blocking 标签栏 检查网格质量，在 Criterion 下拉列表框中选择 Determinant 3 ×3 ×3，其余保持默认设置，单击 Apply 按钮，如图 5-97 所示，网格质量均大于 0.9。

Step32　保存网格。右击模型树 Model→Blocking→Pre-Mesh，选择 Convert to Unstruct Mesh，ICEM 将自动生成网格文件 hex.uns，并保存在工作目录下。

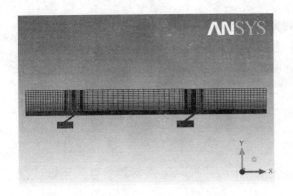

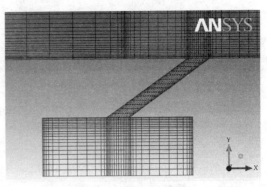

图 5-95　网格生成结果　　　　　　　　图 5-96　局部放大图

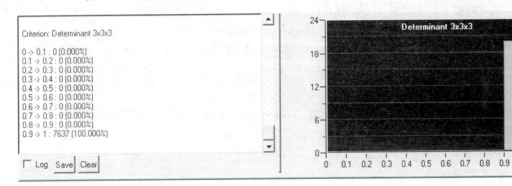

图 5-97　网格质量

（3）导出网格

Step33　定义求解器。选择 Output 标签栏，单击■选择求解器。在 Output Solver 下拉列表框中选择 Fluent _ V6，单击 Apply 按钮确定。

Step34　导出网格。选择 Output 标签栏，单击■，保存 FBC 文件为默认名，在随后弹出的窗口中选择 Step32 保存的 hex. uns。在弹出对话框的 Grid dimension 栏选中 2D，即输出二维网格；在 Output file 文本框内，定义导出网格名为 Fiolm _ Cooling. msh，单击 Done 按钮完成。

5.4.6　数值计算及后处理

下面将在 FLUENT 软件中通过数值计算检验生成的网格是否满足计算要求。

（1）读入网格

Step1　打开 FLUENT。进入 Windows 操作系统，在程序列表中选择 Start→All Program→ANSYS 14. 0→Fluid Dynamics→FLUENT 14. 0，启动 FLUENT 14. 0。

Step2　定义求解器参数。在 Dimension 栏选择 2D 求解器，其余选择默认设置，单击 OK 按钮。

Step3　读入网格。选择 File→Read→Mesh，选择 5. 4. 5 节生成的网格。

Step4　定义网格单位。选择 Problem Setup→General→Mesh→Scale，在 Scaling 栏勾选

Convert Units，并在 Mesh Was Created In 下拉列表框中选择 in，单击 Scale 将网格长度单位定义为英寸。

Step5　检查网格。选择 Problem Setup→General→Mesh→Check，Minimum Volume 应大于 0。

Step6　网格质量报告。选择 Problem Setup→General→Mesh→Report Quality，查看网格质量详细报告。

（2）定义求解模型

Step7　定义求解器参数。选择 Problem Setup→General→Solve，求解器参数采用默认设置，选择二维基于压力稳态求解器

Step8　定义能量模型。选择 Problem Setup→Models→Energy-Off，单击 Edit，在弹出对话框中勾选 Energy Equations，单击 OK 按钮确定。

注意：该流动问题为流动传热问题，因此勾选 Energy Equation

Step9　定义湍流模型。选择 Problem Setup→Models→Viscous-Laminar，单击 Edit，在弹出对话框中选择标准 k-e 湍流模型（Standard　k-epsilon），近壁面处理方法采用标准壁面函数（Standard Wall Functions）。

Step10　定义材料。选择 Problem Setup→Materials，选择 Fluid 并单击 Create/Edit，在弹出对话框中定义材料名为 air，定义 Density 为 ideal-gas，Cp = 1006. 43J/（kg · K），k = 0. 0242W/（m · K），$\mu = 1.7894 \times 10^{-5}$ kg/（m · s），单击 Change/Create 创建材料。

（3）定义边界条件

Step11　定义流体域材料。选择 Problem Setup→Cell Zone Conditions，在 Zone 栏选择 Fluid，单击 Edit 定义流体域材料为（2）中定义的 air。

Step12　定义边界条件。

1）定义 in _ cold。选择 Problem Setup→Boundary Conditions，在 Zone 栏选择 in _ cold，在 Type 下拉列表框中选择 velocity-inlet，单击 Edit。在 Velocity Specification Method 下拉列表框中选择 Magnitude，Normal to Boundary，即速度方向垂直于边界；在 Velocity Magnitude 栏定义入口速度为 0. 046m/s，选择 Intensity and Viscosity Ratio 方式定义湍流强度，并定义 Turbulent Intensity = 1%、Turbulent Viscosity Ratio = 10；在 Thermal 标签栏定义入口温度为 300K。

2）定义 inlet _ hot。选择 Problem Setup→Boundary Conditions，在 Zone 栏选择 in _ hot，在 Type 下拉列表框中选择 velocity-inlet，单击 Edit。在 Velocity Specification Method 下拉列表框中选择 Magnitude，Normal to Boundary；在 Velocity Magnitude 栏定义入口速度为 20m/s，选择 Intensity and Hydraulic Diameter 方式定义湍流强度，并定义 Turbulent Intensity = 1%、Hydraulic Diameter = 5in；在 Thermal 标签栏定义入口温度为 450K。

3）定义 out 为出口。选择 Problem Setup→Boundary Conditions，在 Zone 栏选择 out，在 Type 下拉列表框中选择 pressure-outlet，单击 Edit，定义 Gauge Pressure = 0 Pa，选择 Intensity and Viscosity Ratio 方式定义湍流强度，并定义 Turbulent Intensity = 1%、Turbulent Viscosity Ratio = 10，在 Thermal 标签栏定义回流温度为 450K。

4）定义 wall 为绝热壁面。选择 Problem Setup→Boundary Conditions，在 Zone 栏选择 wall，在 Type 下拉列表框中选择 wall，单击 Edit，采用默认设置。

（4）初始化和计算

Step13 定义求解器控制参数。选择 Solution→Solution Method，在 Pressure-Velocity Coupling Scheme 栏选择 Coupled，其余采用默认设置。

Step14 定义监视器。选择 Solution→Monitors，选择 Residuals-Print，Plot，单击 Edit 定义各项残差值为 1×10^{-6}，单击 OK 按钮确定。定义 1 个监视器，在 Surface Monitors 栏单击 Create，在 Surface 栏选择 out，在 Field Variable 栏选择 Static Temperature，监测计算过程中出口温度变化情况，单击 OK 按钮确定。

Step15 初始化流场。选择 Solution→Solution Initialization，在 Initialization Method 栏选择 Hybrid Initialization，单击 Initialize 初始化流场，单击 Close 按钮退出。

Step16 迭代计算。选择 Solution→Run Calculation，在 Number of Iterations 栏输入 400，定义最大求解步数，单击 Calculate 开始计算。

Step17 计算过程监视器中各参数变化情况如图 5-98 和图 5-99 所示，温度分布和流动情况如图 5-100 ~ 图 5-103 所示。结果表明生成网格满足数值计算需求。

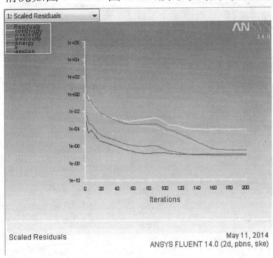

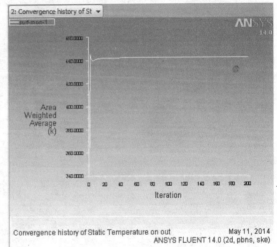

图 5-98　残差变化曲线　　　　　　　　　图 5-99　出口温度变化曲线

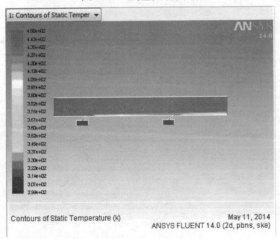

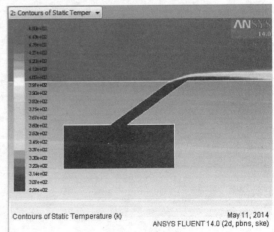

图 5-100　温度分布　　　　　　　　　图 5-101　温度分布（局部放大图）

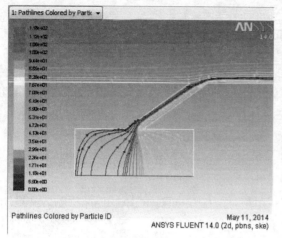

图 5-102　流动情况

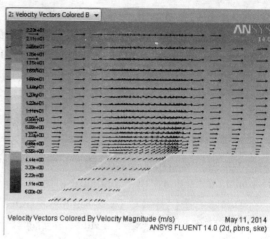

图 5-103　流动情况（局部放大图）

本 章 小 结

　　本章通过具体实例讲解如何使用 ICEM 生成二维结构网格，并通过数值计算检验所生成网格。希望读者通过本章学习逐渐熟悉 ICEM 生成结构网格流程和方法，掌握分析简单问题拓扑结构的方法，能够较为熟练地建立映射、调整 Vertex。

第6章
三维结构网格生成及实例

本章开始介绍使用 ICEM 生成三维结构网格，希望读者掌握三维结构网格的生成流程，重点学习 Block 的创建思路和方法。

知识要点：

➢ 三维结构网格生成方法

➢ 模型拓扑结构的分析方法

➢ O-Block

➢ 移动 Vertex 的方法

➢ 观察内部网格的方法

➢ 控制 Block 的显示

6.1　三维结构网格生成流程概述

通过第 5 章的学习，读者已经对 ICEM 生成结构网格有了一定认识。下面简要总结生成结构网格的步骤（适用于二维和三维情况），实际操作中不一定严格按照这个步骤进行，而且某些操作还会交叉进行。工作流程如图 6-1 所示。

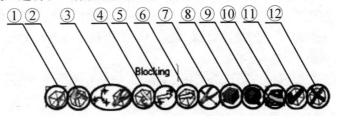

图 6-1　工作流程

ICEM 中生成结构网格的方法基于多块理论，因此网格的生成过程可以大致分为以下步骤：

1）创建整体 Block，图 6-1 中①。

2）分析几何模型，得到基本的分块思想，并划分 Block，图 6-1 中②。

3）修改 Block，如合并 Vertex、合并 Block、改变 Block 的类型等，图 6-1 中③。

4）删除多余的 Block，图 6-1 中⑫。

5）根据具体问题对 Block 进行操作，如镜像、平移、缩放等，图 6-1 中⑥。

6）建立映射关系，根据需要移动 Vertex，图 6-1 中④、⑤。

7）定义 Edge 上网格参数，图 6-1 中⑧。

8）生成网格。

9）检查网格质量，光顺网格，图 6-1 中⑨、⑩。

10）导出网格计算。

6.2 三维结构网格生成实例1——弯管流动

6.2.1 问题描述与分析

化工行业经常用弯管来改变流体的流动方向，从而完成流体的输运。当流体以一定的流速流经管道拐弯处，受到管道弯曲的限制就会改变流动方向，在管道的壁面附近形成分离区，在管道横截面上产生二次流动。这样的二次流动不仅会造成流体能量损失，而且形成的局部阻碍区域也使流动系统阻力增大。

本文以弯管流动为例（见图 6-2）讲解三维结构网格生成方法，读者在学习过程中应掌握以下知识点：a）Block 分析方法；b）型线创建方法；c）O-Block 生成方法。

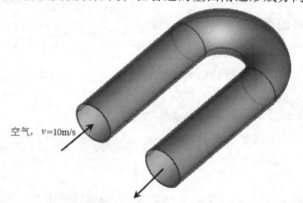

空气，$v=10\text{m/s}$

图 6-2 弯管流动示意

6.2.2 修改几何模型

（1）打开几何文件

Step1 定义工作目录。选择 File→Change Working Dir，定义工作目录。将光盘中"几何文件/第 6 章/6.2"文件夹下 Pipe_3D.model 复制到工作目录。

Step2 打开几何模型。选择 File→Import Geometry→CATIA V4，选择 Pipe_3D.model。

注意：CATIA 内生成的几何模型可保存为 Model 文件或 STP、IGES 文件，均可导入 ICEM。

Step3 建立拓扑。如图 6-3 所示，单击 Geometry 标签栏，在 Repair Geometry 面板单击，在 Tolerance 文本框中输入 3，其余采用默认设置，单击 Apply 按钮，观察主窗口自动生成的点和线。

（2）抽取内壁面

Step4 删除面。如图 6-4 所示，单击 Geometry 标签栏，然后单击 Surface 文本框后，在主窗口中选择标示 S_1，单击 Select geometry 面板，选择与 S_1 接触的面，单击鼠标中键确定。

Step5 删除面。采用 Step4 的方法，分别删除图 6-4 中标示 S_2 及与之接触的面、S_3 及与之接触的面。

注意：打开的弯管几何模型包含内壁面和外壁面，本节需要解决流体在内壁面内的流动，内壁面包围的封闭区域是计算区域，因此将无关的外壁面删除。单击 Select geometry 面

板 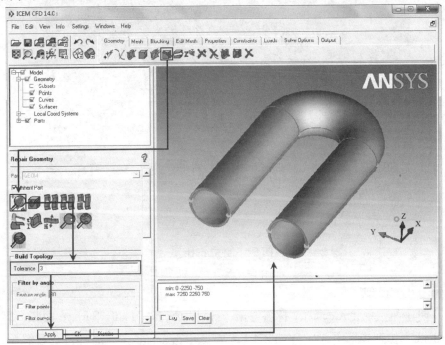¹ 将选中与被选曲面相接触的所有面。

Step6 重新建立几何拓扑。删除多余的点、线元素，采用 Step3 的方法，重新建立几何拓扑，结果如图 6-5 所示。

图 6-3 建立拓扑

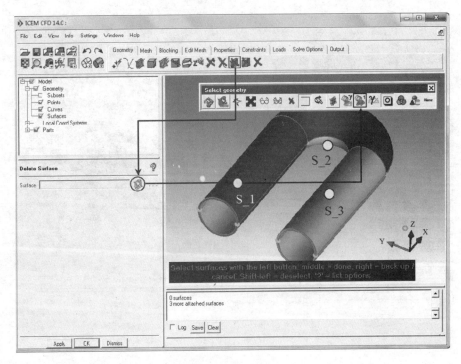

图 6-4 删除面

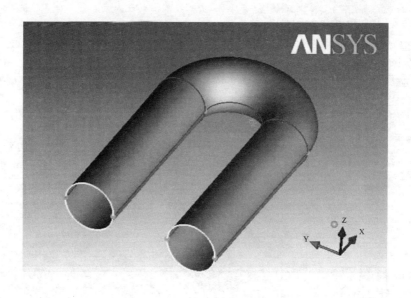

图 6-5　建立拓扑

（3）封闭几何模型

Step7　创建面。单击 Geometry 标签栏，弹出 Create/Modify Surface 面板，然后单击，在 Method 下拉列表框中选择 From 2-4 Curves，单击 Curve 文本框后，在图 6-6 主窗口中选择标示 C＿1 和 C＿2，单击鼠标中键确定。采用相同方法通过 C＿3 和 C＿4 创建面。

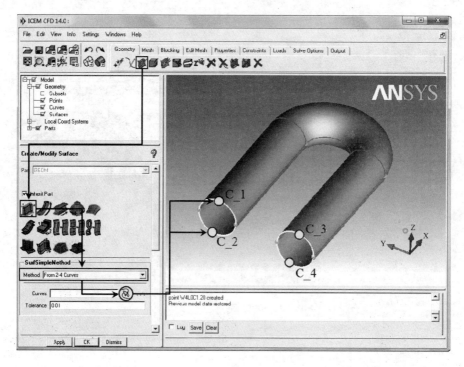

图 6-6　封闭几何模型

Step8 定义 Part。参考图 6-7 定义 Part，右击模型树 Model→Parts→Create Part，在 Part 文本框中输入名称，单击 并单击 Entities 文本框后 ，选择对应几何元素。完成 Part 定义后模型树的变化如图 6-8 所示。

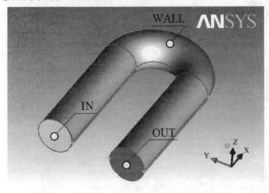

图 6-7 定义 Part 参考

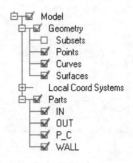

图 6-8 Part 定义结果

注意：P＿C 中存放的是点元素和线元素。

Step9 保存几何模型。选择 File→Geometry→Save Geometry As，保存当前的几何模型为 Pipe＿3D.tin。

6.2.3 创建 Block

（1）分析 Block 生成策略

Step10 分析弯管几何的特点，若将弯管拉直变为一个长方体形状，为准确描述该弯管拓扑结构，可参考图 6-9 在长方体 Block 中划分三刀，图中 P＿A ~ P＿E 与 V＿A ~ V＿E 一一对应。接下来将根据图 6-9 所示的拓扑结构创建 Block。

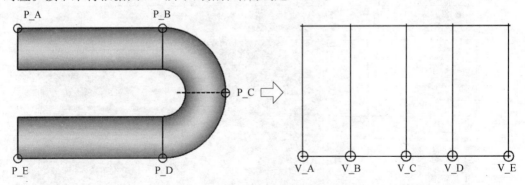

图 6-9 Block 生成策略

（2）创建 Block

Step11 初始化 Block。单击 Blocking 标签栏 ，弹出 Create Block 面板，在 Part 栏定义 Block 的名称为 FLUID，单击 ，在 Type 下拉列表框中定义 Block 类型为 3D Bounding Box，勾选 Initialize with setting，然后单击 Apply 按钮，在主窗口创建初始 Block，如图 6-10 所示。

（3）划分 Block

Step12 沿 X 方向划分 Block。单击 Blocking 标签栏 ，弹出 Split Block 标签栏，单击

，在 Block Select 栏选中 Visible，在 Split Method 下拉列表框中选择 Screen Select，单击 Edge 文本框后，在主窗口选择 Edge 并移动鼠标至合适位置，单击鼠标中键确定。采用相同方法，参考图 6-11 完成 Block 的划分。

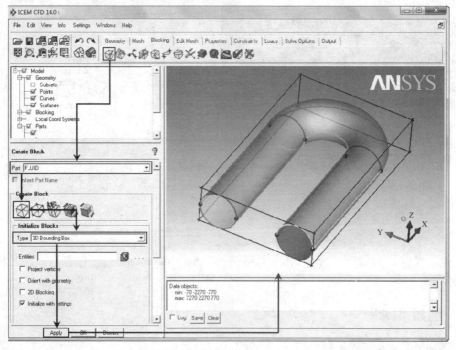

图 6-10　创建 Block

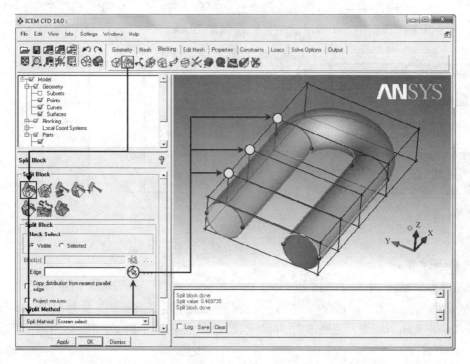

图 6-11　划分 Block

6.2.4 建立映射关系

（1）创建辅助几何元素

完成 Block 的划分后，应建立 Vertex 和 Edge 的映射，但是目前点、线元素不足，因此需创建辅助点和辅助线。

Step13 创建辅助线。通过创建型线的方式创建辅助线，如图 6-12a 所示，单击 Geometry 标签栏 ，在 Create/Modify Curve 面板取消勾选 Inherit Part，在 Part 下拉列表框中选择 P_C；单击 ，在 Isocurve Methods 下拉列表框中选择 By Parameters；在 U/V direction 栏参考表 6-1 定义各曲面参数，结果对比如图 6-12b、c 所示。

表 6-1 创建辅助线参数

标 识	Method	Parameter
○	V	0.25/0.75
□	U	0.25/0.75
	V	0.5

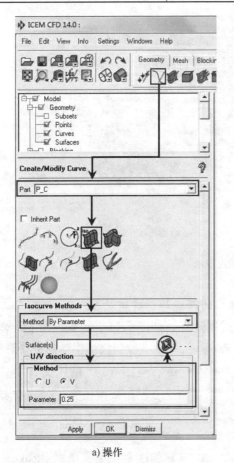

a) 操作

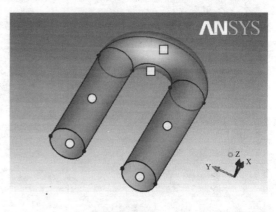

b) 创建前

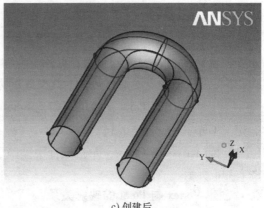

c) 创建后

图 6-12 创建辅助线

注意：本操作创建型线，关于本操作的详细解释请读者参考 3.4.2 节。

Step14　创建辅助点。通过创建曲线端点的方法创建点，如图 6-13a，单击 Geometry 标签栏，在 Create Point 面板取消勾选 Inherit Part，在 Part 下拉列表框中选择 P_C；单击，在 Curve Type 栏选中 BSpline，在 How 下拉列表框中选择 both，单击 Curve（s）文本框后，选择图 6-13b 标示的 Curve，单击鼠标中键确定，结果如图 6-13c 所示。

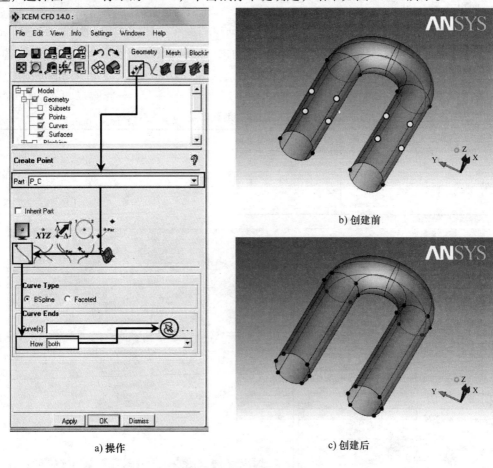

a) 操作

b) 创建前

c) 创建后

图 6-13　创建辅助点

注意：在 How 下拉列表框中选择 both，即在曲线的两端均创建辅助点。

Step15　创建辅助点。通过创建曲线交线的方式创建点，如图 6-14a 所示，单击 Geometry 标签栏，在 Create Point 面板取消勾选 Inherit Part，在 Part 下拉列表框中选择 P_C；单击，定义 Gap tolerance = 0.1，单击 Curve（s）文本框后，在图 6-14b 的主窗口中分别选择○和□标示的一条 Curve，单击鼠标中键确定，创建曲线交点。采用该方法创建交点结果如图 6-14c 所示。

（2）创建 Vertex 与 Point 的映射关系

Step16　创建 A′_1 ~ A′_4 与对应 Point（A_1 ~ A_4）的映射关系。单击 Blocking 标签栏，在弹出 Blocking Associations 面板单击，参考图 6-15 和图 6-16 所示映射关系建立 A′_1 ~ A′_4 与对应 Point 的映射关系，结果如图 6-17 所示。

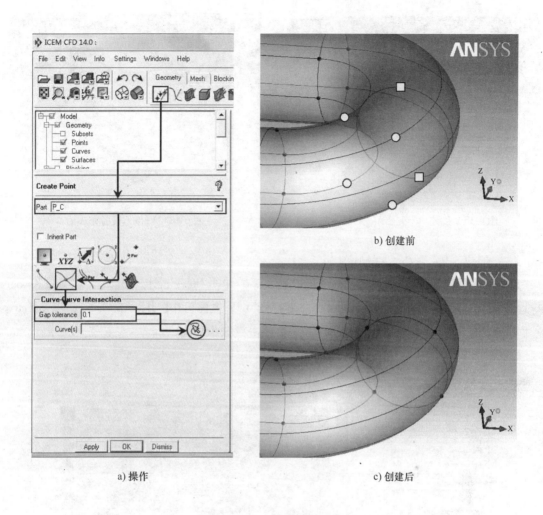

a) 操作　　　　　b) 创建前　　　　　c) 创建后

图 6-14　创建辅助点

Step17　创建其余 Vertex 的映射关系。采用 Step16 的方法，建立其余 Vertex 与对应 Point 的映射关系，结果如图 6-18 所示。

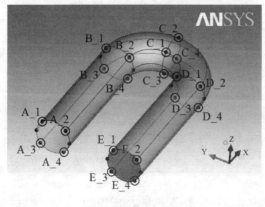

图 6-15　Point 编号

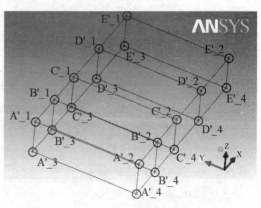

图 6-16　Vertex 编号

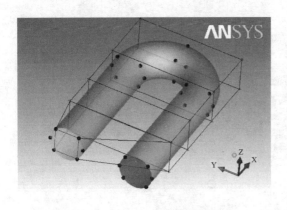

图 6-17　创建 A′_1′～A′_4 映射

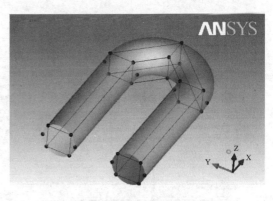

图 6-18　Vertex 映射完成后

（3）创建 Edge 与 Curve 的映射关系

Step18　创建端面处 Edge 与 Curve 的映射关系。单击 Blocking 标签栏，在 Edit Associations 栏单击，单击 Edge 文本框后，选择图 6-19 主窗口中标示的 Edge；单击 Curve 文本框后，选择主窗口中标示的 Curve，单击鼠标中键确定。

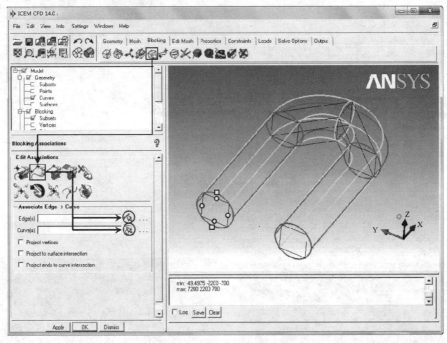

图 6-19　创建端面处映射关系

Step19　创建其余位置 Edge 与 Curve 的映射关系。采用 Step18 的方法，参考图 6-20 定义其余 Edge 与 Curve 的映射关系。

（4）创建 O-Block

Step20　创建 O-Block。如图 6-21a 所示，单击 Blocking 标签栏，在 Split Block 面板单击；单击 Select Block（s）栏，在主窗口选择所有 Block；单击 Select Face（s）栏，

在主窗口选择标示 Face；在 Offset 文本框中输入 0.5，单击 Apply 按钮创建 O-Block，结果对比如图 6-21b、c 所示。

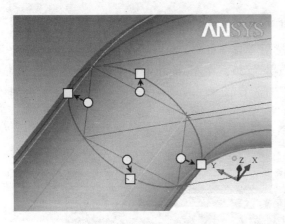 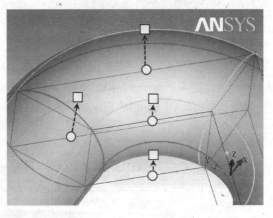

图 6-20　Edge 映射关系参考

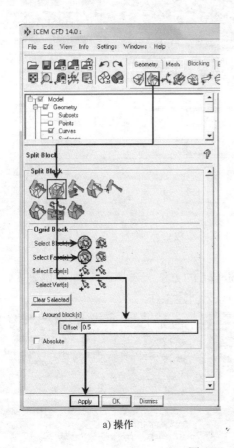

a) 操作

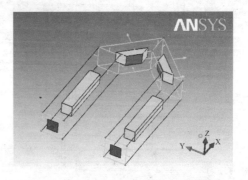

b) 创建前

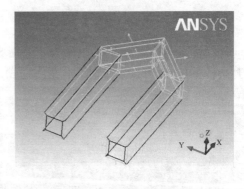

c) 创建后

图 6-21　创建 O-Block

注意：O-Block 可以较好地解决圆弧或其他复杂形状 Block 顶点处网格的扭曲，同时能在近壁面处生成理想的边界层网格，关于本操作的具体讲解请读者参考 7.2 节相关内容。

6.2.5 生成网格

（1）定义网格尺寸

Step21 定义 I_1 网格参数。如图 6-22 所示，单击 Blocking 标签栏，进入设置节点参数操作，在 Pre-Mesh Params 面板单击，然后单击 Edge 文本框后，选择主窗口标示 Edge（I_1），在 Nodes 文本框中定义网格节点数为 26，在 Mesh Law 下拉列表框中选择 Bi-Geometric，定义 Spacing 1 = 0、Spacing 2 = 0，勾选 Copy Parameters，在 Copy Method 下拉列表框中选择 To All Parallel Edges，单击 Apply 按钮确定。

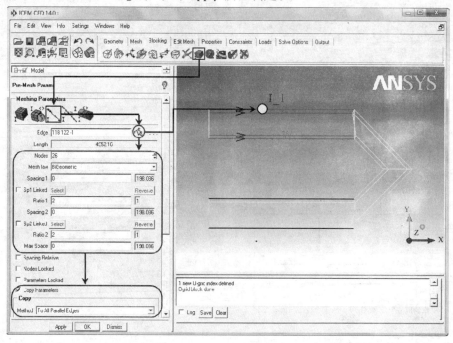

图 6-22 定义 I_1 网格参数

Step22 定义其余 Edge 的网格参数。采用 Step21 的方法，参考图 6-23 使用表 6-2 中数据定义其余各 Edge 的节点分布情况。至此完成 Block 创建工作。

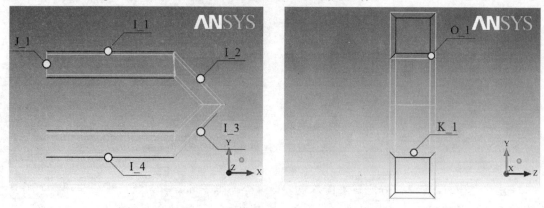

图 6-23 Edge 定义

表 6-2　Edge 网格参数

Edge	Nodes	Mesh Law	Spacing 1	Ratio 1	Spacing 2	Ratio 2
I _ 2	16	BiGeometric	0	—	0	—
I _ 3	16	BiGeometric	0	—	0	—
I _ 4	26	BiGeometric	0	—	0	—
J _ 1	11	BiGeometric	0	—	0	—
K _ 1	11	BiGeometric	0	—	0	—
O _ 1	21	Exponential1	0. 1	1. 2	0	—

Step23　保存 Block。选择 File→Blocking→Save Blocking As，保存当前块文件为 Pipe _
3D. blk。

（2）生成网格

Step24　预览网格。勾选模型树 Model→Blocking→Pre-Mesh，预览网格生成情况，如图
6-24 所示。

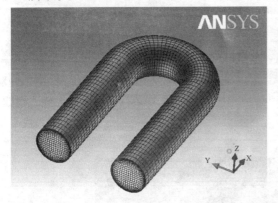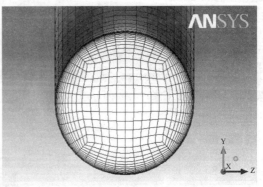

图 6-24　网格生成结果

Step25　观察内部的网格。首先仅显示 Edge，隐藏其余的几何元素和块元素；右击模型
树 Model→Blocking→Pre-Mesh，选择 Scan planes，在弹出面板中勾选 Solid，单击 Select 选择
图 6-25 标示的 Edge，观察内部网格分布情况，如图 6-26 所示。

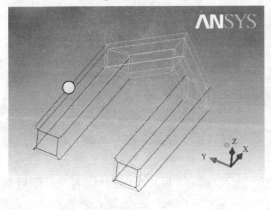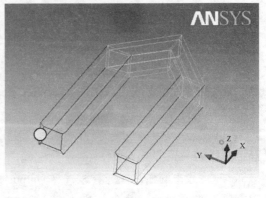

a)　　　　　　　　　　　　　　　　b)

图 6-25　Edge 位置

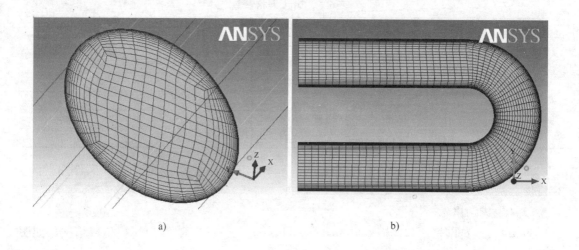

a)   b)

图 6-26　内部网格

Step26　检查网格质量。单击 Blocking 标签栏 检查网格质量。在 Criterion 下拉列表框中分别选择 Determinant 2×2×2 作为网格质量的判定标准，其余采用默认设置，单击 Apply 按钮，网格质量如图 6-27 所示，所有网格的 Determinant 2×2×2 值大于 0.50，可以认为网格质量满足要求。

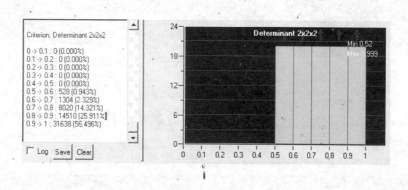

图 6-27　网格质量

Step27　保存网格。右击模型树 Model→Blocking→Pre-Mesh，选择 Convert to Unstruct Mesh，ICEM 将自动生成网格文件 hex. uns，并保存在工作目录下。

（3）导出网格

Step28　定义求解器。选择 Output 标签栏，单击 选择求解器。在 Output Solver 下拉列表框中选择 Fluent_V6，单击 Apply 按钮确定。

Step29　导出网格。在标签栏选择 Output，单击 ，保存 FBC 文件为默认名，在随后弹出的窗口中选择 Step27 中保存的 hex. uns。在弹出对话框的 Grid dimension 栏选中 3D，即输出三维网格；在 Output file 文本框内定义导出网格名为 Pipe_3D. msh，单击 Done 按钮完成。

6.2.6　数值计算及后处理

（1）读入网格

Step1　打开 FLUENT。进入 Windows 操作系统，在程序列表中选择 Start→All Program→ANSYS 14.0→Fluid Dynamics→FLUENT 14.0，启动 FLUENT 14.0。

Step2　定义求解器参数。在 Dimension 栏选择 3D 求解器，其余选择默认设置，单击 OK 按钮。

Step3　读入网格。选择 File→Read→Mesh，选择 6.2.5 节生成的网格。

Step4　定义网格单位。选择 Problem Setup→General→Mesh→Scale，在 Scaling 栏选择 Convert Units，在 Mesh Was Created In 下拉列表框中选择 mm，单击 Scale，单击 Close 按钮关闭。

Step5　检查网格。选择 Problem Setup→General→Mesh→Check，Minimum Volume 应大于 0。

Step6　网格质量报告。选择 Problem Setup→General→Mesh→Report Quality，查看网格质量详细报告。

Step7　显示网格。选择 Problem Setup→General→Mesh→Display，在弹出 Mesh Display 面板的 Surface 栏内为边界名，与 ICEM 中定义的 Part 名一一对应。单击 Display，在 FLUENT 内显示网格。

（2）定义求解模型

Step8　定义求解器参数。选择 Problem Setup→General→Solve，求解器参数采用默认设置，选择三维基于压力稳态求解器。

Step9　定义湍流模型。选择 Problem Setup→Models→Viscous-Laminar，在弹出的 Viscous Model 面板勾选 k-epsilon 湍流模型，单击 OK 按钮关闭。

Step10　定义材料。选择 Problem Setup→Materials，选择 Fluid 栏 air 并单击 Create/Edit，采用默认设置，单击 Change/Create 创建材料。

（3）定义边界条件

Step11　定义 fluid 的材料。选择 Problem Setup→Cell Zone Conditions，在 Zone 栏选择 fluid，在 Type 下拉列表框中选择 fluid，单击 Edit，在弹出对话框的 Material Name 下拉列表框中选择 Step10 中定义的 air，其余采用默认设置，单击 OK 按钮确定。

Step12　定义边界条件。

1）定义入口。选择 Problem Setup→Boundary Conditions，在 Zone 栏选择 in，在 Type 下拉列表框中选择 velocity-inlet，单击 Edit 弹出 Velocity Inlet 面板，在 velocity Specification Method 下拉列表框中选择 Magnitude/Normal to Boundary，在 Reference Frame 下拉列表框中选择 Absolute，在 Velocity Magnitude 栏定义入口速度为 10m/s；在 Specification Method 下拉列表框中选择 K and Epsilon，并定义 Turbulent Kinetic Energy $=0.116021$ m^2/s^2、Turbulent Dissipation Rate $=0.077305$ m^2/s^3，单击 OK 按钮确定。

2）定义出口。选择 Problem Setup→Boundary Conditions，在 Zone 栏选择 out，在 Type 下拉列表框中选择 outflow，单击 OK 按钮确定。

3）定义壁面。Problem Setup→Boundary Conditions，在 Zone 栏选择 wall，在 Type 下拉列

表框中选择 wall，单击 Edit，采用默认设置。

（4）初始化和计算

Step13　定义求解器控制参数。选择 Solution→Solution Method，在 Pressure-Velocity Coupling Scheme 栏选择 Coupled，其余采用默认设置。

Step14　定义松弛因子。选择 Solution→Solution Controls，采用默认设置。

Step15　定义监视器。选择 Solution→Monitors，选择 Residuals-Print，单击 Edit 定义各项残差值为 1×10^{-6}，单击 OK 框中确定；在 Surface Monitors 栏单击 Create，在 Surface Monitor 面板勾选 Plot，在 Report Type 下拉列表框中选择 Mass Flow Rate，在 Surfaces 栏选择 out，监测计算过程中出口处流量变化情况，单击 OK 按钮确定。

Step16　初始化流场。选择 Solution→Solution Initialization，在 Initialization Method 栏选择 Hybrid Initialization，单击 Initialize 初始化流场。

Step17　迭代计算。选择 Solution→Run Calculation，在 Number of Iterations 栏输入 200 定义最大求解步数，单击 Calculate 开始计算。

Step18　计算结果。计算过程中残差和出口压力变化情况如图 6-28 和图 6-29 所示。图 6-30～图 6-33 为计算结果。结果显示生成网格满足数值计算需求。

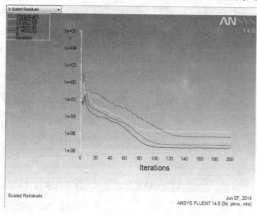

图 6-28　残差变化

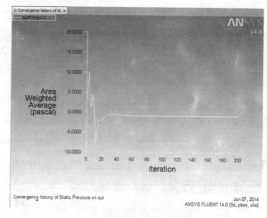

图 6-29　出口压力变化

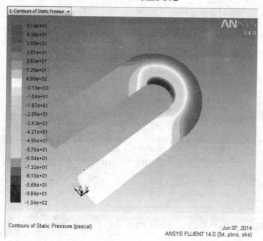

图 6-30　压力分布

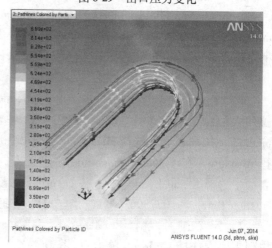

图 6-31　流动情况

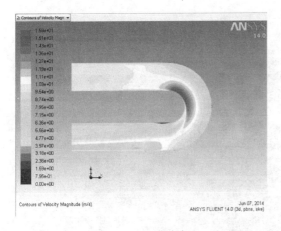

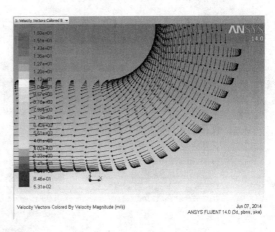

图 6-32　速度分布　　　　　　　　　　　图 6-33　弯管处流动情况

6.3　三维结构网格生成实例 2——汽车外流

6.3.1　问题描述与分析

我国汽车工业正在飞速发展，保有量逐年上升，大量的汽车不仅消耗大量石油资源，更增加了环境负担。在节能环保的时代背景下，汽车节能降耗需求急迫。汽车所消耗的能源很大部分是为了克服其在行驶过程中受到的空气阻力，这使汽车空气动力学成为研究热点之一。应用基于计算流体力学的数值仿真对汽车外流场进行研究越来越普遍，相比传统的风洞试验，其具有成本低、周期短等优势。

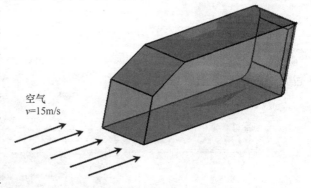

图 6-34　汽车外流示意

本文以汽车外部流动为例（见图 6-34）讲解三维结构网格的生成方法，读者在学习过程中应掌握以下知识点：a）Block 分析方法；b）创建外流场方法；c）外部 O-Block 生成方法；d）控制 Block 显示方法。

6.3.2　修改几何模型

（1）修改汽车模型

Step1　选择 File→Change Working Dir，定义工作目录。将光盘中"几何文件/第 6 章/6.3"文件夹下 Car _ 3D. model 复制到工作目录。

Step2　打开几何模型。选择 File→Import Geometry→CATIA V4，选择 Car _ 3D. model。

Step3　建立拓扑。单击 Geometry 标签栏📁，在 Repair Geometry 面板单击🔧，在 Tolerance 文本框中输入 3，其余采用默认设置，单击 Apply 按钮，观察主窗口自动生成的点和线，如图 6-35 所示。

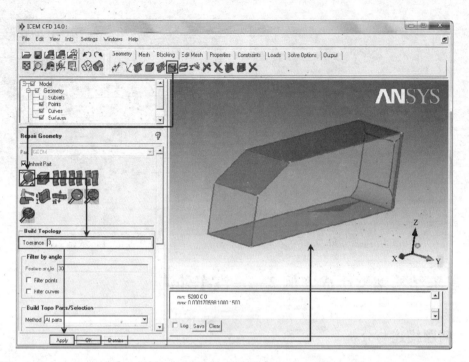

图 6-35　建立拓扑

Step4　创建 Part。右击模型树 Model→Parts→Create Part，在 Part 文本框中输入 CAR，单击 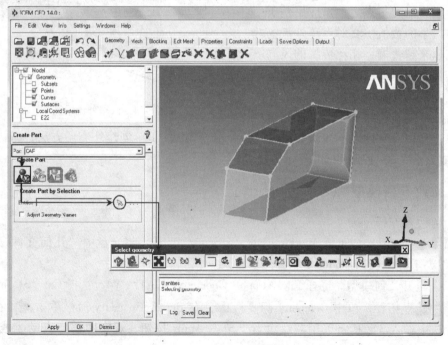，然后单击 Entities 文本框后 ，在 Select geometry 面板单击 选择所有的几何元素（包含显示的和隐藏的），单击鼠标中键确定，如图 6-36 所示。

图 6-36　创建 Part

（2）创建外部流场

Step5　创建外部流场。如图 6-37 所示，单击 Geometry 标签栏 ，弹出 Create/Modify Surface 面板，取消勾选 Inherit Part，在 Part 文本框中输入 FAR_FIELD；单击 ，，在 Create Std Geometry 栏中单击 创建标准几何图形；在 Method 栏选中 Entity bounds，单击 Entities 文本框后 ，选择 Step4 中定义的 Part；在 Scale 栏定义 X factor = 10、Y factor = 5、Z factor = 10，单击 Apply 按钮确定，创建结果如图 6-38 所示。

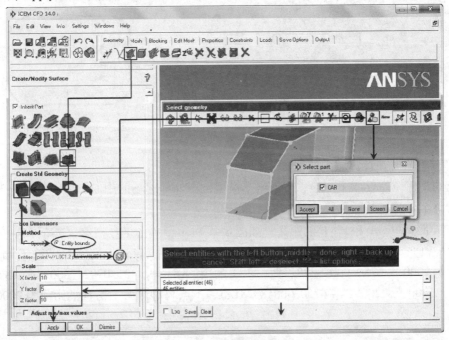

图 6-37　创建外部流场

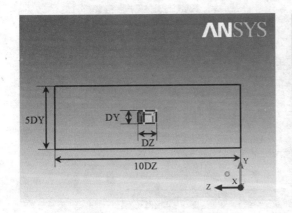
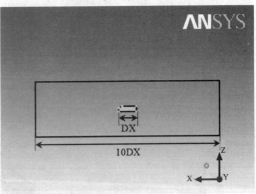

图 6-38　外部流场

注意：本操作创建长方体，长方体尺寸由 Entities 栏选中的几何模型尺寸及缩放比例（X factor、Y factor、Z factor）决定，参考图 6-38。

Step6　定义 PART。采用 Step4 的方法，参考图 6-39 定义各个 Part，定义完成后各 Part 显示不同的颜色，模型树的变化如图 6-40 所示。

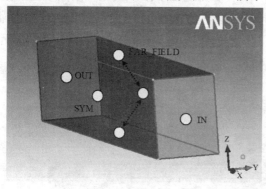

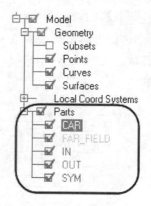

图 6-39　Part 定义　　　　　　　　　图 6-40　模型树变化

（3）调整汽车在计算域中的位置

汽车的几何模型仅取了一半，当前汽车模型位于外部远场的中心位置，如图 6-38 所示，需将其调整至外流场的对称面位置。

Step7　测量 P_A 和 P_B 的距离。如图 6-41 所示，单击工具栏，然后在主窗口依次选择 P_A 和 P_B，在信息窗口显示信息"1：Distance：24436.09024766028；Components：23400 −2000 −6750.0004882813"，即 $\overrightarrow{AB}$ 的模 $|\overrightarrow{AB}|$ = 24436.09024766028，$\overrightarrow{AB}$ (x, y, z) = $\overrightarrow{AB}$ (23400, −2000, −6750.0004882813)，A 点与对称面 Y 方向的距离为 2000。

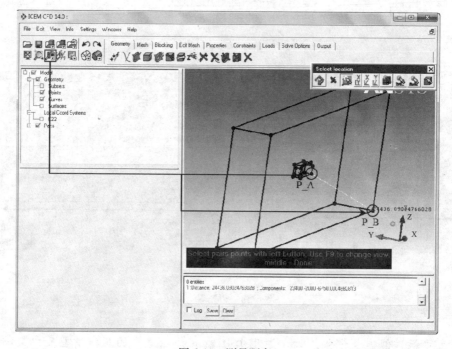

图 6-41　测量距离

Step8 调整汽车在计算域中的位置。如图 6-42 所示，单击 Geometry 标签栏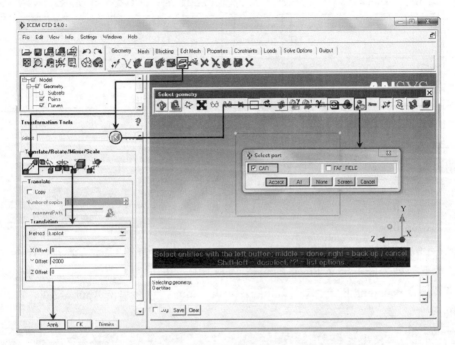，弹出 Transformation Tools 面板，单击 Select 文本框后，选择 Part（CAR）；单击，然后在 Method 下拉列表框中选择 Explicit，根据 Step7 的测量结果定义 Y Offset = −2000、X Offset = Z Offset = 0，将汽车移动至对称面，平移前后对比如图 6-43 和图 6-44 所示，至此完成所有几何模型修改工作。

图 6-42 平移汽车模型

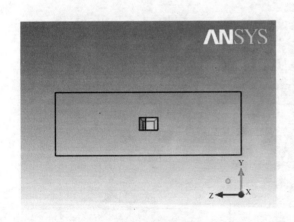

图 6-43 平移前

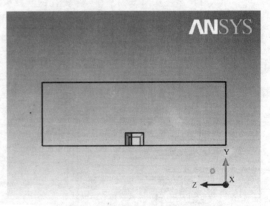

图 6-44 平移后

注意：本操作通过定义 X、Y、Z 轴平移量定义平移方向和距离。

Step9 保存几何模型。选择 File→Geometry→Save Geometry As，保存当前的几何模型为 CAR _ 3D. tin。

6.3.3 创建 Block

（1）分析 Block 生成策略

Step10 分析模型几何特点，Y 方向视图集中体现了汽车的几何模型轮廓，是创建 Block 的难点。可在 X-Z 方向逐次划分 Block 以体现汽车的拓扑结构，如图 6-45a 所示；然后在汽车外部创建 O-Block，以便于生成理想的边界层网格，如图 6-45b 所示。

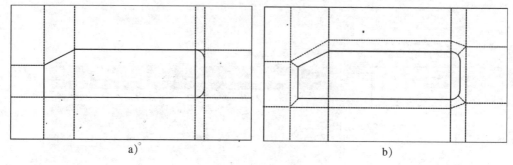

a)   b)

图 6-45 Block 生成策略

（2）初始化 Block

Step11 初始化 Block。如图 6-46 所示，单击 Blocking 标签栏 ，弹出 Create Block 面板，在 Part 下拉列表框中定义 Block 的名称为 FLUID，单击 ，在 Type 下拉列表框中定义 Block 类型为 3D Bounding Box，勾选 Initialize with setting，然后单击 Apply 按钮，在主窗口创建初始 Block。

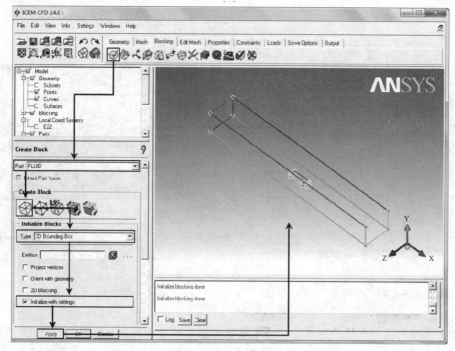

图 6-46 初始化 Block

（3）划分 Block

Step12 沿 X 方向划分 Block。如图 6-47 所示，单击 Blocking 标签栏 ⬚，弹出 Split Block 面板，单击 ⬚，在 Block Select 栏选中 Visible，在 Split Method 下拉列表框中选择 Prescribed point，单击 Edge 文本框后 ⬚，在主窗口选择 X 方向 Edge，单击 Point 文本框后 ⬚，在主窗口中依次选择如图 6-48 所示的 P _ A、P _ B、P _ C 和 P _ D，沿 X 方向划分 Block。

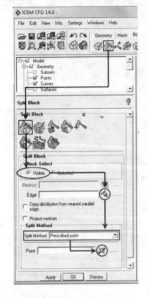

图 6-47　划分 Block

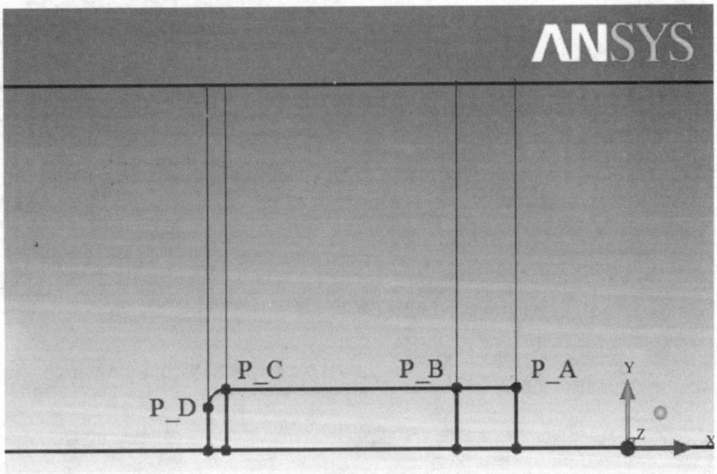

图 6-48　参考

Step13 沿 Y 方向划分 Block。采用 Step12 的方法，以 P _ A 点为基准，沿 Y 方向划分 Block，结果如图 6-49 所示。

Step14 沿 Z 方向划分 Block。采用 Step12 的方法，以 P _ A 和 P _ E 点为基准，沿 Z 方向划分 Block，结果如图 6-50 所示。

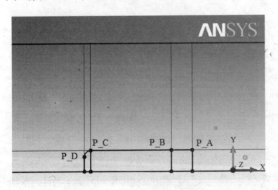

图 6-49　沿 Y 方向划分结果

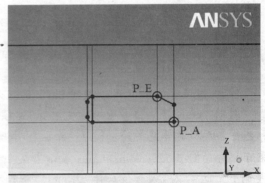

图 6-50　沿 Z 方向划分结果

（4）移动 Vertex 至合适位置

Step15 调整 Block 的显示。三维 Block 交线很多，给准确调整 Vertex 位置造成干扰，因此要调整 Block 的显示，仅显示待调整的 Block。右击模型树 Model→Blocking→Index Control，单击⬆和⬇调整 I、J、K 的最大值和最小值。调整前（见图 6-51），汽车附近 Block 全部显示，Edge 很多；设置 I_Min = 2、I_Max = 5、J_Min = 0、J_Max = 2、K_Min = 2、K_Max = 3，调整后（见图 6-52）仅显示汽车的 Block，显示简洁，便于后续操作。

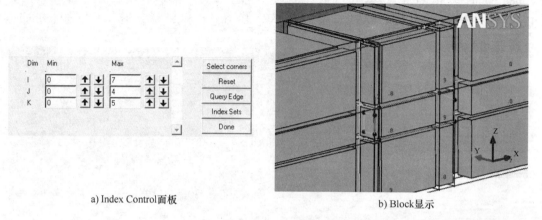

a) Index Control面板　　　　　　　　b) Block显示

图 6-51　未调整 Index Control

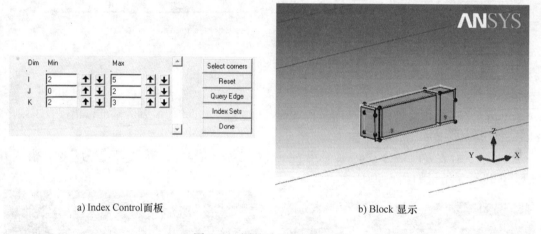

a) Index Control面板　　　　　　　　b) Block 显示

图 6-52　调整后 Index Control

注意：Index Control 用于控制 Block 的显示。在复杂问题中，Edge 非常杂乱，给建立映射、移动 Vertex 带来诸多困难，使用 Index Control 可以仅显示需要的 Block 及包含元素。对话框中各参数具体意义为：I、J、K 栏表明沿 X、Y、Z 方向划分的 Block；O3、O4、O5 等表示划分的 O-Block；Min 和 Max 表示沿某个方向显示 Block 的范围。单击⬆和⬇可以调大或调小，也可以输入数值后按〈Enter〉键调整数值；或者通过单击 Select corners 按钮选择一个或多个 Block 体对角线上两个 Vertex 以控制显示。

Step16　调整 Vertex。如图 6-53 所示，单击 Blocking 标签栏，在 Edit Associations 栏单击，在 Entity 栏选中 Point，建立 Vertex 到 Point 的映射关系。单击 Vertex 文本框后，选择图 6-54a 标示的任一 Vertex，单击 Point 文本框后，选择与 Vertex 对应的 Point，单击鼠标中键确定。建立所有 Vertex 映射关系后，结果如图 6-54b 所示。

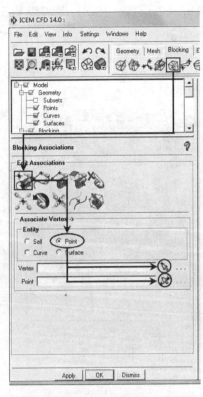

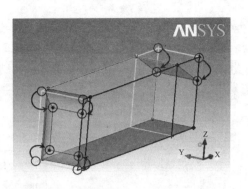

a) 调整前

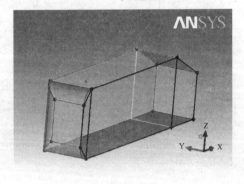

b) 调整后

图 6-53　建立 Point 映射关系

图 6-54　调整前后对比

Step17　显示 YZ 平面。将鼠标置于主窗口 X 轴附近，当显示 "+X" 或 "−X" 时单击鼠标左键，显示 YZ 平面，如图 6-55 所示。观察平面内的 Edge，发现汽车附近 Vertex 的调整导致部分 Edge 倾斜，引起 Block 变形，不利于生成高质量的网格。

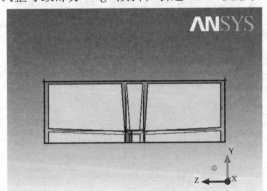

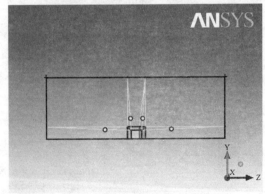

图 6-55　显示 XZ 平面

Step18　在 XZ 平面调整 Vertex 位置。如图 6-56 所示，单击 Blocking 标签栏 ，弹出 Move Vertices 面板，单击 ，单击 Along Edge Direction 文本框后 ，在主窗口中选择标示

Edge，单击 Reference vertex 文本框后 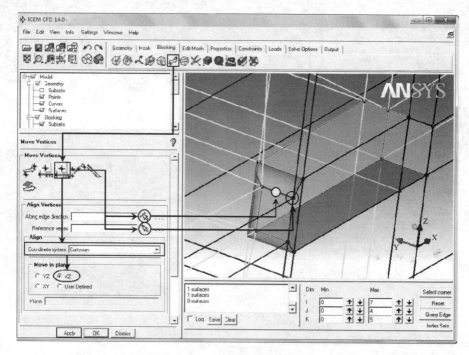，选择主窗口标示 Vertex；在 Coordinate system 下拉列表框中选择 Cartesian，选择笛卡儿坐标系；在 Move in plane 栏选中 XZ，即调整 Vertex 的 X 坐标和 Z 坐标，单击 Apply 按钮确定，结果如图 6-57 所示。

图 6-56　在 XZ 平面调整 Vertex

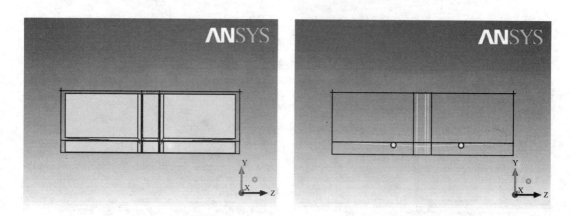

图 6-57　在 XZ 平面调整 Vertex 的结果

　　注意：本操作可批量移动 Vertex，参考图 6-58 学习本操作。若选中图 6-58a 中标示 Edge 作为 Along Edge Direction，则位于该 Edge 及其延长线上的 Vertex 均为被调整 Vertex；若选图 6-58a 中标示的平面作为 Move in plane，则将移动被调整 Vertex 与参考 Vertex 在该平面的投影重合；应选择 Along Edge Direction 的端点处 Vertex 作为参考 Vertex，如图 6-58a 所示。该操作不仅调整 Along Edge Direction 及其延长线上的 Vertex，而且批量移动 Vertex，如图 6-58a

中 Reference 位于 I = 1，则将以所有 I = 1 截面的 Vertex 为参考调整其他截面（I = 2、I = 3）的 Vertex 位置。

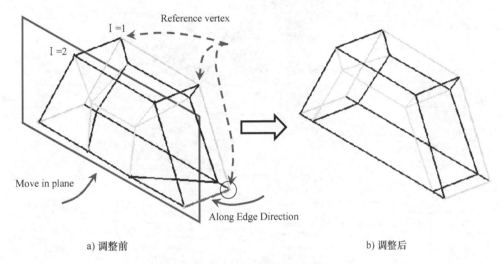

a) 调整前　　　　　　　　　　　　　　b) 调整后

图 6-58　调整 Vertex 的方法解释

Step19　在 XY 平面调整 Vertex 的位置。采用 Step18 的方法选择图 6-59a 所示 Edge 和 Vertex，在 Move in plane 栏选中 XY，在 XY 平面调整 Vertex 的位置，结果如图 6-59b 所示。

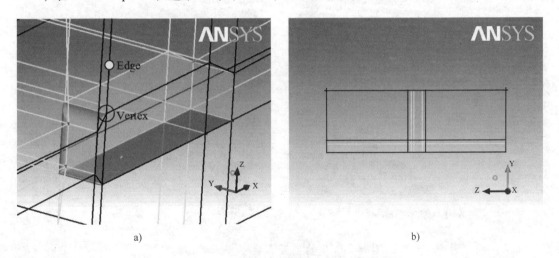

a)　　　　　　　　　　　　　　　　　　b)

图 6-59　在 XY 平面调整 Vertex 结果

（5）创建 O-Block

Step20　创建 O-Block。如图 6-60 所示，单击 Blocking 标签栏 ，弹出 Split Block 面板；单击 创建 O-Block，单击 Select Block（s）栏 ，在主窗口选择标示的 Block；勾选 Around Block（s），并定义 Offset = 0.3，单击 Apply 按钮，结果如图 6-61 所示。

Step21　删除 Block。单击 Blocking 标签栏 ，在 Delete Block 面板单击 ，在主窗口选择图 6-61 标示的 Block 并删除，结果如图 6-62 所示。

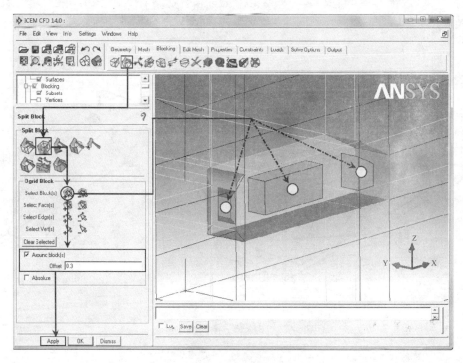

图 6-60　创建 O-Block

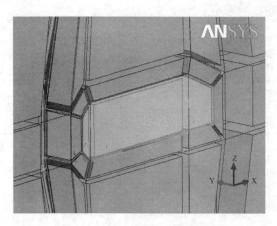

图 6-61　创建 O-Block

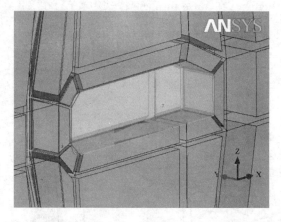

图 6-62　删除 Block

注意：创建外部 O-Block 引起 Block 的畸变，需调整 Vertex。

Step22　调整 Vertex 位置。采用 Step18 的方法，选择图 6-63a 和图 6-64a 所示的 Edge 和 Vertex，分别在 XZ 和 XY 平面调整 Vertex 的位置，结果如图 6-63b 和图 6-64b 所示。

Step23　调整 Vertex 位置。如图 6-65 所示，单击 Blocking 标签栏![icon]，弹出 Move Vertices 面板，单击![icon]，在 Method 下拉列表框中选择 Set Position，定义 Reference From Vertex；在 Coordinate system 下拉列表框中选择 Cartesian，勾选 Modify Z；单击 Ref. Vertex 文本框后![icon]，在主窗口选择参考 Vertex，单击 Vertices to Set 文本框后![icon]，在主窗口选择待调整 Vertex，单击 Apply 按钮确定，结果如图 6-66b 所示。采用上述方法调节图 6-66a 中标示 Vertex 的 Z 坐标和图 6-66c 中标示 Vertex 的 Y 坐标，调整结果分别如图 6-66b 和图 6-66d 所示。

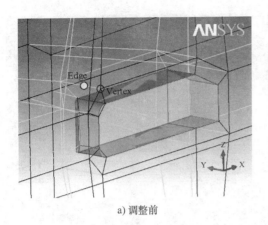
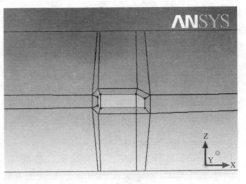

a) 调整前　　　　　　　　　　　　　　　　b) 调整后

图 6-63　在 XZ 平面调整 Vertex 位置

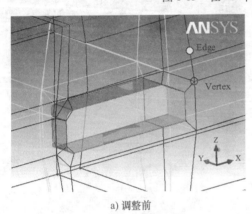
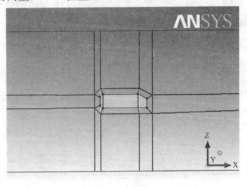

a) 调整前　　　　　　　　　　　　　　　　b) 调整后

图 6-64　在 XY 平面调整 Vertex 位置

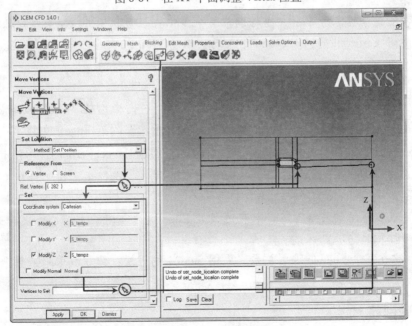

图 6-65　通过坐标调整 Vertex

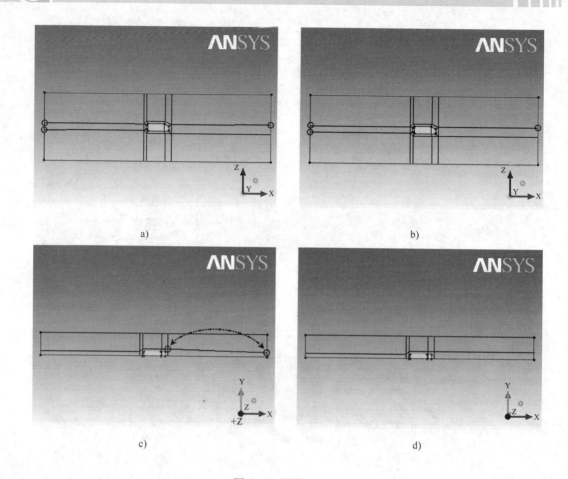

图 6-66   调整 Vertex

注意：本操作根据参考 Vertex 坐标调节其余 Vertex 位置。图 6-66a 中移动被调整 Vertex 的 Z 坐标与参考 Vertex 相同；图 6-66c 中移动被调整 Vertex 的 Y 坐标与参考 Vertex 相同。

6.3.4   建立映射关系

Step24   建立映射关系。首先调整 Block 的显示，右击模型树 Model→Blocking→Index Control，调整 O3 _ Min =1，其余采用默认设置，仅显示汽车附近 Edge。如图 6-67 所示，单击 Blocking 标签栏，在 Edit Associations 栏单击，勾选 Project vertices，单击 Edge 文本框后，选择主窗口中标示的 Edge；单击 Curve 文本框后，选择主窗口中标示 Curve，单击鼠标中键确定。

注意：生成二维结构网格时需将所有边线处 Edge 建立与对应 Curve 的映射关系，但是生成三维网格时无此要求。

Step25   建立其余 Edge 的映射关系。采用 Step24 的方法，建立汽车附近其余 Edge 的映射关系。

6.3.5   生成网格

（1）定义网格参数

Step26 定义 I_1 网格参数。如图 6-68 所示，单击 Blocking 标签栏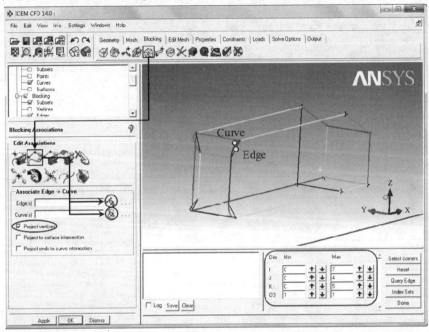，进入设置节点参数操作。在 Pre-Mesh Params 面板单击，然后单击 Edge 文本框后，选择主窗口 Edge（I_1），在 Nodes 文本框中定义网格节点数为 30，在 Mesh Law 下拉列表框中选择 BiGeometric，定义 Spacing 1 = 150、Ratio 1 = 1.2、Spacing 2 = 0，勾选 Copy Parameters，在 Method 下拉列表框中选择 To All Parallel Edges，单击 Apply 按钮确定。

图 6-67 建立映射关系

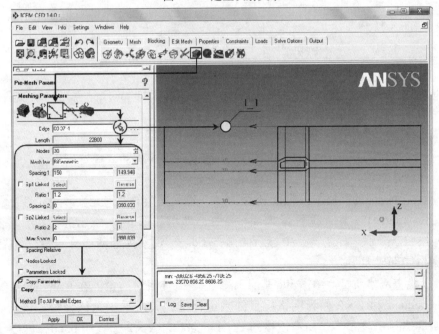

图 6-68 定义 I_1 网格参数

Step27　定义其余 Edge 网格参数。按照 Step26 的方法，参考图 6-69，使用表 6-3 中数据定义其余各条 Edge 的节点分布情况。

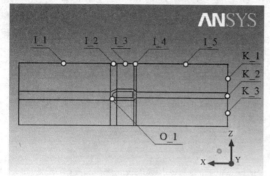
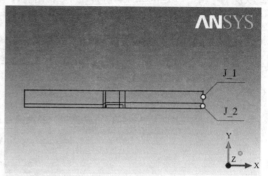

图 6-69　Edge 示意图

表 6-3　Edge 网格参数

Edge	Nodes	Mesh Law	Spacing1	Ratio 1	Spacing 2	Ratio 2
I _ 2	11	BiGeometric	0	—	0	—
I _ 3	32	BiGeometric	0	—	0	—
I _ 4	7	BiGeometric	0	—	0	—
I _ 5	30	BiGeometric	0	—	150	1. 2
J _ 1	11	BiGeometric	150	1. 2	0	—
J _ 2	9	BiGeometric	0	—	0	—
K _ 1	15	BiGeometric	150	1. 2	0	—
K _ 2	13	BiGeometric	0	—	0	—
K _ 3	15	BiGeometric	0	—	150	1. 2
O _ 1	31	Exponential2	0	—	0. 1	1. 2

Step28　保存 Block。选择 File→Blocking→Save Blocking As，保存当前块文件为 Car _ 3D. blk。

（2）生成网格

Step29　预览网格。勾选模型树 Model→Blocking→Pre-Mesh，预览网格生成情况，如图 6-70 所示。

Step30　观察内部的网格。首先仅显示 Edge，隐藏其余的几何元素和块元素；右击模型树 Model→Blocking→Pre-Mesh，选择 Scan planes，弹出如图 6-71 所示的面板，勾选 Solid，单击 Select 按钮。分别选择主窗口中标示的两条 Edge，观察内部网格分布情况，图 6-72 为汽车内部网格局部放大图。

Step31　检查网格质量。单击 Blocking 标签栏 🔳 检查网格质量。在 Criterion 下拉列表框中选择 Determinant 2 ×2 ×2 作为网格质量的判定标准，其余采用默认设置，单击 Apply 按钮，网格质量如图 6-73 所示，所有网格的 Determinant 2 ×2 ×2 值大于 0. 60，可以认为网格质量满足要求。

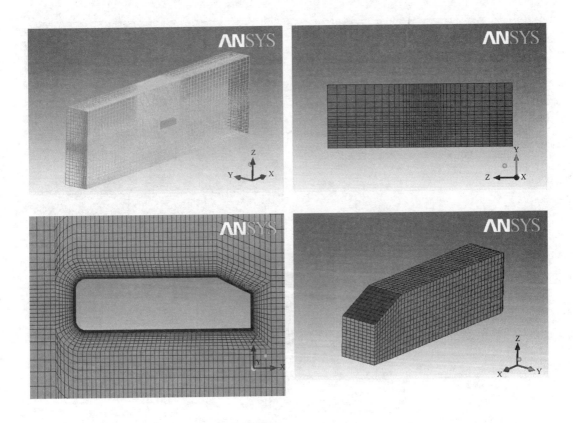

图 6-70 网格生成结果

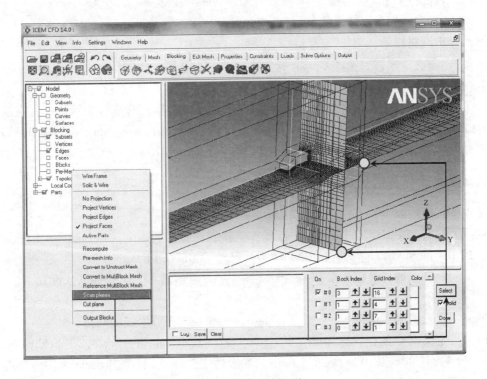

图 6-71 观察内部网格

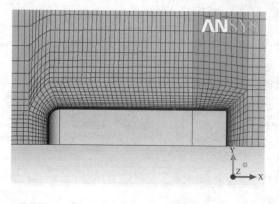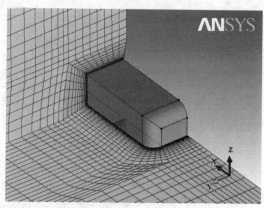

图 6-72　内部网格局部放大图

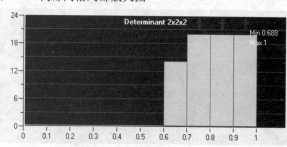

图 6-73　网格质量

　　Step32　保存网格。右击模型树 Model→Blocking→Pre-Mesh，选择 Convert to Unstruct Mesh，ICEM 将自动生成网格文件 hex. uns，并保存在工作目录下。

　　（3）导出网格

　　Step33　定义求解器。选择 Output 标签栏，单击 ⬛ 选择求解器。在 Output Solver 下拉列表框中选择 Fluent_V6，单击 Apply 按钮确定。

　　Step34　导出网格。在标签栏选择 Output，单击 ⬛，保存 FBC 文件为默认名，在随后弹出的窗口中选择 Step32 保存的 hex. uns。在弹出对话框的 Grid dimension 栏选中 3D，即输出三维网格；在 Output file 文本框内定义导出网格名为 Car_3D. msh，单击 Done 按钮完成。

6.3.6　数值计算及后处理

　　（1）读入网格

　　Step1　打开 FLUENT。进入 Windows 操作系统，在程序列表中选择 Start→All Program→ANSYS 14. 0→Fluid Dynamics→FLUENT 14. 0，启动 FLUENT 14. 0。

　　Step2　定义求解器参数。在 Dimension 栏选择 3D 求解器，其余选择默认设置，单击 OK 按钮。

　　Step3　读入网格。选择 File→Read→Mesh，选择 6. 3. 5 节生成的网格。

　　Step4　定义网格单位。选择 Problem Setup→General→Mesh→Scale，在 Scaling 栏选择 Convert Units，并在 Mesh Was Created In 下拉列表框中选择 mm，单击 Scale 将网格长度单位定义为 m，单击 Close 按钮关闭。

Step5 检查网格。选择 Problem Setup→General→Mesh→Check, Minimum Volume 应大于 0。

Step6 网格质量报告。选择 Problem Setup→General→Mesh→Report Quality, 查看网格质量详细报告。

Step7 显示网格。选择 Problem Setup→General→Mesh→Display, 在弹出 Mesh Display 面板的 Surface 栏内为边界名, 与 ICEM 中定义的 Part 名一一对应。单击 Display, 在 FLUENT 内显示网格。

（2）定义求解模型

Step8 定义求解器参数。选择 Problem Setup→General→Solve, 求解器参数采用默认设置, 选择三维基于压力稳态求解器。

Step9 定义能量方程。选择 Problem Setup→Models→Energy, 单击 Edit, 勾选 Energy Equation。

Step10 定义湍流模型。选择 Problem Setup→Models→Viscous-Laminar, 在弹出的 Viscous Model 面板勾选 Laminar 层流模型, 单击 OK 按钮关闭。

Step11 定义材料。选择 Problem Setup→Materials, 选择 Fluid 栏默认材料 air 并单击 Create/Edit, 在弹出对话框的 Density 下拉列表框中选择 ideal-gas, 单击 Change/Create 创建材料。

（3）定义边界条件

Step12 定义 FLUID 的材料。选择 Problem Setup→Cell Zone Conditions, 在 Zone 栏选择 fluid, 在 Type 下拉列表框中选择 fluid, 单击 Edit, 在弹出对话框的 Material Name 下拉列表框中选择 Step11 中定义的 air, 其余采用默认设置, 单击 OK 按钮确定。

Step13 定义边界条件。

1）定义入口。选择 Problem Setup→Boundary Conditions, 在 Zone 栏选择 in, 在 Type 下拉列表框中选择 velocity-inlet, 单击 Edit 弹出 Velocity Inlet 面板, 在 Velocity Specification Method 下拉列表框中选择 Magnitude/Normal to Boundary, 在 Reference Frame 下拉列表框中选择 Absolute, 在 Velocity Magnitude 栏定义入口速度为 15m/s; 在 Specification Method 下拉列表框中选择 Intensity and Viscosity Ratio, 并定义 Turbulent Intensity = 10%、Turbulent Viscosity Ratio = 10; 在 Thermal 标签栏定义 Temperature = 300K, 单击 OK 按钮确定。

2）定义出口。选择 Problem Setup→Boundary Conditions, 在 Zone 栏选择 out, 在 Type 下拉列表框中选择 pressure-outlet, 单击 Edit 弹出 Pressure Outlet 面板。定义 Gauge Pressure = 0 Pa; 在 Specification Method 下拉列表框中选择 Intensity and Viscosity Ratio, 并定义 Turbulent Intensity = 10%、Turbulent Viscosity Ratio = 10; 在 Thermal 标签栏定义 Backflow Total Temperature = 300K, 单击 OK 按钮确定。

3）定义对称面。选择 Problem Setup→Boundary Conditions, 在 Zone 栏选择 sym, 在 Type 下拉列表框中选择 symmetry, 单击 Edit, 采用默认设置, 单击 OK 按钮确定。

4）定义汽车表面。选择 Problem Setup→Boundary Conditions, 在 Zone 栏选择 car, 在 Type 下拉列表框中选择 wall, 单击 Edit 弹出 Wall 面板, 采用默认设置, 单击 OK 按钮确定。

5）采用4）中方法定义壁面（wall）。

（4）初始化和计算

Step14　定义求解器控制参数。选择 Solution→Solution Method，在 Pressure-Velocity Coupling Scheme 栏选择 SIMPLE，其余采用默认设置。

Step15　定义松弛因子。选择 Solution→Solution Controls，采用默认设置。

Step16　定义监视器。选择 Solution→Monitors，选择 Residuals-Print，单击 Edit 定义各项残差值为 1×10^{-6}，单击 OK 按钮确定；在 Surface Monitors 栏单击 Create，在 Surface Monitor 面板勾选 Plot，在 Report Type 下拉列表框中选择 Area-Weight Average，在 Field Variable 栏选择 Static Pressure，在 Surfaces 栏选择 car，监测计算过程中汽车表面静压变化情况，单击 OK 按钮确定。

Step17　初始化流场。选择 Solution→Solution Initialization，在 Initialization Method 栏选择 Hybrid Initialization，单击 Initialize 初始化流场。

Step18　迭代计算。选择 Solution→Run Calculation，在 Number of Iterations 栏输入 1500 定义最大求解步数，单击 Calculate 开始计算。

Step19　计算结果。计算过程中残差和汽车表面压力变化曲线如图 6-74 和图 6-75 所示。计算结果如图 6-76 所示。结果显示生成网格满足数值计算需求。

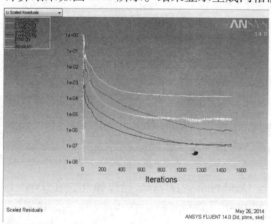
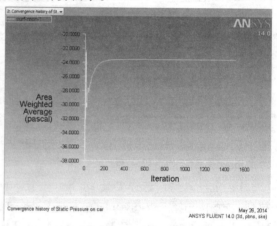

图 6-74　残差变化曲线　　　　　　　　　　图 6-75　汽车表面压力变化曲线

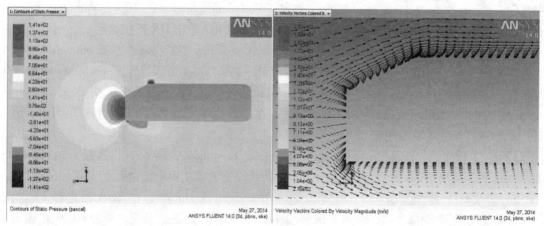

a) 对称面压力情况　　　　　　　　　　　　b) 对称面流动情况

图 6-76　计算结果

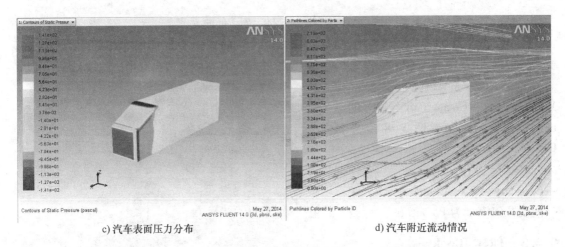

c) 汽车表面压力分布   d) 汽车附近流动情况

图 6-76　计算结果（续）

6.4　三维结构网格生成实例 3——多孔介质

6.4.1　问题描述与分析

多孔介质具有密度小、比表面积大、对流体强烈的掺混能力等优点，对多孔介质内流动换热规律的深入研究对我国能源利用及经济建设具有重要意义。本文以多孔介质内流动为例（见图 6-77），讲解三维结构网格生成方法，读者在学习过程中应掌握以下知识点：a）Block 分析方法；b）创建外流场方法；c）内部 O-Block 生成方法；d）多域结构网格问题。

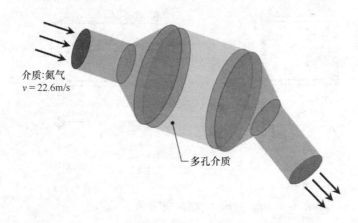

介质:氮气
$v = 22.6\text{m/s}$

多孔介质

图 6-77　多孔介质流动

6.4.2　修改几何模型

Step1　选择 File→Change Working Dir，定义工作目录。将光盘中"几何文件/第 6 章/6.4"文件夹下 Porous. Stp 文件复制到工作目录。

Step2　打开几何模型。选择 File→Import Geometry→STEP/IGES，选择 Porous. stp。

Step3　删除原有几何模型的点/线元素。单击 Geometry 标签栏，分别单击 ✖ 和 ✘，在主窗口依次选择所有点元素和线元素并删除，仅保留原有面元素。

Step4　建立拓扑。单击 Geometry 标签栏![icon]，在 Repair Geometry 面板单击![icon]，在 Tolerance 文本框中输入 2，其余采用默认设置，单击 Apply 按钮，观察主窗口自动生成的点和线。

Step5　创建 Part。右击模型树 Model→Parts→Create Part，弹出创建 Part 操作面板，参考图 6-78 定义各 Part 包含的几何元素。

Step6　保存几何文件。选择 File →Geometry→Save Geometry As，保存当前的几何模型为 Porous. tin。

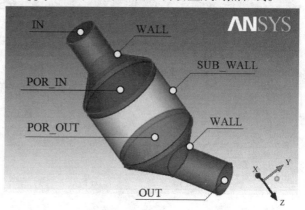

6.4.3　创建 Block

（1）分析 Block 生成策略

Step7　分析模型几何特点，X 方向视图集中体现了多孔介质模型的轮

图 6-78　定义 Part 参考

廓。如图 6-79 所示，首先初始化 Block，然后沿 P_B ~ P_G 逐次划分 Block；为了提高圆弧处网格质量，生成内部 O-Block；最后为区分不同的计算域，创建不同的 Part 存放不同计算域的 Block。接下来按照此思路生成 Block。

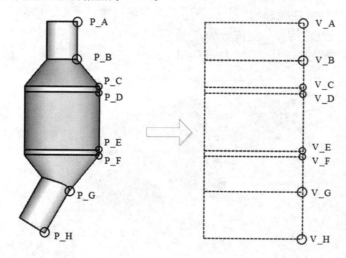

图 6-79　Block 生成策略

（2）创建 Block

Step8　初始化 Block。如图 6-80 所示，单击 Blocking 标签栏![icon]，弹出 Create Block 面板。在 Part 栏定义 Block 的名称为 FLUID，单击![icon]，在 Type 下拉列表框中定义 Block 类型为 3D Bounding Box，勾选 Initialize with setting，然后单击 Apply 按钮，在主窗口创建初始 Block。

（3）划分 Block

Step9　沿 Z 方向划分 Block。如图 6-81a 所示，单击 Blocking 标签栏![icon]，弹出 Split Block 面板。单击![icon]，在 Block Select 栏选中 Visible，在 Split Method 下拉列表框中选择 Prescribed point，单击 Edge 文本框后 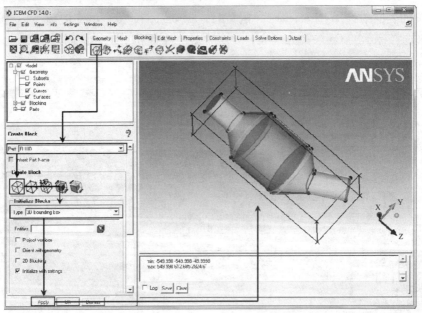，在主窗口选择 Edge，单击 ，依次选择图 6-81b 中标示 Point。Block 划分结果如图 6-81c 所示。

图 6-80　初始化 Block

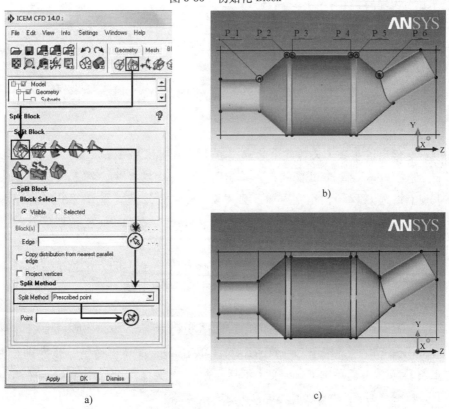

a)

b)

c)

图 6-81　沿 Z 方向划分 Block

（4）建立 Vertex 到 Point 的映射

Step10　创建辅助 Point。单击 Geometry 标签栏 ，在 Create Point 面板单击 ，在 Method 下拉列表框中选择 Parameters 并定义 Parameter（s）为 "0. 25 0. 75"；单击 ，在主窗口中依次选择标示的 Curve，分别在 Curve 的 1/4 位置和 3/4 位置创建辅助点，结果如图 6-82 所示。

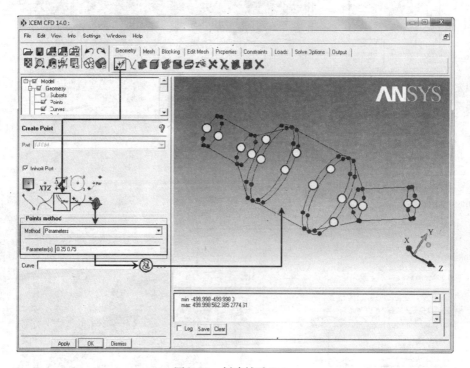

图 6-82　创建辅助 Point

注意：本操作通过参数定义曲线上的点，用于准确调整 Vertex 位置。

Step11　建立 Vertex 到 Point 的映射。单击 Blocking 标签栏 ，在 Edit Associations 栏单击 ，在 Entity 栏选中 Point，建立 Vertex 到 Point 的映射关系。参考图 6-83 标示的对应关系，单击 Vertex 文本框后 ，选择主窗口中标示 Vertex，单击 Point 文本框后 ，选择主窗口中标示 Point，单击鼠标中键确定，调整结果如图 6-83 所示。

Step12　定义其余 Vertex 到 Point 的映射关系。采用 Step11 的方法依次建立各 Vertex 到 Point 的映射关系，调整 Vertex 的位置，结果对比如图 6-84 所示。

（5）建立 Edge 到 Curve 的映射

Step13　建立 Edge 与 Curve 的映射关系。如图 6-85 所示，单击 Blocking 标签栏 ，在 Edit Associations 栏单击 ，勾选 Project vertices，单击 Edge 文本框后 ，依次选择主窗口中 ○ 标示的 4 条 Edge；然后单击 Curve 文本框后 ，依次选择主窗口中 □ 标示的两条 Curve，单击鼠标中键确定，建立 Edge 到 Curve 的映射关系。

Step14　建立其余 Edge 的映射关系。采用 Step13 的方法，建立其余 Edge 的映射关系，结果如图 6-86 所示。

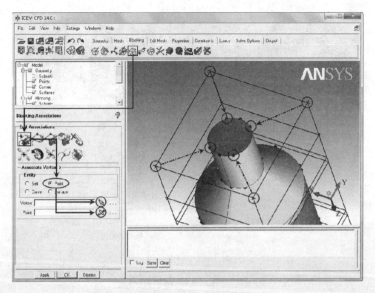

图 6-83　调整 Vertex

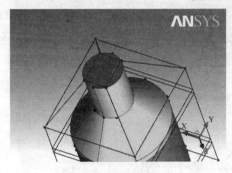

a) 调整前

b) 调整后

图 6-84　Vertex 调整结果

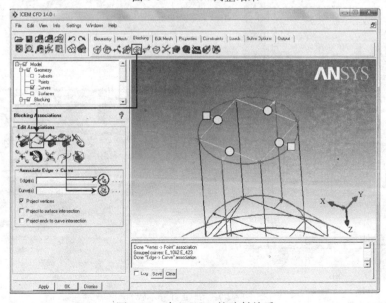

图 6-85　建立 Edge 的映射关系

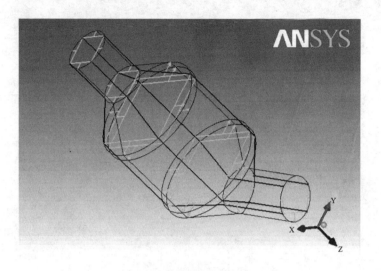

图 6-86　Edge 映射结果

（6）创建 O-Block

Step15　创建 O-Block。如图 6-87a 所示，单击 Blocking 标签栏，在 Split Block 面板单击；单击 Select Block（s）栏，在主窗口选择所有 Block；单击 Select Face（s）栏，在主窗口选择图 6-87b 中标示 Face；在 Offset 文本框中输入 1，单击 Apply 按钮创建 O-Block，结果如图 6-87c 所示。

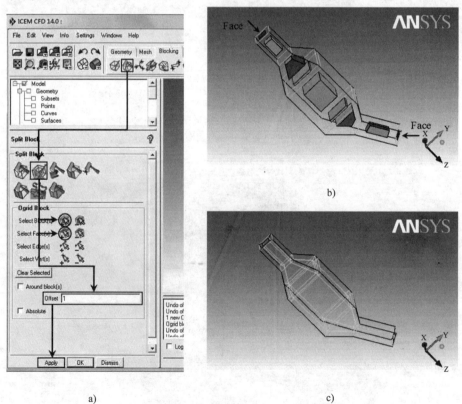

图 6-87　创建 O-Block

注意：通过创建 O-Block 提高曲线处网格质量。

（7）定义多孔介质对应的 Block

Step16　调节 Block 的显示。右击模型树 Model→Blocking→Index Control，单击的 ⬆ 和 ⬇ 调整 K _ Min = 4、K _ Max = 5，此时主窗口仅显示部分 Block。

Step17　定义多孔介质对应的 Block。如图 6-88 所示，右击模型树 Model→Parts→Create Part，弹出创建 Part 的面板；在 Part 下拉列表框中输入 POROUS 作为多孔介质对应 Block 的名称；单击 📦，然后单击 Blocks 文本框后 📦，在 Select Blocking-block 面板单击 🔘，选择所有当前可见的 Block，单击鼠标中键确定。最初创建的 Block 一部分继续从属于 FLUID，一部分将从属于 POROUS，两部分颜色不同。

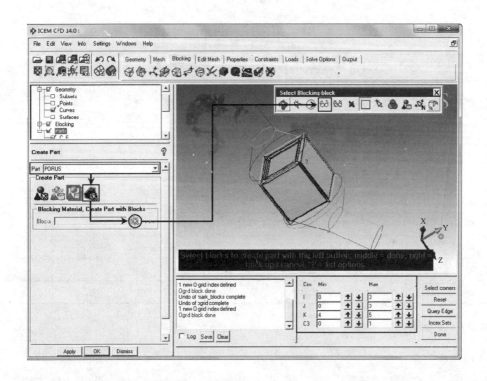

图 6-88　定义多孔介质对应的 Block

注意：本问题为多域网格问题，计算域中同时包含多孔介质计算域和非多孔介质计算域，为了区分两种不同计算域，需将从属于不同计算域的 Block 归入不同的 Part。

（8）定义网格参数

Step18　定义网格参数。单击 Blocking 标签栏 📦，进入设置节点参数操作。参考图 6-89 和表 6-4 完成网格尺寸定义工作。

Step19　保存 Block。选择 File→Blocking→Save Blocking As，保存当前块文件为 Porous. blk。

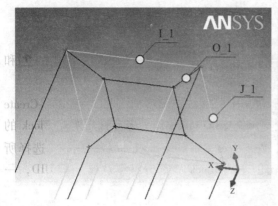
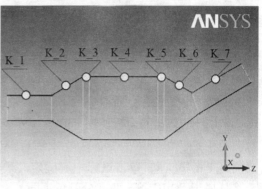

图 6-89　Edge 定义

表 6-4　网 格 参 数

Edge	Nodes	Mesh Law	Spacing1	Ratio 1	Spacing 2	Ratio 2
I _ 1	16	BiGeometric	0	—	0	—
J _ 1	16	BiGeometric	0	—	0	—
K _ 1	16	BiGeometric	0	—	0	—
K _ 2	16	BiGeometric	0	—	0	—
K _ 3	4	BiGeometric	0	—	0	—
K _ 4	26	BiGeometric	0	—	0	—
K _ 5	4	BiGeometric	0	—	0	—
K _ 6	16	BiGeometric	0	—	0	—
K _ 7	21	BiGeometric	0	—	0	—
O _ 1	16	Exponential1	0. 5	1. 2	0	—

6. 4. 4　生成网格

（1）生成网格

Step20　生成网格。勾选模型树 Model→Blocking→Pre-Mesh，预览网格生成情况，如图 6-90 所示。

Step21　观察内部的网格。首先仅显示 Edge，隐藏其余的几何元素和块元素；右击模型树 Model→Blocking→Pre-Mesh，选择 Scan planes，在弹出面板中勾选 Solid，单击 Select，选择图 6-91 标示的 Edge，观察内部网格分布情况。

Step22　检查网格质量。单击 Blocking 标签栏 检查网格质量。在 Criterion 下拉列表框中分别选择 Determinant $2 \times 2 \times 2$ 作为网格质量的判定标准，其余采用默认设置，单击 Apply 按钮，网格质量如图 6-92 所示，所有网格的 Determinant $2 \times 2 \times 2$ 值大于 0. 40，可以认为网格质量满足要求。

Step23　保存网格。右击模型树 Model→Blocking→Pre-Mesh，选择 Convert to Unstruct Mesh，ICEM 将自动生成网格文件 hex. uns，并保存在工作目录下。

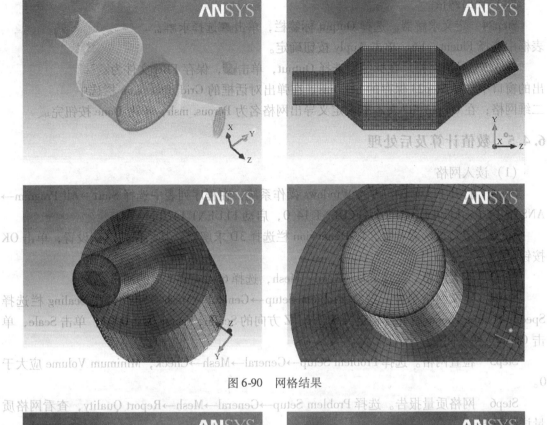

图 6-90 网格结果

图 6-91 观察内部网格

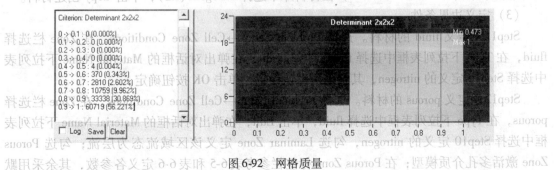

图 6-92 网格质量

（2）导出网格

Step24　定义求解器。选择 Output 标签栏，单击█选择求解器。在 Output Solver 下拉列表框中选择 Fluent _ V6，单击 Apply 按钮确定。

Step25　导出网格。在标签栏选择 Output，单击█，保存 FBC 文件为默认名，在随后弹出的窗口中选择 Step23 保存的 hex. uns。在弹出对话框的 Grid dimension 栏选中 3D，即输出二维网格；在 Output file 文本框内定义导出网格名为 Porous. msh，单击 Done 按钮完成。

6.4.5　数值计算及后处理

（1）读入网格

Step1　打开 FLUENT。进入 Windows 操作系统，在程序列表中选择 Start→All Program→ANSYS 14. 0→Fluid Dynamics→FLUENT 14. 0，启动 FLUENT 14. 0。

Step2　定义求解器参数。在 Dimension 栏选择 3D 求解器，其余保持默认设置，单击 OK 按钮。

Step3　读入网格。选择 File→Read→Mesh，选择 6. 4. 4 节生成的网格。

Step4　定义网格单位。选择 Problem Setup→General→Mesh→Scale，在 Scaling 栏选择 Specify Scaling Factors，并分别定义 X、Y、Z 方向的 Scaling Factor 为 0. 0001，单击 Scale，单击 Close 按钮关闭。

Step5　检查网格。选择 Problem Setup→General→Mesh→Check，Minimum Volume 应大于 0。

Step6　网格质量报告。选择 Problem Setup→General→Mesh→Report Quality，查看网格质量详细报告。

Step7　显示网格。选择 Problem Setup→General→Mesh→Display，在弹出 Mesh Display 面板的 Surface 栏内为边界名，与 ICEM 中定义的 Part 名一一对应。单击 Display，在 FLUENT 内显示网格。

（2）定义求解模型

Step8　定义求解器参数。选择 Problem Setup→General→Solve，求解器参数采用默认设置，选择三维基于压力稳态求解器。

Step9　定义湍流模型。选择 Problem Setup→Models→Viscous-Laminar，在弹出的 Viscous Model 面板中勾选 k-epsilon 湍流模型，单击 OK 按钮关闭。

Step10　定义材料。选择 Problem Setup→Materials，选择 Fluid 并单击 Create/Edit，在弹出对话框中单击 FLUENT Database，在材料库中选择 nitrogen（n2），单击 Copy 创建材料。

（3）定义边界条件

Step11　定义 fluid 的材料。选择 Problem Setup→Cell Zone Conditions，在 Zone 栏选择 fluid，在 Type 下拉列表框中选择 fluid，单击 Edit，在弹出对话框的 Material Name 下拉列表中选择 Step10 定义的 nitrogen，其余采用默认设置，单击 OK 按钮确定。

Step12　定义 porous 的材料。选择 Problem Setup→Cell Zone Conditions，在 Zone 栏选择 porous，在 Type 下拉列表框中选择 fluid，单击 Edit，在弹出对话框的 Material Name 下拉列表框中选择 Step10 定义的 nitrogen，勾选 Laminar Zone 定义该区域流态为层流；勾选 Porous Zone 激活多孔介质模型；在 Porous Zone 标签栏参考表 6-5 和表 6-6 定义各参数，其余采用默

认设置，单击 OK 按钮确定。

<table>
<tr><td colspan="4">表6-5 多孔介质材料参数1</td></tr>
<tr><td></td><td>X</td><td>Y</td><td>Z</td></tr>
<tr><td>Direction-1 Vector</td><td>0</td><td>0</td><td>1</td></tr>
<tr><td>Direction-2 Vector</td><td>1</td><td>0</td><td>0</td></tr>
</table>

<table>
<tr><td colspan="4">表6-6 多孔介质材料参数2</td></tr>
<tr><td></td><td>Direction-1</td><td>Direction-2</td><td>Direction-3</td></tr>
<tr><td>Viscous Resistance</td><td>3.846e10</td><td>3.846e10</td><td>3.846e7</td></tr>
<tr><td>Inertial Resistance</td><td>20414</td><td>20414</td><td>20.414</td></tr>
</table>

Step13 定义边界条件。

1）定义入口。选择 Problem Setup→Boundary Conditions，在 Zone 栏选择 in，在 Type 下拉列表框中选择 velocity-inlet，单击 Edit 弹出 Velocity Inlet 面板，在 Velocity Specification Method 下拉列表框中选择 Magnitude/Normal to Boundary，在 Reference Frame 下拉列表框中选择 Absolute，在 Velocity Magnitude 栏定义入口速度为 22.6m/s；在 Specification Method 下拉列表框中选择 Intensity and Hydraulic Diameter，并定义 Turbulent Intensity = 10%、Hydraulic Diameter = 42mm，单击 OK 按钮确定。

2）定义出口。选择 Problem Setup→Boundary Conditions，在 Zone 栏选择 out，在 Type 下拉列表框中选择 pressure-outlet，单击 Edit 弹出 Pressure Outlet 面板。定义 Gauge Pressure = 0 Pa；在 Specification Method 下拉列表框中选择 Intensity and Hydraulic Diameter，并定义 Turbulent Intensity = 5%、Hydraulic Diameter = 42mm，单击 OK 按钮确定。

3）定义交接面。选择 Problem Setup→Boundary Conditions，在 Zone 栏选择 por_in，在 Type 下拉列表框中选择 interior，弹出对话框询问是否将边界条件由 wall（壁面）变为 interior（交接面），单击 Yes 按钮确定；此时 por_in-shadow 将自动消失；采用相同方法定义 por_out-shadow 边界类型为 interior，结果如图 6-93 所示。

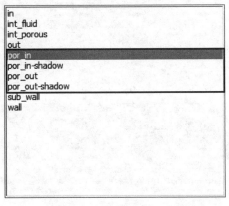
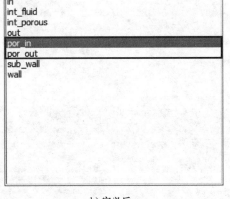

a) 定义前   b) 定义后

图6-93 定义交接面

注意：多孔介质计算域（POROUS）和非多孔介质计算域（FLUID）生成网格时均使用了名为 pro_in 的边界，因此当计算网格导入 FLUENT 后 pro_in 边界会被分割为 pro_in 和 pro_in-shadow，其中一个从属于多孔介质域，一个从属非多孔介质域。pro_out 边界亦是如此。

4）定义壁面。选择 Problem Setup→Boundary Conditions，在 Zone 栏选择 wall，在 Type 下拉列表框中选择 wall，单击 Edit 采用默认设置。

（4）初始化和计算

Step14　定义求解器控制参数。选择 Solution→Solution Method，在 Pressure-Velocity Coupling Scheme 栏选择 Coupled，其余采用默认设置。

Step15　定义松弛因子。选择 Solution→Solution Controls，采用默认设置。

Step16　定义监视器。选择 Solution→Monitors，选择 Residuals-Print，单击 Edit 定义各项残差值为 1×10^{-6}，单击 OK 按钮确定；在 Surface Monitors 栏单击 Create，在 Surface Monitor 面板勾选 Plot，在 Report Type 下拉列表框中选择 Mass Flow Rate，在 Surfaces 栏选择 out，监测计算过程中出口处流量变化情况，单击 OK 按钮确定。

Step17　初始化流场。选择 Solution→Solution Initialization，在 Initialization Method 栏选择 Hybrid Initialization，单击 Initialize 初始化流场。

Step18　迭代计算。选择 Solution→Run Calculation，在 Number of Iterations 栏输入 200 定义最大求解步数，单击 Calculate 开始计算。

Step19　计算结果。计算过程中残差和出口流量变化曲线如图 6-94 和图 6-95 所示。计算结果如 6-96 所示，结果显示生成网格满足数值计算需求。

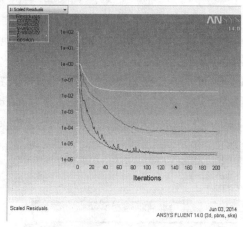
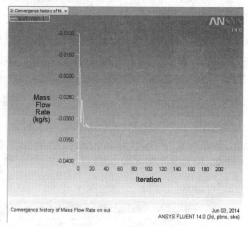

图 6-94　残差变化　　　　　　　　　　　　　　图 6-95　出口流量变化

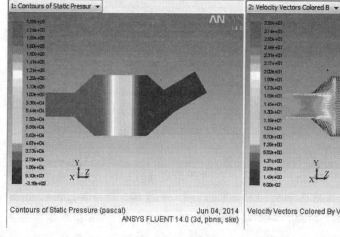
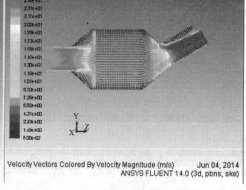

a) 压力分布　　　　　　　　　　　　　　　　b) 流动情况

图 6-96　计算结果

本　章　小　结

　　本章主要介绍了三维结构网格的生成方法。三维结构网格的生成方法和思路与二维相同，但是复杂度较高，主要体现在分析拓扑结构、移动 Vertex 和调整网格等方面。希望读者在学习过程中体会方法，总结经验。

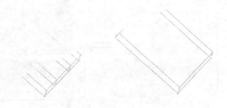

第7章
Block 创建策略

生成结构网格是本书讲解的重点，而创建合适的 Block 是生成结构网格最基础和重要的一环，本章着重讲述生成 Block 的方法和基本操作。

知识要点：

➢ 两种 Block 生成方法
➢ O-Block 的使用及变形
➢ Block 的坍塌

7.1 自下而上生成 Block 的方法

ICEM 生成 Block 的方法大体上有两种：自上而下，这种方法类似雕塑，从一块大石头开始（整体 Block）→一步步雕塑（划分 Block）→删除无用部分（删除 Block）→最后获得一座完美的雕塑（拓扑结构），要求操作者有较好的全局意识，在工作前有清晰的构图；自下而上，这种方法类似于建造房屋，使用一块块砖（Block）砌成所需的建筑（拓扑结构）。

第 5 章和第 6 章内容详细讲解了自上而下创建 Block 的方法，因此本节重点讲解自下而上创建拓扑结构的方法。

7.1.1 自下而上创建 Block 实例

以弯管模型为例，比较两种不同的 Block 生成方法。本书 6.1 节采用自上而下的方法创建 Block，基本过程如图 7-1 所示；本节将采用自下而上的方法创建 Block，基本思路如图 7-2 所示。

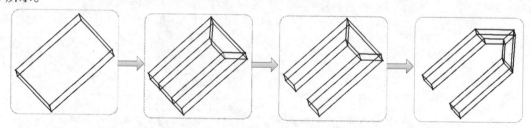

图 7-1 自上而下创建 Block

（1）读入几何模型

Step1 设定工作目录。选择 File→Change Working Dir，定义工作目录。将光盘中"几何文件/第 7 章/7.1/7.1.1"文件夹下的 Pipe_3D.tin 文件复制到工作目录下。

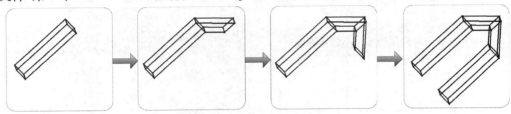

图 7-2　自下而上创建 Block

Step2　打开几何模型。选择 File→Geometry→Open Geometry，打开 Pipe_3D.tin。

（2）创建 Block

Step3　初始化 Block。如图 7-3a 所示，单击 Blocking 标签栏▧，弹出 Create Block 面板，在 Part 下拉列表框中定义 Block 的名称为 FLUID；单击▧，在 Type 下拉列表框中定义 Block 类型为 3D Bounding Box；单击 Entities 文本框右侧的▧按钮，然后在主窗口选择图 7-3b 标示的 Curve 初始化 Block，结果如图 7-3c 所示。

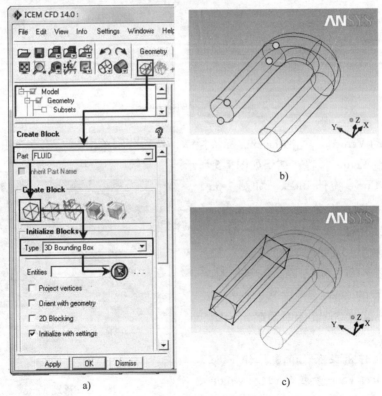

图 7-3　创建 Block

Step4　手动拉伸创建 Block。如图 7-4a 所示，单击 Blocking 标签栏▧，单击▧，在 Method 下拉列表框中选择 Interactive，单击 Select Face（s）栏▧选择图 7-4b 标示的 Face，按住鼠标中键拖动至合适位置，单击鼠标中键确定，结果如图 7-4c 所示。

注意：该操作通过交互式方法（Interactive）拉伸 Face 为 Block，在拉伸过程中使用鼠标确定拉伸长度，拉伸方向为 Face 的法线方向。

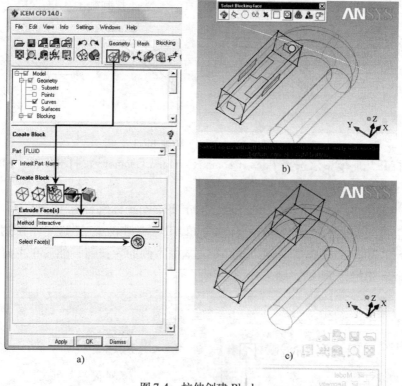

图 7-4　拉伸创建 Block

Step5　移动 Vertex。单击 Blocking 标签栏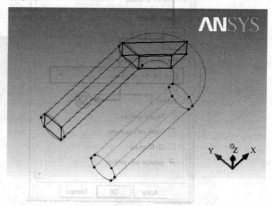，然后分别单击，建立 Vertex 和 Point 的映射关系以调整 Vertex 位置，结果如图 7-5 所示。

Step6　沿 Curve 拉伸 Block。如图 7-6a 所示，单击 Blocking 标签栏，单击，在 Method 下拉列表框中选择 Extrude Along Curve；在 Number of Layers 文本框中输入 1；单击，选择图 7-6b 标示的 Face，单击，选择图 7-6b 标示的 Curve，单击，选择图 7-6b 标示的 Point，单击鼠标中键确定，结果如图 7-6c 所示。

注意：该操作沿某条 Curve 拉伸 Face 创建 Block。Select Face 为拉伸面，Extrude Along Curve 确定 Block 的拉伸方向，End Point 确定拉伸的终点位置，Number of Layers 表示拉伸过程中生成 Block 的个数。

图 7-5　移动 Vertex

Step7　定义距离拉伸 Block。如图 7-7a 所示，单击 Blocking 标签栏，单击，在 Method 下拉列表框中选择 Fixed distance，单击 Select Face（s）栏，选择图 7-7b 标示的 Face，在 Distance 文本框中输入 5000，单击 Apply 按钮，创建 Block 如图 7-7c 所示。

注意：该方法通过定义 Face 的拉伸距离创建 Block。

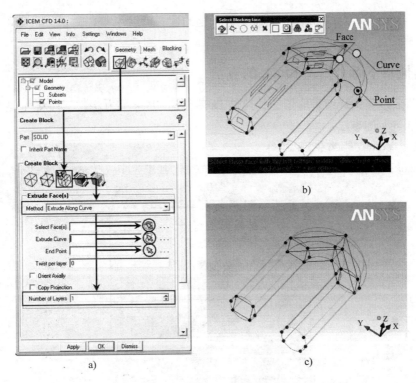

图 7-6　沿 Curve 拉伸 Block

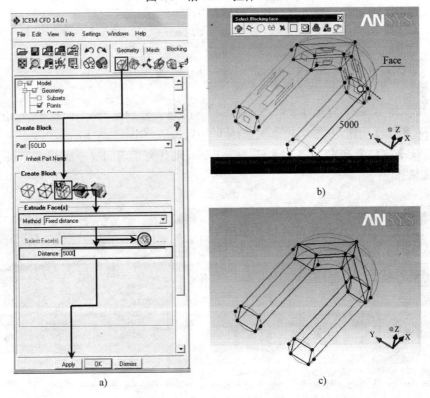

图 7-7　定义距离拉伸 Block

Step8　至此完成 Block 的创建工作。感兴趣的读者可以参考 6.2 节，生成网格，观察网格分布和质量。

7.1.2　其他自下而上生成 Block 的方法

7.1.1 节通过实例详细讲解了三种拉伸 Face 创建 Block 的方法，下面将简要介绍其他自下而上生成 Block 的方法。

（1）基于 Vertex/Face 生成 Block

单击 Blocking 标签栏，如图 7-8 所示，单击基于 Vertex/Face 创建 Block。

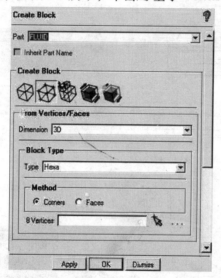

图 7-8　基于 Vertex/Face 生成 Block

1）生成二维 Block。在图 7-8 的 Dimension 下拉列表框中选择 2D，在 Type 下拉列表框中选择 Mapped，参考图 7-9 按顺序依次选择 4 个 Vertex，创建二维 Block。

注意：读者可将光盘中“第 7 章/7.1/7.1.2”文件夹下 Vertex _ 1. tin 和 Vertex _ 1. blk 打开练习该操作。

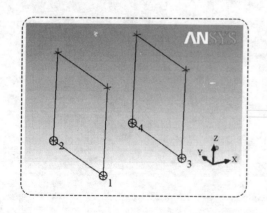
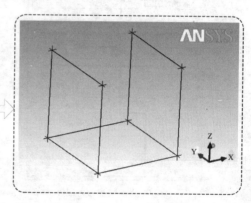

图 7-9　基于 Vertex 创建 2D-Block

2）生成三维 Block。在图 7-8 的 Dimension 下拉列表框中选择 3D；在 Block Type 下拉列表框中选择 Hexa。若基于 Vertex 生成 Block，则在 Method 栏勾选 Corners，参考图 7-10a 中顺序选择 Vertex；若基于 Face 生成 Block，则在 Method 栏勾选 Faces，参考图 7-10b 选择 Face，最后创建结果如图 7-10c 所示。

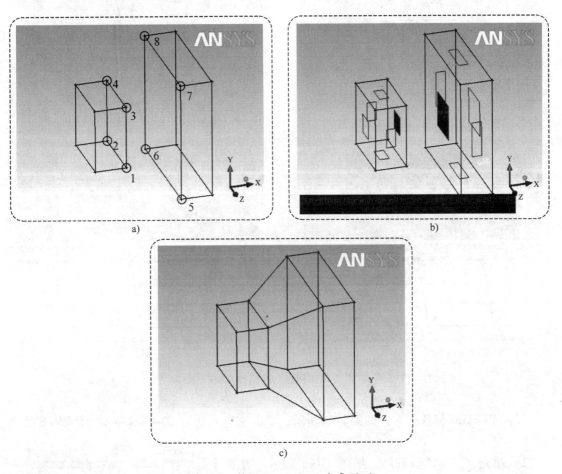

图 7-10　基于 Vertex/Face 生成 Block

注意：读者可以将光盘中"几何文件/第 7 章/7.1/7.1.2"文件夹下 Vertex _ 2. tin 和 Vertex _ 2. blk 打开练习该操作。

3）生成三维 Y-Block。在 Dimension 下拉列表框中选择 3D；在 Block Type 下拉列表框中选择 Quarter-O-Block，参考图 7-11a，按顺序依次选择 Vertex，生成 Block 如图 7-11b 所示。

注意：读者可将光盘中"几何文件/第 7 章/7.1/7.1.2"文件夹下 Vertex _ 3. tin 和 Vertex _ 3. blk 打开练习该操作。

4）生成三维扫掠 Block。在 Dimension 下拉列表框中选择 3D；在 Block Type 下拉列表框中选择 Swept，参考图 7-12a，按顺序依次选择 Vertex，生成 Block，如图 7-12b 所示。

（2）将 2D-Block 转变为 3D-Block

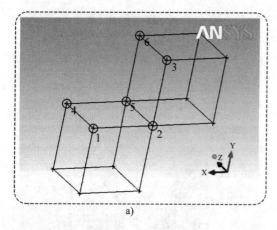 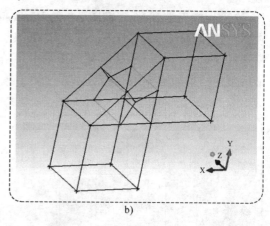

a)   b)

图 7-11　创建 Y-Block

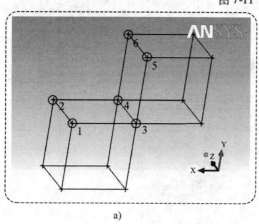 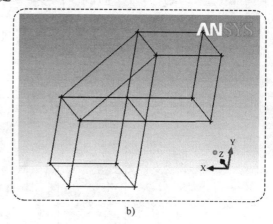

a)   b)

图 7-12　创建三维扫掠 Block

单击 Blocking 标签栏，如图 7-13 所示，单击 进入基于 2D-Block 创建 3D-Block 的操作。

1）填充（MultiZoneFill）。如图 7-14a 所示，有 6 个 2D-Block，在图 7-13 所示的 Method 下拉列表框中选择 MultiZoneFill；取消勾选 Create Ogrid around faces；在 Method 下拉列表框中选择 Simple，单击 Apply 按钮，即根据 6 个封闭的 2D-Block 生成 3D-Block，如图 7-14b 所示。

若勾选 Create Ogrid around faces，在 Surface Parts 栏选择图 7-15a 所示 Surface，定义 Offset distance = 0.2，单击 Apply 按钮，生成图 7-15b 所示的 O-Block。

注意：读者可以打开光盘中 "几何文件第 7 章/7.1/7.1.2" 文件夹下 2D_3D_Fill.tin 和 2D_3D_Fill.blk 练习该操作。

2）拉伸（Translate）。操作前，ICEM 已创建二维 Block，在 Method 下拉列表框中选择 Translate，定义拉伸

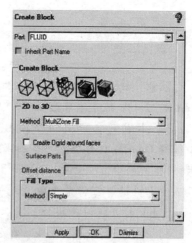

图 7-13　基于 2D-Blcok 创建 3D-Block

参数 X Distance = 1、Y Distance = 1、Z Distance = 1.5，单击 Apply 按钮生成 3D-Block，如图 7-16 所示。

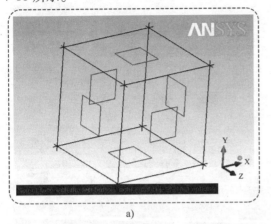
a)

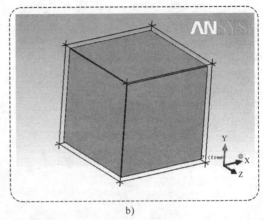
b)

图 7-14　填充创建 3D-Block

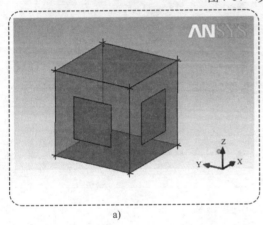
a)

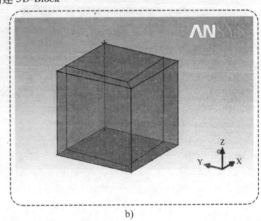
b)

图 7-15　2D-Block 创建 3D O-Block

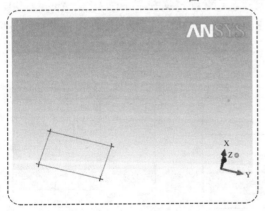

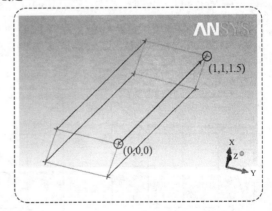

图 7-16　拉伸生成 3D-Block

注意：读者可以打开光盘中"几何文件/第 7 章/7.1/7.1.2"文件夹下 2D＿3D＿Translate.tin 和 2D＿3D＿Translate.blk 练习该操作。

3）旋转（Rotate）。打开光盘中"几何文件/第 7 章/7.1/7.1.2"文件夹下 2D＿3D＿

Rotate. tin 和 2D＿3D＿Rotate. blk，勾选模型树 Model→Blocking→Pre-Mesh，观察几何模型、Block 及初始网格，如图 7-17 所示。

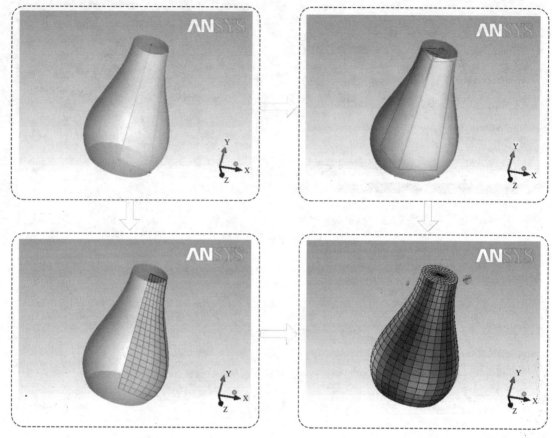

图 7-17　旋转生成 3D-Block

在 Method 下拉列表框中选择 Rotate，以中心线上两点定义旋转轴；定义 Angle＝90，Number of copies＝4、Point per copy＝11，即 2D-Block 每旋转 90°创建一个 3D-Block，共创建 4 个 3D-Block，每个 3D-Block 沿旋转方向 Edge 的节点数为 11，Block 和网格生成结果如图 7-18 所示。

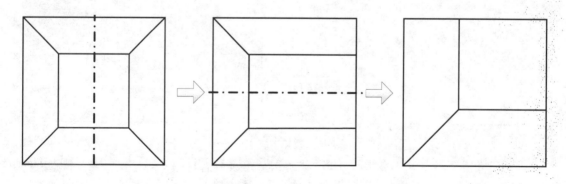

图 7-18　O-Block 基本构造

注意：Angle 定义创建 Block 旋转的角度；Number of copies 定义生成 3D-Block 的个数；Point per copy 定义新生成每个 3D-Block 的周向节点数。

7.2　O-Block

7.2.1　O-Block 概述

结构网格按照拓扑特征情况可以分为 H 型网格和 O 型网格，常见的 C 型网格/Y（L）型网格是 O 型网格的变形。ICEM 中的结构网格依托 Block 生成，O-Block 是指通过一次操作创建的一系列 Block，内部 Edge 排列成 O 形或相似形状。本节将着重讲解 O-Block 及其变形（C-Block、Y/L-Block）的生成方法与适用情况。

O-Block 有三种常见的构造形式：a）O-Block；b）C-Block，即 O-Block 的 1/2；c）Y（L）-Block，即 O-Block 的 1/4，C-Block 的 1/2。三种构造形式如图 7-18 所示。

O-Block 可以较好地解决圆弧或其他复杂形状 Block 顶点处网格的扭曲，同时能在近壁面处生成理想的边界层网格，如图 7-19 所示。

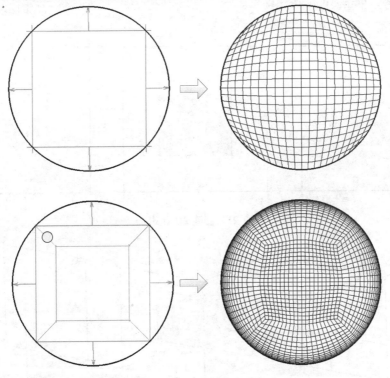

图 7-19　O-Block 的特点

7.2.2　ICEM 创建 O-Block 的方法

单击 Blocking 标签栏，在弹出的对话框中单击创建 O-Block，如图 7-20 所示。其中、、和分别用于选择 Block、Face、Edge 和 Vertex；、、和分别用于移除已选择的 Block、Face、Edge 和 Vertex；勾选 Around Block 将在选中 Block 的外部生成 O-

Block，否则在选中 Block 的内部生成 O-Block；Offset 表示图 7-19 中标示 Edge 的长度，若未勾选 Absolute 则输入值为 0 ~ 1 的相对值，若勾选 Absolute 则 Offset 为绝对长度。

1）创建 O-Block。对于二维和三维问题，单击并选择 Block，单击 Apply 按钮即可，如图 7-21 和图 7-22 所示。

2）创建 C-Block。对于二维问题，单击选择 Block，单击选择图 7-23 中标示 Edge，单击 Apply 按钮即可；对于三维问题，单击选择 Block，单击选择图 7-24 中标示 Face，单击 Apply 按钮即可。

3）创建 L/Y-Block。对于二维问题，单击选择 Block，单击选择图 7-25 中标示 Edge，单击 Apply 按钮得到 L-Block，调整 Vertex 位置即为 Y-Block；对于三维问题，单击选择 Block，单击选择图 7-26 中标示 Face，单击 Apply 按钮即可。

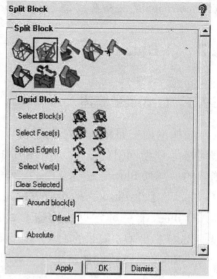

图 7-20　创建 O-Block

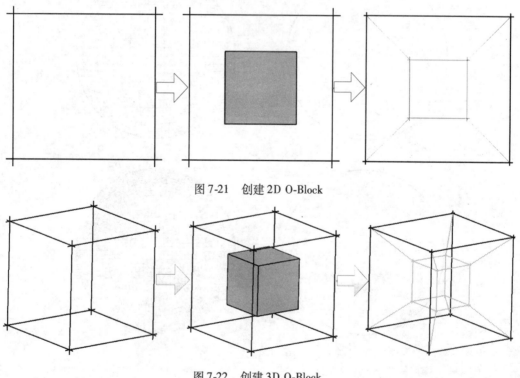

图 7-21　创建 2D O-Block

图 7-22　创建 3D O-Block

注意：读者可将光盘中"几何文件/第 7 章/7.2/7.2.2"文件夹下的 2D_O.tin 和 2D_O.blk、3D_O.tin 和 3D_O.blk 文件打开练习，试着选择不同的 Edge 或 Face，观察生成 Block 形式的异同。对于三维 Block 还有其他 O-Block 的变形，请读者在实例中体会具体应用。

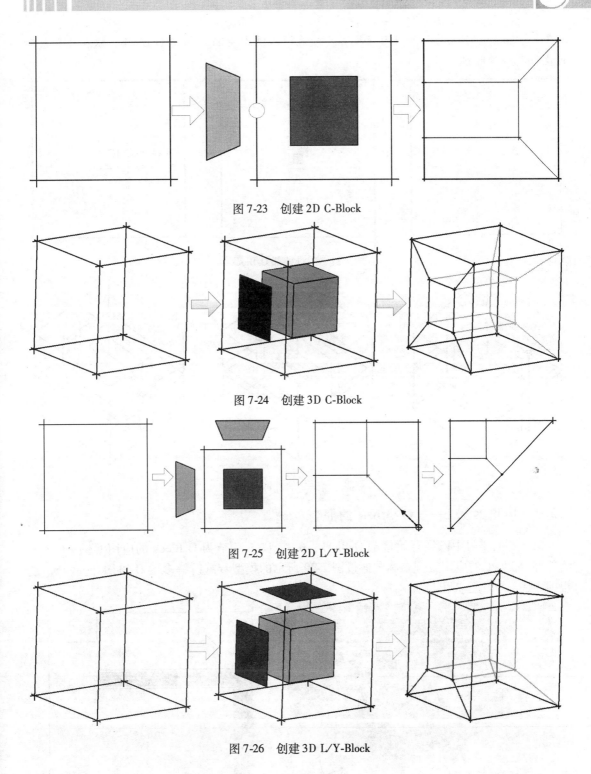

图 7-23　创建 2D C-Block

图 7-24　创建 3D C-Block

图 7-25　创建 2D L/Y-Block

图 7-26　创建 3D L/Y-Block

4）创建外部 O-Block。单击⊛选择 Block，勾选 Around Block，即可生成外部 O-Block，如图 7-27 和图 7-28 所示。

注意：读者可将光盘中"几何文件/第 7 章/7.2/7.2.2"文件夹下的 3D_Around_O.tin

和 3D _ Around _ O. blk 打开练习该操作。外流问题需在物面外创建 O-Block，以在边界层附近生成高质量网格。

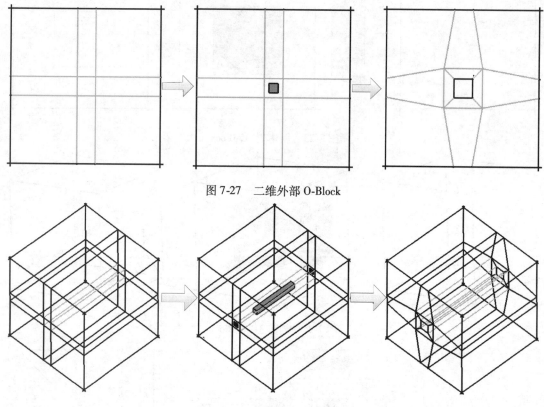

图 7-27　二维外部 O-Block

图 7-28　三维创建外部 O-Block

7.2.3　应用案例1——O-Block 的嵌套

第 6 章的学习中已经开始接触 O-Block；6.1 节、6.3 节为 O-Block 的应用案例；6.2 节为外部 O-Block 的应用案例。本节通过图 7-29 所示的模型着重讲解多层 O-Block 的嵌套，剖视图中底部加粗处为出口。

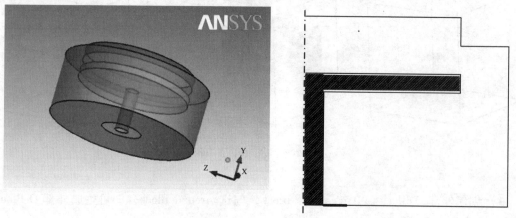

图 7-29　几何模型

注意：将光盘中"几何文件/第 7 章/7.2/7.2.3"文件夹下的 Reaction.tin 复制到工作目录并打开。

（1）分析 Block 生成策略

Step1　分析几何拓扑结构。如图 7-30 所示，在主窗口单击 Y 轴显示俯视图，观察发现从外至内共 A、B、C、D 四层，其中 B、C、D 三层可以通过创建 O-Block 描述拓扑结构，B 为第一层 O-Block，C 为第二层 O-Block，D 为第三层 O-Block，在 D 内还可以构造第四层 O-Bock 以提高圆弧附近网格质量。

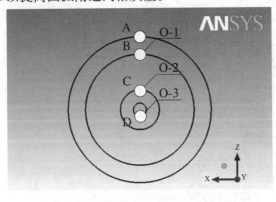
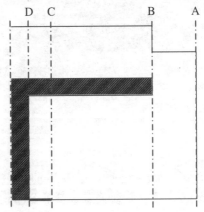

图 7-30　分析拓扑结构

（2）创建 Block

Step2　初始化 Block。单击 Blocking 标签栏，弹出 Create Block 面板，在 Part 下拉列表框中定义 Block 的名称为 FLUID，单击，在 Type 下拉列表框中定义 Block 类型为 3D Bounding Box，勾选 Initialize with setting，然后单击 Apply 按钮。

Step3　划分 Block。单击 Blocking 标签栏，在弹出面板中单击，在 Block Select 栏勾选 Visible，在 Split Method 下拉列表框中选择 Prescribed point，单击 Edge 文本框后，在主窗口选择待划分 Edge，单击，选择图 7-31 中标示 Point。

Step4　建立映射关系。单击 Blocking 标签栏，在 Edit Associations 栏单击，建立 Edge 与对应 Curve 的映射关系；单击 Blocking 标签栏，然后单击，调整 Vertex 的 X、Z 坐标，最终结果如图 7-32 所示。

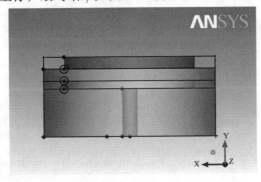
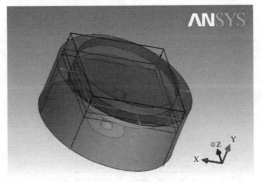

图 7-31　划分 Block　　　　　　　　　图 7-32　建立映射

Step5 划分第一层 O-Blcok（O-1）。单击 Blocking 标签栏，在 Split Block 面板单击，依次选择图 7-33a 所示的 Block 和 Face，创建结果如图 7-33b 所示。

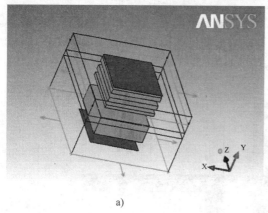

a)

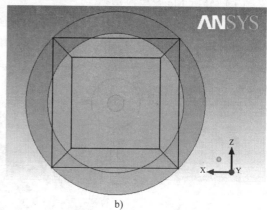

b)

图 7-33 划分第一层 O-Block

Step6 删除 Block。单击 Blocking 标签栏，删除图 7-34 中标示的 Block。

Step7 建立映射关系。参考 Step4 的方法建立 O-1 与对应 Curve 的映射关系，并调节部分 Vrtex 的 X、Z 坐标，结果如图 7-35 所示。

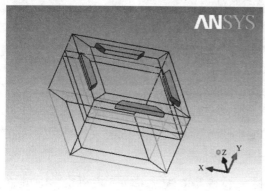

图 7-34 删除 Block

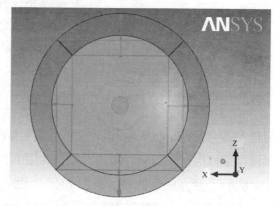

图 7-35 建立映射

Step8 划分第二层 O-Blcok（O-2）。单击 Blocking 标签栏，在 Split Block 面板单击，依次选择图 7-36a 所示 Block 和 Face 创建 O-2。

Step9 建立映射关系。参考 Step4 的方法建立 O-2 与对应 Curve 的映射关系，并调节部分 Vrtex 的 X、Z 坐标，结果如图 7-36b 所示。

Step10 划分第三层 O-Blcok（O-3）。单击 Blocking 标签栏，在 Split Block 面板单击，依次选择图 7-37a 所示 Block 和 Face 创建 O-3。

Step11 建立映射关系。参考 Step4 的方法建立 O-3 与对应 Curve 的映射关系，并调节部分 Vrtex 的 X、Z 坐标，结果如图 7-37b 所示。

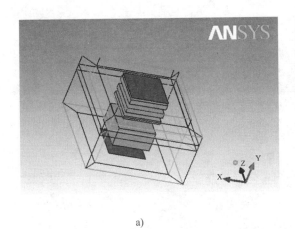
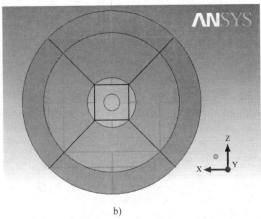

a)　　　　　　　　　　　　　　b)

图 7-36　划分第二层 O-Block

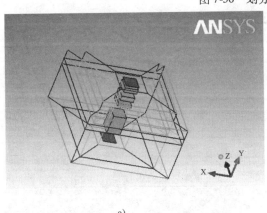
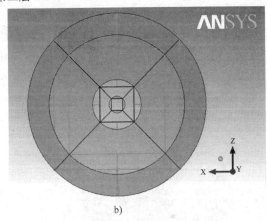

a)　　　　　　　　　　　　　　b)

图 7-37　划分第三层 O-Block

Step12　删除 Block。单击 Blocking 标签栏 ，删除图 7-38 中标示的 Block。至此完成 Block 创建工作。

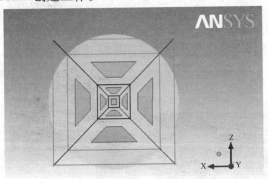
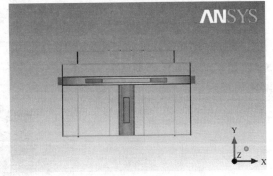

图 7-38　删除 Block

（3）定义节点分布

参考图7-39，定义 C_1～C_9 的节点数分别为21、21、7、16、6、6、5、4、21。

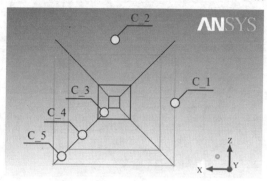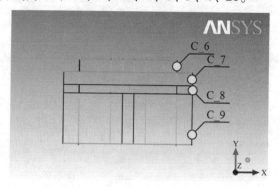

图 7-39　Edge 定义

（4）生成网格

Step13　生成网格。勾选模型树 Model→Blocking→Pre-Mesh，预览网格生成情况，如图 7-40 所示。

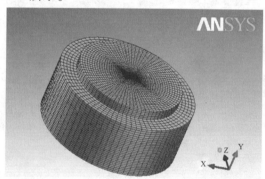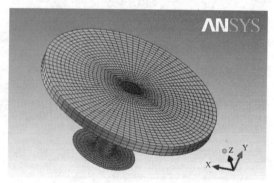

图 7-40　网格结果

Step14　检查网格质量。单击 Blocking 标签栏 ，检查网格质量。在 Criterion 下拉列表框中分别选择 Determinant 2×2×2 作为网格质量的判定标准，其余采用默认设置，单击 Apply 按钮，网格质量如图 7-41 所示，所有网格的 Determinant 2×2×2 值大于 0.60，可以认为网格质量满足要求。

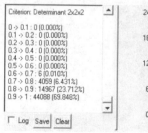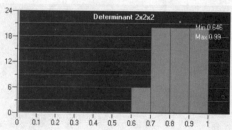

图 7-41　网格质量

7.2.4　应用案例 2——C-Block

本节讲解 C-Block 在二维机翼绕流中的应用。

注意：将光盘中"几何文件/第 7 章/7.2/7.2.4"文件夹下的 Wing.tin 复制到工作目录并打开。

（1）分析 Block 生成策略

Step1　分析几何拓扑结构。将机翼尺寸放大，观察机翼及外流场特征，可考虑用图 7-42 虚线所示的 C-Block 描述几何模型拓扑结构。

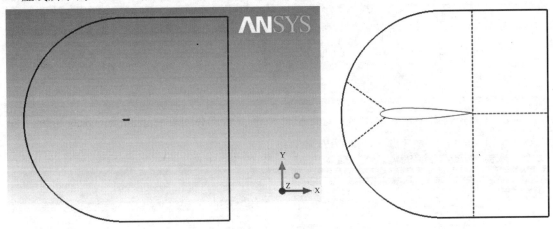

图 7-42　几何模型

（2）创建 Block

Step2　创建 2D-Block。单击 Blocking 标签栏 🔲，然后单击 🔲，在 Type 下拉列表框中选择 2D Planer，单击 Apply 按钮确定，结果如图 7-43 所示。

Step3　沿 X 轴划分 Block。单击 Blocking 标签栏 🔲，然后单击 🔲，在 Split Method 下拉列表框中选择 Prescribed point，分别选择图 7-43 中标示的 Edge 和 Point，单击鼠标中键确定。划分结果如图 7-44 所示。

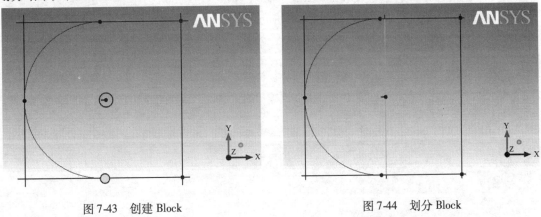

图 7-43　创建 Block　　　　　　图 7-44　划分 Block

Step4　创建 C-Block。单击 Blocking 标签栏 🔲，然后单击 🔲，参考图 7-45a 选择 Block 和 Edge，创建结果如图 7-45b 所示。

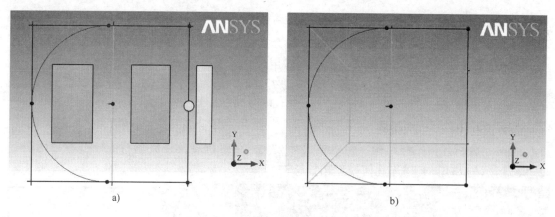

图 7-45　创建 C-Block

Step5　删除 Block。单击 Blocking 标签栏❌，删除图 7-46 中标示的 Block，该 Block 描述机翼内部的拓扑，对生成外流场网格无益。

Step6　创建映射关系。单击 Blocking 标签栏❀，然后分别单击➤和✎，参考图 7-47 建立 Vertex 和 Point、Edge 和 Curve 的映射关系。

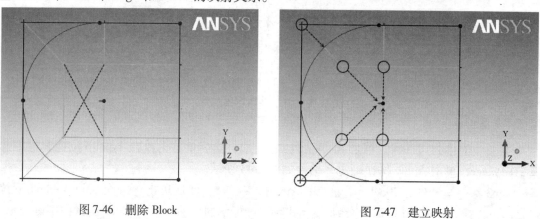

图 7-46　删除 Block　　　　　　　　　图 7-47　建立映射

Step7　调节 Vertex 位置。单击 Blocking 标签栏✎，在弹出对话框中单击➤和▦，调整图 7-48a 标示的 Vertex，调整结果如图 7-48b 所示。

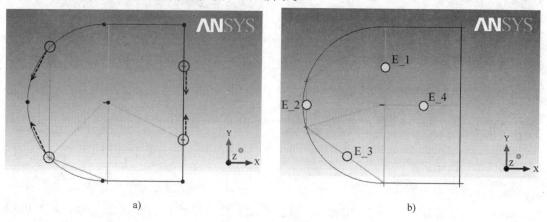

图 7-48　调整 Vertex

（3）生成网格

Step8　定义节点分布。单击 Blocking 标签栏，然后单击，参考表 7-1 定义图 7-48b 中标示 Edge 的节点参数。

表 7-1　节点分布参数

Edge	Mesh law	Nodes	Spacing 1	Ratio 1	Spacing 2	Ratio 2
E _ 1	Exponential2	81	—	—	0. 00002	1. 1
E _ 2	BiGeometric	7	0	—	0	—
E _ 3	Biexponential	61	0. 002	1. 2	0. 002	1. 2
E _ 4	Exponential1	61	0. 01	1. 2	—	—

Step9　生成网格。勾选模型树 Model→Blocking→Pre-Mesh，生成网格如图 7-49 所示。

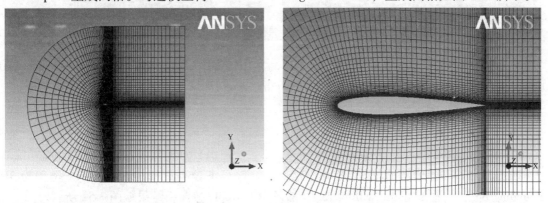

图 7-49　网格结果

注意：网格形式为 C 型网格。

Step10　检查网格质量。单击 Blocking 标签栏，在 Criterion 下拉列表框中分别选择 Determinant $2 \times 2 \times 2$，其余采用默认设置，单击 Apply 按钮，网格质量如图 7-50 所示，Determinant $2 \times 2 \times 2$ 的值都大于 0.80，可以认为网格质量满足要求。

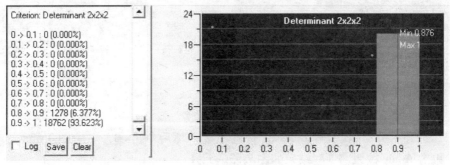

图 7-50　网格质量

7.2.5　应用案例 3——Y-Block

本节讲解 Y-Block 在三角形流道中的应用。

注意：将光盘中"几何文件/第 7 章/7.2/7.2.4"文件夹下的 Y-Grid. tin 复制到工作目录并打开。

（1）分析 Block 生成策略

Step1　分析几何拓扑结构。沿 Z 方向观察三角形流道，该三维模型是拉伸而成的，可用图 7-51 所示虚线（Y-Block）描述几何模型拓扑结构。

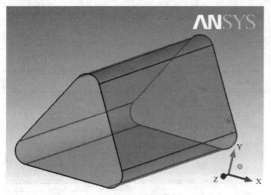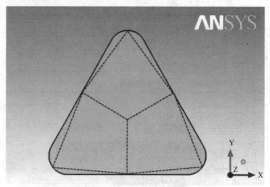

图 7-51　几何模型

（2）创建 Block

Step2　初始化 Block。单击 Blocking 标签栏 ，弹出 Create Block 面板，在 Part 下拉列表框中定义 Block 的名称为 FLUID，单击 ，在 Type 下拉列表框中定义 Block 类型为 3D Bounding Box，勾选 Initialize with setting，然后单击 Apply 按钮，结果如图 7-52 所示。

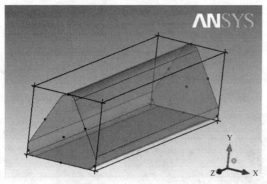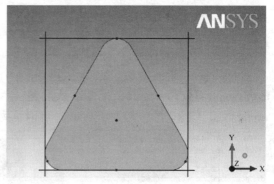

图 7-52　创建 Block

Step3　创建 C-Block。单击 Blocking 标签栏 ，然后单击 ，参考图 7-53a 选择 Block 和 Face，单击 Apply 按钮，创建结果如图 7-53b 所示。

Step4　移动 Vertex。单击 Blocking 标签栏 ，然后单击 ，参考图 7-54a 建立 Vertex 和 Point 的映射关系，结果如图 7-54b 所示。

Step5　创建 O-Block。单击 Blocking 标签栏 ，然后单击 ，参考图 7-55a 选择 Block 和 Face，创建结果如图 7-55b 所示。

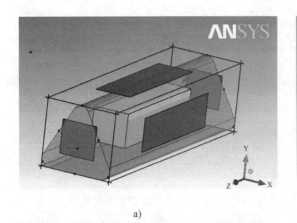
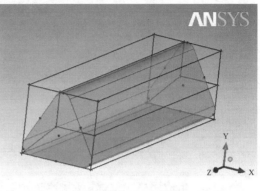

a)　　　　　　　　　　　b)

图 7-53　创建 C-Block

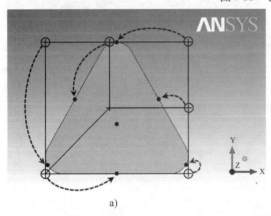
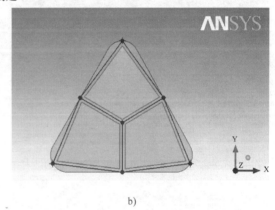

a)　　　　　　　　　　　b)

图 7-54　移动 Vertex

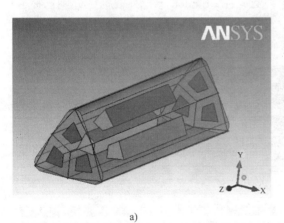
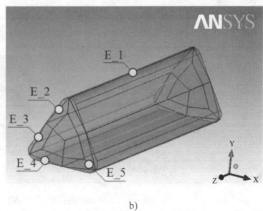

a)　　　　　　　　　　　b)

图 7-55　创建 O-Block

（3）生成网格

Step6　定义节点分布。单击 Blocking 标签栏，然后单击，参考表 7-2 定义图 7-55b 标示 Edge 的节点参数。

表 7-2   节点分布参数

Edge	Mesh law	Nodes	Spacing 1	Ratio 1	Spacing 2	Ratio 2
E_1	BiGeometric	41	0	—	0	—
E_2	BiGeometric	11	0	—	0	—
E_3	BiGeometric	11	0	—	0	—
E_4	BiGeometric	11	0	—	0	—
E_5	Exponential1	11	0.02	1.2	—	—

Step7   生成网格。勾选模型树 Model→Blocking→Pre-Mesh，生成网格如图 7-56 所示。

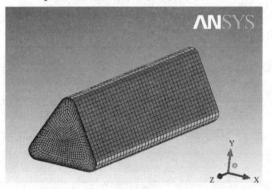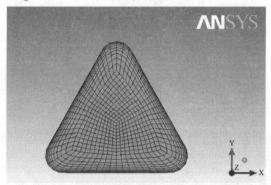

图 7-56   网格结果

注意：网格形式为 Y 型网格。

Step8   检查网格质量。单击 Blocking 标签栏，在 Criterion 下拉列表框中分别选择 Determinant 2×2×2，其余采用默认设置，单击 Apply 按钮，网格质量如图 7-57 所示，Determinant 2×2×2 的值都大于 0.60，可以认为网格质量满足要求。

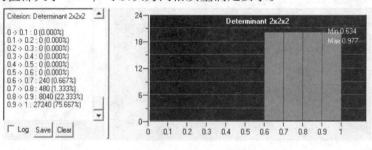

图 7-57   网格质量

7.3   Block 的坍塌

本节将以三棱柱人工鱼礁外流场网格为例，讲解 Block 坍塌的具体操作。坍塌操作面板如图 7-58 所示。

（1）分析 Block 生成策略

Step1　打开几何文件。将光盘中"几何文件/第 7 章/7.3"文件夹下的 Collapse. tin 复制到工作目录并打开。

Step2　分析 Block 生成策略。沿 X 方向观察几何模型，可考虑用图 7-59 所示虚线描述模型拓扑结构，该拓扑结构的特点是在三棱柱人工鱼礁附近有一个楔形口，下面通过 Block 的坍塌实现该拓扑。

（2）创建 Block

Step3　初始化 Block。单击 Blocking 标签栏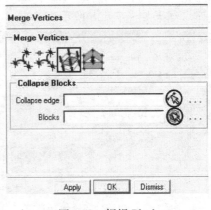，弹出 Create Block 面板，在 Part 下拉列表框中定义 Block 的名称为 FLUID，单击，在 Type 下拉列表框中定义 Block 类型为 3D Bounding Box，勾选 Initialize with setting，然后单击 Apply 按钮，结果如图 7-60 所示。

图 7-58　坍塌 Block

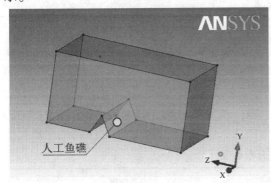

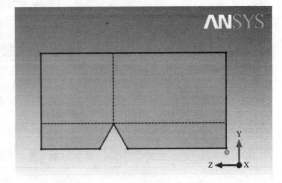

图 7-59　几何模型

Step4　沿 Y 轴划分 Block。单击 Blocking 标签栏，然后单击，在 Split Method 下拉列表框中选择 Prescribed point，根据图 7-60 中 P_C 沿 Y 轴划分 Block，单击鼠标中键确定。

Step5　沿 Z 轴划分 Block。采用 Step4 的方法根据图 7-60 中 P_A 和 P_B 沿 X 轴划分 Block。Step4 和 Step5 的 Block 划分结果如图 7-61 所示。

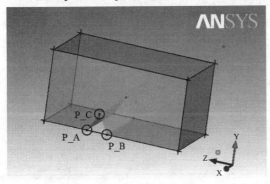

图 7-60　创建 Block

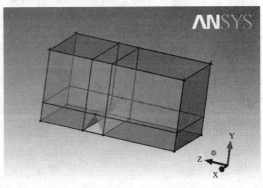

图 7-61　划分 Block

Step6 坍塌 Block。单击 Blocking 标签栏，单击 Blocking 标签栏 ⬚，如图 7-58 所示，依次单击 ⬚ 和 ⬚，选择图 7-62a 标示的 Edge，单击 ⬚，选择图 7-62a 标示的块，单击鼠标中键确定，结果如图 7-62b 所示。

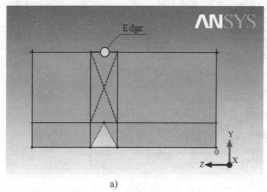
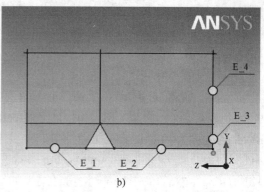

图 7-62 坍塌 Block

Step7 删除 Block。选择 Blocking 标签栏，单击 ⬚ 删除三棱柱的 Block。至此完成 Block 的创建工作。

（3）生成网格

Step8 定义节点分布。单击 Blocking 标签栏 ⬚，然后单击 ⬚，参考表 7-3 定义图 7-62b 标示 Edge 的节点参数。

表 7-3 节点分布参数

Edge	Mesh law	Nodes	Spacing 1	Ratio 1	Spacing 2	Ratio 2
E _ 1	Exponential1	36	1	1.2	0	—
E _ 2	Exponential2	46	0	—	1	1.2
E _ 3	Exponential1	15	1.4	1.5	0	—
E _ 4	Exponential1	16	13	1.2	0	—

Step9 生成网格。勾选模型树 Model→Blocking→Pre-Mesh，生成网格如图 7-63 所示。

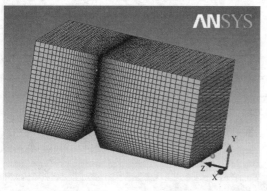
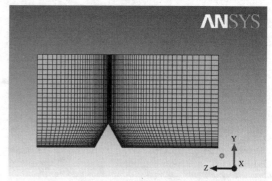

图 7-63 网格结果

Step10 检查网格质量。单击 Blocking 标签栏 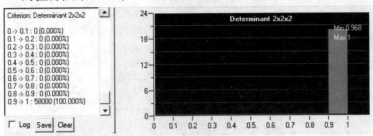，在 Criterion 下拉列表框中分别选择 Determinant 2×2×2，其余采用默认设置，单击 Apply 按钮，网格质量如图 7-64 所示，Determinant 2×2×2 的值都大于 0.90，可以认为网格质量满足要求。

图 7-64 网格质量

本 章 小 结

本章系统整理了 Block 的生成策略，并详细讲解了自下而上创建 Block 的方法、O-Block 及其变型的生成方法与特点、Block 的坍塌等知识，请读者在学习和练习的过程中体会创建 Block 的灵活性和多样性。

第8章
节 点 设 置

本章介绍 ICEM 节点设置原则及各参数意义，结合计算流体力学，以引射器内流和机翼绕流为例，讲解节点参数对计算结果的影响。

知识要点：

➢ 节点参数设置方法
➢ 节点分布规律
➢ 节点参数设置原则
➢ 节点参数对计算结果的影响

8.1 ICEM 节点设置

8.1.1 节点参数

ICEM 中有两种设置结构网格节点参数的方法：a) 定义 Edge 节点分布；b) 定义壳/面网格尺寸。建议采用第一种方法，该方法节点参数明确，可较好地控制网格生成结果。

单击 Blocking 标签栏 ，进入设置节点参数的操作，单击 定义 Edge 节点分布，如图 8-1 所示。接下来将逐一介绍各参数的意义。

◇Edge：单击 ，选择 Edge 定义节点分布。

◇Length：显示所选 Edge 的长度。

◇Nodes：定义节点数，图 8-2 中节点数为 12。

◇Mesh law：定义 Edge 节点分布规律。

◇Spacing：Spacing 是第一层网格长度。以图 8-2 为例，当 Edge 被选中后会有一个箭头表明 Edge 方向，箭头根部方向为 1，箭头所指方向为 2。a、b、c、d 为网格长度，Spacing 1 = a，Spacing2 = c。

◇Ratio：Edge 端点附近网格尺寸比，以图 8-2 为例，Ratio 1 = b/a，Ratio 2 = d/c。

◇Max Space：Edge 上最大网格长度。

◇Spacing Relative：若勾选，则 Spacing 1 和 Spacing 2 均为图 8-2 中 a、c 实际长度与 Edge 总长度的比值。

◇Nodes Locked：若勾选，则节点数固定，Nodes 栏变为灰色，不允许更改。

◇Parameters Locked：若勾选，则节点分布规律（Mesh law）固定。

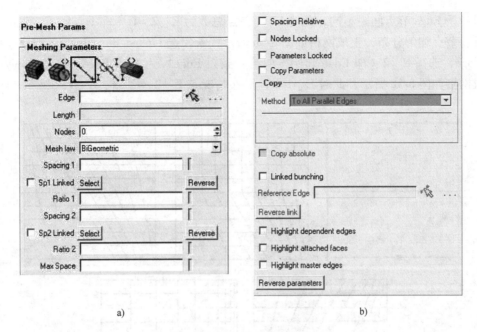

图 8-1　ICEM 设定节点操作

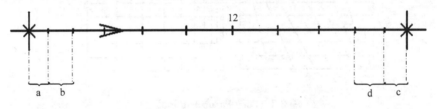

图 8-2　节点参数意义

◇Copy Parameters：若勾选，则复制 Edge 节点参数。在 Method 下拉列表框中有如下选项：a）To All parallel Edges，将当前 Edge 的节点分布规律复制到与其平行（Parallel）的所有 Edge；b）To Visible parallel Edge，仅将当前节点分布规律复制到与其平行且可见的所有 Edge；c）To Select Edges，将当前 Edge 节点分布规律复制到选择的 Edge；d）From Edge 则复制所选 Edge 的节点分布规律至当前 Edge；e）Reversed 指在复制过程中反转 1、2 的方向及相关节点参数。

以图 8-3 为例，图 8-3a 为 Block，E_1、E_2、E_3 的节点数分别为 11，且仅 E_1 加密。不勾选 Copy Parameters，生成网格如图 8-3b 所示；勾选 Copy Parameters，Copy Method 选择 To Selected Edges Reverse 并选择 E_3，生成网格如图 8-3c 所示；Copy Method 选择 To Selected Edges 并选择 E_3，生成网格如图 8-3d 所示；Copy Method 选择 To All parallel，则生成网格如图 8-3e 所示。

◇Copy Absolute：若勾选，则复制时 Spacing 值保持不变。以图 8-4 为例，图 8-4a 定义 E_1 的节点分布，并将其复制到 E_2。若不勾选 Copy Absolute，则生成网格如图 8-4b 所示；若勾选则网格形式如图 8-4c 所示。

◇Linked Bunching：以图 8-5 为例，图 8-5a 中定义 E_2、E_3、E_4、E_5 的节点分

布，且各条 Edge 节点间距不同，此时 E_1 节点总数为 E_2、E_3、E_4、E_5 节点数之和，且各节点均匀分布，生成网格如图 8-5b 所示；若勾选 Linked Bunching，选择 E_1 为待设定 Edge，选择 E_2（即 Edge 起始方向第一条短 Edge）为 Link Edge，单击 Apply 按钮，则生成网格如图 8-5c 所示，此时 E_1 节点分布情况与 E_2、E_3、E_4、E_5 一致。

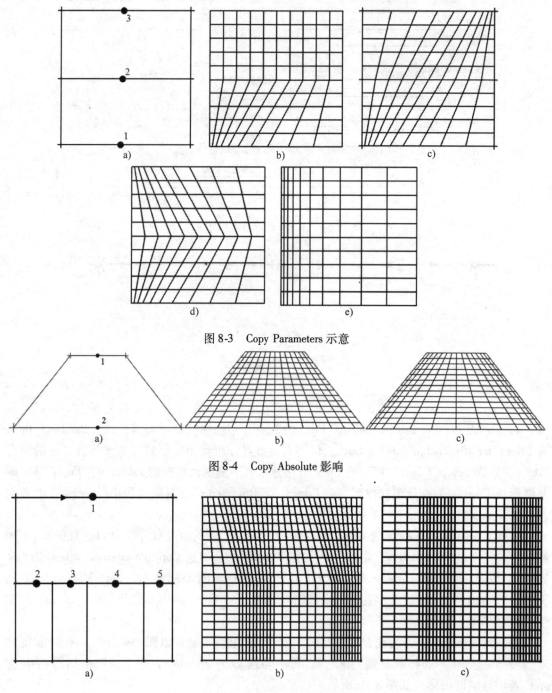

图 8-3　Copy Parameters 示意

图 8-4　Copy Absolute 影响

图 8-5　Linked Bunching 操作

注意：图 8-1 中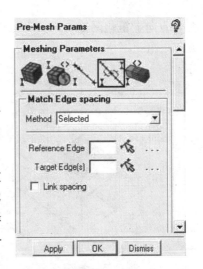和是第二种定义网格节点参数方法的操作，本章不做详细介绍。

8.1.2　节点过渡

选择 Blocking 标签栏，单击，如图 8-6 所示，单击可使节点分布平滑过渡。以图 8-7 为例讲解该操作，图 8-7a 为 Block，定义节点参数后网格分布如图 8-7b 所示，E_3 左侧网格较密、右侧网格较稀疏，变化突然，没有过渡。选择 E_1 为参考 Edge（Reference Edge），选择 E_2 为待设置 Edge（Target Edge），单击鼠标中键确定；选择 E_3 为参考 Edge，E_4 为待设置 Edge，生成网格如图 8-7c 所示，在 E_3 附近网格尺寸平滑过渡。

图 8-6　节点过渡

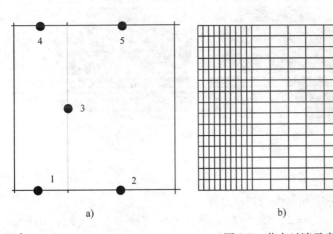

　a)　　　　　　　　　　　b)　　　　　　　　　　　c)

图 8-7　节点过渡示意

8.1.3　粗化/细化网格

选择 Blocking 标签栏，单击，如图 8-8 所示，单击进入粗化（Coarsening）或细化（Refinement）网格操作。Blocks 栏选择待粗化或细化的块，Level 值大于 1 表明细化网格，小于 1 表明粗化网格。Refinement Dimension 栏定义粗化/细化的方向，若选中 All 则表明在所有方向都做粗化/细化处理；若选中 Selected，表明仅在所选方向上做粗化/细化处理。

图 8-9a 为待粗化/细化的 Block，在没有粗化/细化之前的网格如图 8-9b 所示；定义 Level = 2，且 Refinement Dimension 为 All，细化后网格结果如图 8-9c 所示；定义 Level = 1/2，且 Refinement Dimension 为 All，则粗化网格结果如图 8-9d 所示；定义 Level = 1/2，且 Refinement Dimension 为 2，则粗化后网格结果如图 8-9e 所示，

图 8-8　粗化/细化网格

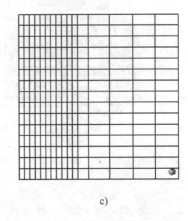

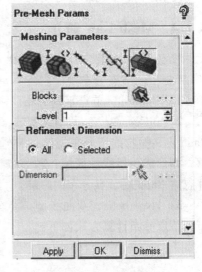

在 Z 方向上粗化网格；定义 Level = 1/2，Dimension 为 0，则粗化后网格如图 8-9f 所示，在 X 方向上粗化网格。

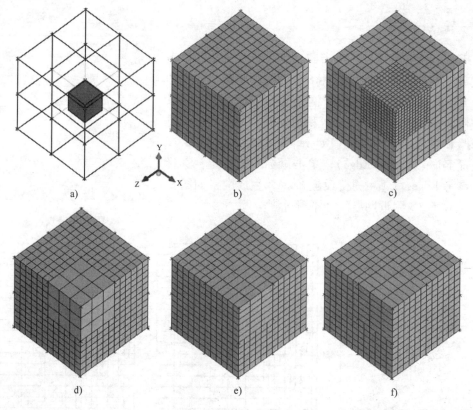

图 8-9　粗化/细化网格示例

注意：Level 栏应为整数或者分数，如 2、1/2、1/4 等，不能写为 0.5、0.25。Refinement Dimension 栏可以通过鼠标选择粗化/细化方向，也可通过数字描述，如 0 代表 I 方向、1 代表 J 方向、2 代表 K 方向。

8.1.4　Mesh Law 简介

参数设置相同，节点分布规律（Mesh Law）不同，则节点分布情况也不同。本节概述 ICEM 提供的节点分布规律。

1）Uniform，节点平均分布。

2）BiGeometric，抛物线型节点分布规律。ICEM 默认的节点分布规律，根据 Spacing 和 Ratio 定义抛物线型分布规律（X 轴为节点数，Y 轴为当前节点距端点距离）。若节点数足够，则形成一段线性区域；若节点数不足导致出现线性区域，则使用 Hyperbolic 分布规律，并忽略 Ratio 对节点分布的影响。

3）Hyperbolic，双曲线型节点分布规律。使用 Spacing1 和 Spacing2 定义双曲型节点分布，节点分布计算方式如下：

$$S_i = \frac{U_i}{2A + (1 - A) U_i} \tag{8-1}$$

式中，

$$U_i = 1 + \frac{\tanh(bR_i)}{\tanh\left(\dfrac{b}{2}\right)}$$

$$\sinh(b) = \frac{b}{(N-1)\sqrt{Sp1 \cdot Sp2}}$$

$$R_i = \frac{i-1}{N-1} - \frac{1}{2}$$

$$A = \sqrt{\frac{Sp1}{Sp2}}$$

4）Poisson，根据泊松法则定义节点分布规律。与 Hyperbolic 相同，仅使用 Spacing1 和 Spacing2 作为参数布置节点，不考虑 Ratio1 和 Ratio2。节点分布通过求解如下方程获得：

$$\frac{\mathrm{d}^2}{\mathrm{d}t^2}x_0(t) + P(t)\frac{\mathrm{d}}{\mathrm{d}t}x_0(t) = 0 \qquad (8\text{-}2)$$

边界条件为

$$x_0(1) = 0$$
$$x_0(2) = S_2 = Sp1$$
$$x_0(N-1) = S_{N-1} = 1 - Sp2$$
$$x_0(N) = S_N = 1$$

式中，$P(t)$ 用于满足该方程 Neumann 边界条件，通过迭代优化获得，$Sp1$ 即 Spacing 1，$Sp2$ 即 Spacing 2。各参数应满足 $0 < \text{Spacing } 1 < 1.0$，$0 < \text{Spacing } 2 < 1.0 - \text{Spacing } 2$。

5）Biexponential，使用 Exponential 1 和 Exponential 2 定义节点分布。

总长度为 1 的 Edge，节点数为 21、Spacing1 = 0.01、Ratio1 = 1.2、Spacing2 = 0.01、Ratio2 = 1.2，此时 Edge 两侧加密，不同的节点分布规律如图 8-10 所示，X 轴为节点编号，图 8-10a 中 Y 轴为节点距起始端点距离，图 8-10b 中 Y 轴为节点间距。Biexponential 靠近端点处网格间距小，网格较致密；Poisson 靠近端点处网格间距大，网格较稀疏；BiGeometric 和 Hyperbolic 节点分布规律相近，疏密适中。

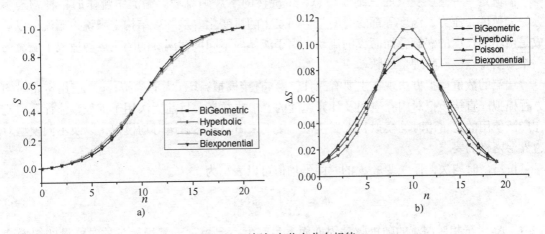

图 8-10 两侧加密节点分布规律

6）Geometric 1，Spacing 1 定义起始位置第·个间距，其余节点按等比率分布，节点分布计算方式如下：

$$S_i = \frac{R-1}{R^{N-1}-1} \sum_{j=2}^{i} R^{j-2} \qquad (8-3)$$

式中，S_i 为节点与起始位置距离；R 是比率；N 为节点总数。

7）Exponential 1，指数分布规律，节点分布计算方式如下：

$$S_i = Sp1 \cdot i \cdot e^{R(i-1)} \qquad (8-4)$$

式中，S_i 为节点距起止位置距离，$Sp1$ 即 Spacing 1；N 为节点总数；R 为比率。计算公式为

$$R = \frac{-\log[(N-1) \cdot Sp1]}{N-2} \qquad (8-5)$$

总长度为 1 的 Edge，节点数为 21、Spacing1 = 0.01、Ratio1 = 1.2，此时 Edge 一侧加密，不同的节点分布规律如图 8-11 所示。

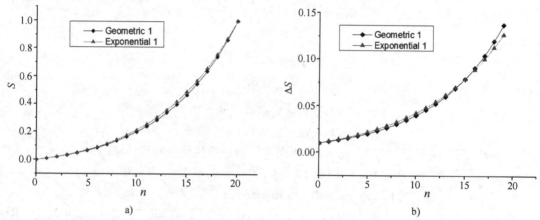

图 8-11　一侧加密的节点分布规律

8.2　边界层网格概述

　　湍流是一种高度复杂的三维非稳态、带旋转的不规则流动。湍流中流体的各种物理参数，如速度、压力、温度等都随时间与空间发生随机变化。从物理结构上来说，湍流可以看成是由不同尺度的涡旋叠加而成的流动，由于流体内不同尺度涡旋的随机运动造成了湍流的一个重要特点——物理量的脉动[3]。

　　湍流的数值模拟方法现在主要有三种：a）直接模拟；b）大涡模拟；c）应用雷诺时均方程模拟。直接模拟对内存空间及计算速度的要求非常高，目前无法用于工程数值计算，现在广泛使用的是雷诺时均模拟和大涡模拟。接下来简要概述雷诺时均模拟，以及不同模型对边界层网格的要求。

　　按雷诺时均法，任一变量 ϕ 的时间平均值可以表示为

$$\overline{\phi} = \frac{1}{\Delta t} \int_{t}^{t+\Delta t} \phi(t)\,\mathrm{d}t \qquad (8-6)$$

式中，Δt 对于相对湍流的随机脉动周期而言足够大，但相对于流场得各种时均量的缓慢变

化周期而言足够小。物理量的瞬时值 ϕ、时均值 $\overline{\phi}$ 和脉动值 ϕ' 之间有如下关系。

$$\phi = \overline{\phi} + \phi' \tag{8-7}$$

根据雷诺时均的概念，可以得到如下控制方程组。

$$\frac{\partial(\rho\,\overline{u})}{\partial x} + \frac{\partial(\rho\,\overline{v})}{\partial y} + \frac{\partial(\rho\,\overline{w})}{\partial z} = 0 \tag{8-8}$$

$$\frac{\partial(\rho\,\overline{u_i})}{\partial t} + \frac{\partial(\rho\,\overline{u_i}\overline{u_j})}{\partial x_j} = -\frac{\partial\overline{p}}{\partial x_i} + \frac{\partial}{\partial x_j}\left(\eta\,\frac{\partial\overline{u}}{\partial x_j} - \rho\,\overline{u_i'u_j'}\right)(i = 1,3) \tag{8-9}$$

$$\frac{\partial(\rho\,\overline{\phi})}{\partial t} + \frac{\partial(\rho\,\overline{u_j}\overline{\phi})}{\partial x_j} = \frac{\partial}{\partial x_j}\left(\Gamma\,\frac{\partial\overline{\phi}}{\partial x_j} - \rho\,\overline{u_j'\phi}\right) + S \tag{8-10}$$

式（8-8）为连续性方程，式（8-9）为雷诺时均形式 Navier-Stocks 方程，式（8-10）为其他 ϕ 变量方程。

观察式（8-9）和式（8-10）发现，一次项在时均前后形式保持不变，而二次项在时均处理后则产生包含脉动值的附加项，这些项代表了由于湍流脉动引起的能量转移，其中 $-\rho\,\overline{u_i'u_j'}$ 为雷诺应力。湍流脉动附加项的确定就是雷诺时均方程计算湍流的核心内容，湍流模型就是把湍流脉动附加项与时均值建立起来的一些特定关系式，以使方程组封闭。工程软件中常用的湍流模型有 Spalart-Allmaras 模型、$\kappa\text{-}\varepsilon$ 模型、$\kappa\text{-}\omega$ 模型、雷诺应力模型（RSM）等。

现在认为充分发展湍流有三层结构，层流底层、湍流边界层和主流区。图 8-12 为流体横掠平板时边界层的发展情况：层流底层内为层流流动，黏性力在动量、热量与质量交换中起主导作用；在湍流边界层内湍流起主导作用；在两层间的区域，黏性力与湍流对流动影响作用相当。图 8-13 使用半对数坐标显示了近壁面流动情况。

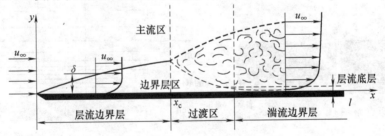

图 8-12　流体横掠平板边界层发展

$\kappa\text{-}\varepsilon$ 模型、RSM 模型，LES（大涡模拟）模型都仅适用于湍流流动区域（Turbulent Core）。以 $\kappa\text{-}\varepsilon$ 模型为例，该模型为高 Re 模型，适用于离开壁面一定距离的湍流区域，在与壁面接触很近的层流底层中，湍流 Re 很低，必须考虑分子黏性影响。采用高 Re 湍流模型计算流动问题时，对于壁面附近的层流区域，可采用壁面函数或增强壁面函数法来处理，如图 8-14a 所示。

如果近壁面网格划分足够好，Spalart-Allmaras 模型和 $\kappa\text{-}\omega$ 模型可以用来解决层流边界层的流动，如图 8-14b 所示。

若在湍流模型中采用壁面函数，划分网格时，层流底层内不布置任何节点，把与壁面相邻的第一个节点布置在湍流区。同时为了较好捕捉湍流边界层内参数变化，与壁面相邻的第一个节点还应同时位于湍流边界层内，且湍流边界层内应包含若干节点。基于上述原因，与壁面相邻的第一个网格节点应位于图8-13中的湍流充分发展区（full turbulent region），即对数区（log-law region），这就是划分湍流流动边界层网格的基本要求。

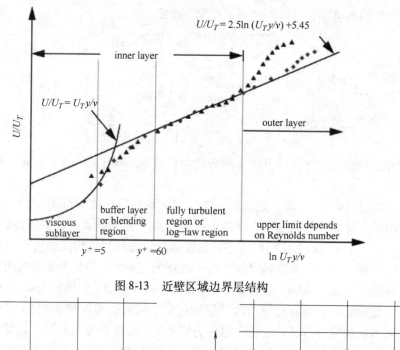

图8-13　近壁区域边界层结构

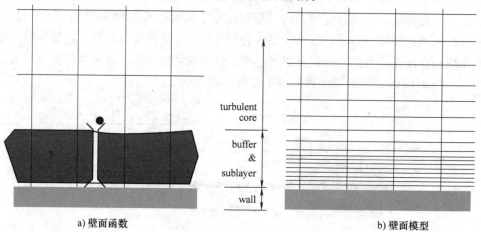

a) 壁面函数　　　　　　　　　　　　　　　　b) 壁面模型

图8-14　壁面处理方法

注意： 壁面函数的内容，读者可以参考《数值传热学》。

通常以 y^+（$\rho u_t y / \mu$）表明第一层节点距壁面的无量纲距离，其中 u_t 为脉动速度。不同湍流模型和壁面处理方法对 y^+ 值的要求不同，下面对其简要介绍。

1）对于标准壁面函数，$30 < y^+ < 300$，最好接近30，即第一个节点尽量靠近湍流边界层内边界；应避免 $5 < y^+ < 30$，即第一节点尽量不位于过渡区；湍流边界层内应布置一定网格。

2）对于增强壁面函数，当用于求解层流底层的流动时，临近壁面 y^+ 最好取为1；只要第一层节点布置在层流底层内，较高的 y^+（$y^+ < 5$）也是可接受的；在层流底层（$Re_y < 200$）至少应布置10个网格节点。

3）对于 Spalart-Allmaras 模型，或者采用如增强壁面函数中的要求，$y^+ = 1$；或者采用壁面函数中的要求，$y^+ \geqslant 30$。

4）对于 $\kappa\text{-}\omega$ 模型，当选择低雷诺 $\kappa\text{-}\omega$ 模型时，网格要求与增强壁面函数要求相同；当采用高雷诺 $\kappa\text{-}\varepsilon$ 模型时，网格要求与壁面函数要求相同。

5）对于 LES 模型，壁面网格要求与增强壁面函数相同。

上述主要讲解了模拟湍流问题时对网格尺寸的要求，对于层流问题也需要在边界层内设定若干节点以捕捉边界层信息；当惯性力对流动影响远大于黏性力时，不需要边界层网格，如高马赫数问题等。

网格划分除要考虑边界层影响外，还应在流动变化剧烈位置加密网格，如冲击射流区域；同时在变化不剧烈的区域尽量粗化网格，以减少网格规模，提高计算速度。

8.3 边界层网格对计算结果的影响

本节将基于 FLUENT 完成引射器和翼型绕流两个实例的数值计算，并与试验结果做比较，探究近壁面网格尺寸计算结果的影响。

8.3.1 实例 1——引射器

引射器是一种利用流体传递质量和能量的装置，广泛应用于航空、流体机械以及化工等行业。本节引射器模型如图 8-15 所示，由主流入口、次流入口、出口、壁面等构成。生成计算网格仅改变外壁面第一层网格高度，固定其余位置网格尺寸，研究边界层网格对计算结果的影响。

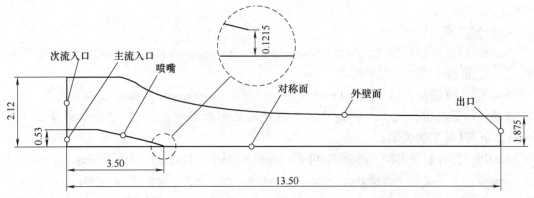

图 8-15　引射器模型（单位：inch）

注意：具体实验数据，读者可以参考网址 http：//www. grc. nasa. gov/WWW/wind/valid/e-ject/eject. html。将光盘中"第 8 章/8.3/8.3.1"文件夹下 Ejector. tin 复制到工作目录并打开。

分别定义外壁面为 5×10^{-5}、1×10^{-4}、5×10^{-4}、1×10^{-3}、5×10^{-3}，并生成网格 Yplus_1. msh、Yplus_2. msh、Yplus_3. msh、Yplus_4. msh 和 Yplus_5. msh，网格形式如图 8-16 所示。

注意：上述五套网格存放在光盘中"几何文件/第 8 章/8.3/8.3.1"文件夹下。

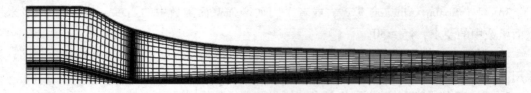

图 8-16   引射器网格

参考如下流程开展计算。

（1）读入网格

Step1   打开 FLUENT。进入 Windows 操作系统，在程序列表中选择 Start→All Program→ANSYS 14.0→Fluid Dynamics→FLUENT 14.0，启动 FLUENT 14.0。

Step2   定义求解器参数。在 Dimension 栏选择 2D 求解器，其余选择默认设置，单击 OK 按钮。

Step3   读入网格。选择 File→Read→Mesh，选择生成的网格。

Step4   定义网格单位。选择 Problem Setup→General→Mesh→Scale，在 Scaling 栏选择 Convert Units，在 Mesh Was Created In 下拉列表框中选择 ft，单击 Scale，单击 Close 按钮关闭。

Step5   定义变量单位。选择 Problem Setup→General→Units，定义压力单位为 psi，定义温度单位为 r。

Step6   检查网格。选择 Problem Setup →General →Mesh→Check，Minimum Volume 应大于 0。

Step7   网格质量报告。选择 Problem Setup →General →Mesh→Report Quality，查看网格质量详细报告。

（2）定义求解模型

Step8   定义求解器参数。选择 Problem Setup →General→Solve，求解器参数采用默认设置，选择二维基于压力稳态求解器。

Step9   定义湍流模型。选择 Problem Setup→Models→Viscous-Laminar，在弹出的 Viscous Model 面板勾选标准 k-epsilon 湍流模型，近壁面采用标准壁面函数（Standard Wall Functions），单击 OK 按钮关闭。

Step10   打开能量方程。选择 Problem Setup→Models→Energy，勾选 Energy Equation。

Step11   定义材料。选择 Problem Setup →Materials，选择 Fluid 栏 air 并单击 Create/Edit，在 Density 下拉列表框中选择 ideal-gas，在 Viscosity 下拉列表框中选择 sutherland，其余采用默认设置，单击 Change/Create 创建材料。

（3）定义边界条件

Step12   定义 fluid 的材料。选择 Problem Setup →Cell Zone Conditions，在 Zone 栏选择计算域名称，在 Type 下拉列表框中选择 fluid，单击 Edit，在弹出对话框的 Material Name 下拉列表框中选择 Step11 定义的 air，其余采用默认设置，单击 OK 按钮确定。

Step13   定义边界条件。

1）定义主流入口。选择 Problem Setup→Boundary Conditions，在 Zone 栏选择 in _ pri，在 Type 下拉列表框中选择 pressure-inlet，单击 Edit 弹出 Pressure Inlet 面板，定义 Gauge Total

Pressure = 35.73psi、Supersonic/Initial Gauge Pressure = 30 psi；在 Specification Method 下拉列表框中选择 Intensity and Length Scale，并定义 Turbulent Intensity = 3%、Turbulent Length Scale = 1ft；在 Thermal 标签栏定义 Total Temperature = 644 r，单击 OK 按钮确定。

2）定义次流入口。选择 Problem Setup→Boundary Conditions，在 Zone 栏选择 in_sec，在 Type 下拉列表框中选择 pressure-inlet，单击 Edit 弹出 Pressure Inlet 面板，定义 Gauge Total Pressure = 14.73 psi、Supersonic/Initial Gauge Pressure = 14 psi；在 Specification Method 下拉列表框中选择 Intensity and Length Scale，并定义 Turbulent Intensity = 3%、Turbulent Length Scale = 1ft；在 Thermal 标签栏定义 Total Temperature = 550 r，单击 OK 按钮确定。

3）定义出口。选择 Problem Setup→Boundary Conditions，在 Zone 栏选择 out，在 Type 下拉列表框中选择 pressure-outlet，单击 Edit 弹出 Pressure Outlet 面板，定义 Gauge Pressure = 13.45 psi；在 Specification Method 下拉列表框中选择 Intensity and Length Scale，并定义 Turbulent Intensity = 3%、Turbulent Length Scale = 1ft；在 Thermal 标签栏定义 Total Temperature = 550 r，单击 OK 按钮确定。

4）定义对称面。选择 Problem Setup→Boundary Conditions，在 Zone 栏选择 sym，在 Type 下拉列表框中选择 symmetry，单击 OK 按钮确定。

5）定义壁面。选择 Problem Setup→Boundary Conditions，在 Zone 栏分别选择 wall-u-1、wall-u-2 和 wall-u-3，在 Type 下拉列表框中选择 wall，单击 Edit 采用默认设置。

（4）初始化和计算

Step14　定义求解器控制参数。选择 Solution→Solution Method，在 Pressure-Velocity Coupling Scheme 栏选择 SIMPLE，其余采用默认设置。

Step15　定义松弛因子。选择 Solution→Solution Controls，采用默认设置。

Step16　定义监视器。选择 Solution→Monitors，选择 Residuals-Print，单击 Edit 定义各项残差值为 1×10^{-6}，单击 OK 按钮确定。

Step17　初始化流场。选择 Solution→Solution Initialization，在 Initialization Method 栏选择 Hybrid Initialization，单击 Initialize 初始化流场。

Step18　迭代计算。选择 Solution→Run Calculation，在 Number of Iterations 栏输入 2500 定义最大求解步数，单击 Calculate 开始计算，直至残差曲线不再变化。

五套网格（节点数相同，近壁面尺寸分别为 5×10^{-5}inch、1×10^{-4}inch、5×10^{-4}inch、1×10^{-3}inch、5×10^{-3}inch）中近壁面尺寸为 5×10^{-5}inch 的网格不能开展计算，其余四套网格均能完成计算。

图 8-17 所示为不同网格数值计算时的收敛情况。近壁面尺寸为 5×10^{-4}inch 的网格收敛速度较快，在 800 步后各残差基本保持恒定；近壁面尺寸为 5×10^{-3}inch 的网格在 1000 步后基本收敛；近壁面尺寸为 1×10^{-4}inch 的网格在 1500 步后基本收敛。上述结果表明，求解参数相同时，近壁面尺寸影响数值计算收敛速度。

图 8-18 所示为引射器外壁面 y^+ 分布情况，图 8-19 是 $x = 3$inch 截面速度分布情况。近壁面尺寸为 1×10^{-4}inch 网格的 y^+ 值约为 5，近壁面尺寸为 5×10^{-4}inch 网格的 y^+ 约为 25，近壁面尺寸为 1×10^{-3}inch 网格的 y^+ 约为 50，近壁面尺寸为 5×10^{-3}inch 网格的 y^+ 为 150～250。分析 $x = 3$inch 截面速度分布，近壁面尺寸为 5×10^{-3}inch 网格在对称线位置与试验结果差距较大，近壁面尺寸为 1×10^{-4}inch 网格在壁面附近与试验结果差距较大，近壁面尺寸

为 5×10^{-4} inch 和 1×10^{-3} inch 的网格（$y^+ = 25 \sim 50$）与试验结果吻合较好，该结果与 8.2 节结论吻合。

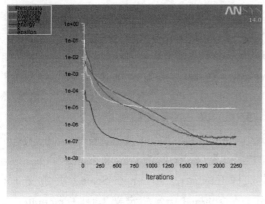

a) 1×10^{-4} inch   b) 5×10^{-4} inch

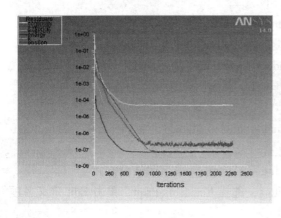
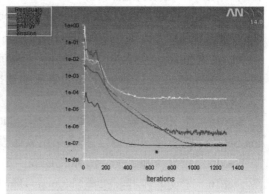

c) 1×10^{-3} inch   d) 5×10^{-3} inch

图 8-17　不同近壁面尺寸计算收敛情况

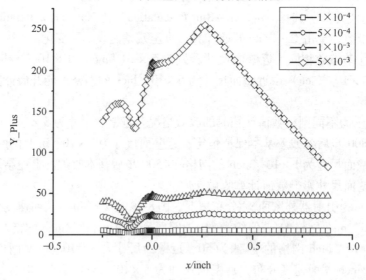

图 8-18　外壁面 y^+

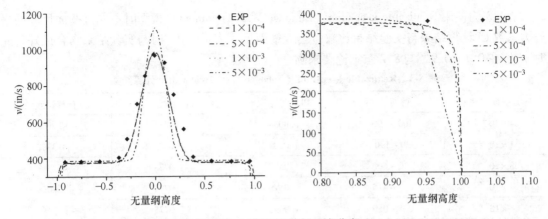

图 8-19 $x = 3$inch 位置速度分布

8.3.2 实例2——翼型绕流

本节使用不同近壁面尺寸网格计算 NACA0012 在 $Ma = 0.15$，攻角 $\alpha = 10°$时的气动特性（升力系数），并与实验结果做比较，探究近壁面尺寸对计算结果的影响。

注意：具体实验数据和计算参数，读者可以参考网址 http：//turbmodels. larc. nasa. gov/ naca0012 _ val. html。

表 8-1 为使用 Spalart-Allmaras 湍流模型时升力系数 Cl 计算结果与实验结果比较。当近壁面尺寸分别为 3×10^{-4}、4×10^{-5}时，计算结果与实验吻合较好，此时 y^+ 值分别为 $10 \sim 62$ 和 $0.5 \sim 4.5$。当壁面尺寸大于 3×10^{-4}或小于 4×10^{-5}时，计算误差增大。尤其是当近壁面尺寸为 1×10^{-2}时，误差大至 -30.78%。

表 8-1 Spalart-Allmara 模型计算结果

近壁面尺寸	壁面 y^+	Cl 计算结果	Cl 实验结果	计算误差
1×10^{-2}	$15 \sim 1200$	0.7459	1.0775	-30.78%
1×10^{-3}	$20 \sim 190$	1.0338	1.0775	-4.06%
3×10^{-4}	$10 \sim 62$	1.0727	1.0775	-0.45%
4×10^{-5}	$0.5 \sim 4.5$	1.0626	1.0775	-1.38%
4×10^{-6}	$0.1 \sim 0.9$	1.0625	1.0775	-1.39%

表 8-2 为使用 Realizable k-epsilon（Standard Wall Functions）模型时升力系数 Cl 计算结果与实验结果比较。当近壁面网格尺寸为 3×10^{-4}时与实验结果吻合最好，此时 $y^+ = 10 \sim 60$，与 8.2 节理论吻合。壁面尺寸过大会导致误差变大，而壁面尺寸过小时（4×10^{-6}）导致 FLUENT 无法计算。

表 8-2 Realizable k-epsilon（Standard Wall Functions）模型计算结果

近壁面尺寸	壁面 y^+	Cl 计算结果	Cl 实验结果	计算误差
1×10^{-2}	$100 \sim 900$	0.9095	1.0775	-15.59%
1×10^{-3}	$20 \sim 190$	1.0311	1.0775	-4.31%
3×10^{-4}	$10 \sim 60$	1.0476	1.0775	-2.78%
4×10^{-5}	$0.5 \sim 4.5$	1.0156	1.0775	-5.75%
4×10^{-6}	—	无法计算	1.0775	—

　　表 8-3 为使用 Realizable k-epsilon（Enhance Wall Treatment）模型时不同近壁面尺寸网格升力系数 Cl 计算结果与实验结果比较。当近壁面尺寸为 4×10^{-6} 时与实验结果吻合最好，此时 y^+ 值在 $0.1 \sim 0.9$，与 8.2 节理论要求吻合。

表 8-3　**Realizable k-epsilon**（Enhance Wall Treatment）**计算结果**

近壁面尺寸	壁面 y^+	Cl 计算结果	Cl 实验结果	计算误差
1×10^{-2}	$100 \sim 900$	0.9084	1.0775	-15.69%
1×10^{-3}	$20 \sim 190$	1.0309	1.0775	-4.33%
3×10^{-4}	$10 \sim 60$	1.0575	1.0775	-4.29%
4×10^{-5}	$0.5 \sim 4.5$	1.0678	1.0775	-0.90%
4×10^{-6}	$0.1 \sim 0.9$	1.0698	1.0775	-0.71%

　　注意：整理数据发现，近壁面尺寸对湍流计算结果影响很大。针对不同的湍流模型和壁面函数合理选择近壁面尺寸将显著提高数值计算精度。

本 章 小 结

　　本章主要介绍了 ICEM 中节点设置的相关内容，并研究了近壁面网格尺寸对数值计算结果的影响。希望读者掌握 ICEM 节点设置方法，了解节点分布规律，重视近壁面尺寸对数值计算的影响。

第9章
几何、块和网格的基本操作

本章主要讲解几何（Geometry）、块（Block）和网格（Mesh）的基本操作，包括平移（Translate）、旋转（Rotate）、镜像（Mirror）、缩放（Scale）等。

知识要点：

➤ 几何、块和网格的基本操作

9.1　基本操作

ICEM 支持 Geometry、Block 和 Mesh 的平移旋转等操作，使读者可以灵活地生成网格，下面简要介绍这些基本操作。

9.1.1　平移

如图 9-1 所示，单击 Geometry 标签栏▤，然后单击▰进入平移几何操作；单击 Blocking 标签栏▤，然后单击▰进入平移块操作；单击 Edit Mesh 标签栏▤，然后单击▰进入平移网格操作。

几何、块和网格的平移操作大致相同，以平移几何为例说明：a）单击▨，选择待平移几何模型；b）若勾选 Copy 则平移后不删除原几何对象；c）Number of Copies 为复制个数；d）Method 下的 Explicit 和 Vector 为两种不同的平移方法，Explicit 方法通过 X、Y、Z 方向偏移量定义平移方向和距离，而 Vector 方法则通过两点确定平移方向和距离。

几何、块和网格的平移操作也略有不同。平移几何/网格有 IncrementParts 一栏，单击▨选择 Part 名，该操作为平移得到的几何/网格定义新的 Part。以平移几何为例，若单击▨选择 Part 为 GEOM，则通过平移 GEOM 得到的几何 Part 名为 GEOM_0，若 Number of Copies > 1，则 Part 名依次为 GEOM_1、GEOM_2、GEOM_3 等。

平移网格操作有合并节点（Merge Nodes）选项，当两节点距离小于公差（Tolerance）时被合并。在 Tolerance Method 栏定义公差，一般采用默认值（Automatic），此时 Tolerance 为最小网格尺寸的 1/10，也可根据需要自己定义（User defined）。

注意：读者可以通过复习 5.4.2 节、6.3.2 节的内容熟悉平移几何的基本操作，平移块和平移网格的方法与平移几何相同。

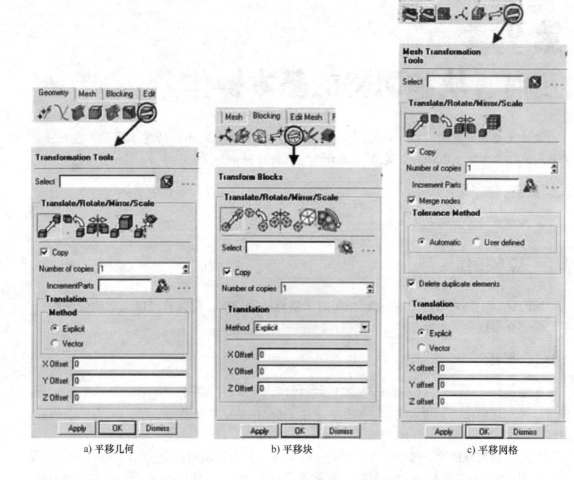

a) 平移几何　　　　　　b) 平移块　　　　　　c) 平移网格

图 9-1　平移操作

9.1.2　旋转

如图 9-2 所示，单击 Geometry 标签栏，然后单击进入旋转几何操作；单击 Blocking 标签栏，然后单击进入旋转块操作；单击 Edit Mesh 标签栏，然后单击进入旋转网格操作。

几何、块和网格的旋转操作类似，以旋转几何为例说明：a）Number of copies 为旋转复制个数；b）Angle 为旋转角度；c）Axis 为旋转轴，可以是 X、Y、Z 坐标轴，也可由两点确定；d）Center of Rotation 为旋转轴经过的点，可以是坐标原点（Origin）、质心（Centroid）或某一指定点（Specified）。

注意：几何、块和网格旋转操作的不同之处可参考平移操作。若不定义 $Angle$，则 $Angle$ 值会根据旋转复制个数 n 自动求得，$Angle = 360/(n+1)$。读者可以通过复习 3.3.2 节熟悉旋转几何的操作，旋转块和旋转网格的方法与旋转几何的方法相同。

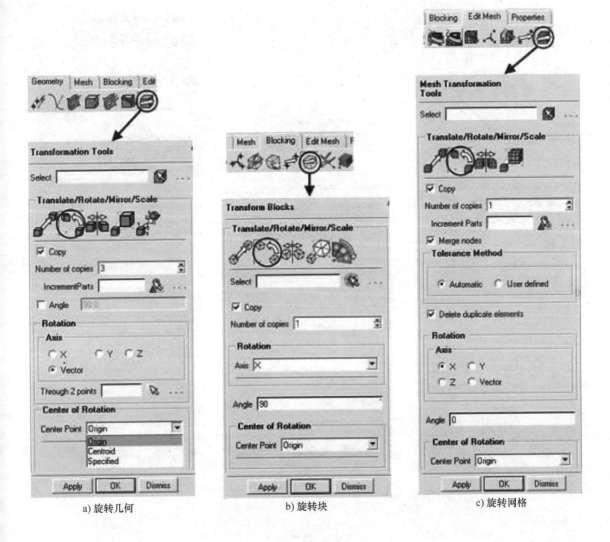

图 9-2 旋转操作

9.1.3 镜像

如图 9-3 所示，单击 Geometry 标签栏 ，然后单击 进入镜像几何操作；单击 Blocking 标签栏 ，然后单击 进入镜像块操作；单击 Edit Mesh 标签栏 ，然后单击 进入镜像网格操作。

几何、块和网格的镜像操作类似，以几何镜像为例说明：a）Plan Axis（Normal）定义对称面法向矢量，可以是 X、Y、Z 轴，也可通过两点定义法向矢量；b）Point of Reflection 为对称面经过的点，可以是原点、质心或某一指定点（Selected）。

a) 镜像几何

b) 镜像块

c) 镜像网格

图 9-3　镜像操作

9.1.4　缩放

　　如图 9-4 所示，单击 Geometry 标签栏🗒，然后单击🗒进入几何缩放操作；单击 Blocking 标签栏🗒，然后单击🗒进入块缩放操作；单击 Edit Mesh 标签栏🗒，然后单击🗒进入网格缩放操作。

　　几何、块和网格的缩放操作类似，以缩放几何模型为例说明：a) Scale Geometry 栏 X factor、Y factor、Z factor 分别为沿 X、Y、Z 轴方向的缩放因子；b) Center Point 为缩放中心，可以是原点、质心或者某一指定点。

　　本节主要学习了几何、块和网格的基本操作，生成网格过程中灵活运用这些操作将显著提高工作效率。

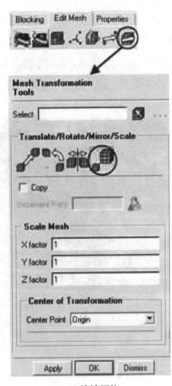

a) 缩放几何　　　　　b) 缩放块　　　　　c) 缩放网格

图9-4　缩放操作

9.2　镜像操作练习

本节通过实例讲解如何使用镜像操作生成如图9-5所示的网格。

将光盘中"几何文件/第 9 章/ 9.2"文件夹下的 Quarter. tin 和 Quarter. blk 复制到工作目录并打开，观察几何模型和块，如图9-6 和图9-7 所示。勾选模型树 Model→Blocking→Pre-Mesh，观察网格分布情况。

有两种方法实现图9-5 所示操作： a）对称几何模型，对称块，建立映射关系，生成整体网格；b）生成一半网格，对称生成另一半网格。下面将分别介绍这两种方法。

对于第一种方法，可参考如下步骤生成网格。

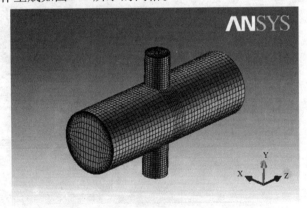

图9-5　网格示意

Step1　镜像几何。如图9-8 所示，单击 Geometry 标签栏 ，单击 选择所有待镜像几何元素，然后单击 进入镜像几何操作；勾选 Copy，在 Plane Axis（Normal）下拉列表框中选择 Vector，并单击 Through 2 points 文本框后 🖰，在主窗口依次选择 P_A 和 P_B，定义对称面的法向矢量；在 About Point 下拉列表框中选择 Selected，单击 Location 文本框后 🖰，选择 P_B，单击 Apply 按钮，结果如图 9-9 所示。采用相同的方法，基于当前几何模型，以 P_C 和 P_D 定义对称面法向矢量、以 P_B 为基准再次镜像，生成几何模型如图 9-10 所示。

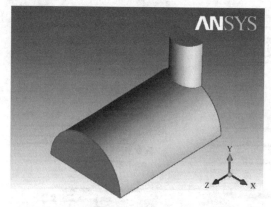

图 9-6　几何模型

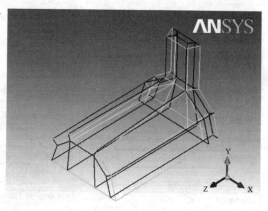

图 9-7　块

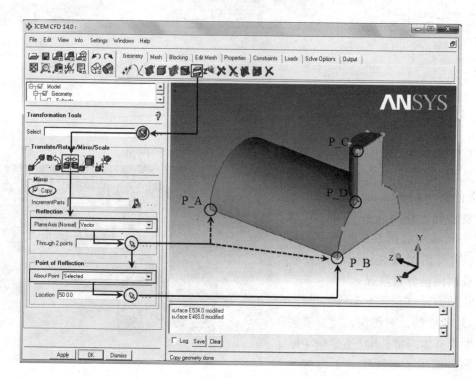

图 9-8　镜像操作

　　Step2　镜像 Block。与几何镜像操作相似，单击 Blocking 标签栏 🖰，然后单击 🖰 进入 Block 镜像操作；单击 🖰 选择所有 Block，勾选 Copy；参考 Step1 特征点定义对称面法向矢量和基准点，镜像结果如图 9-11 和图 9-12 所示。

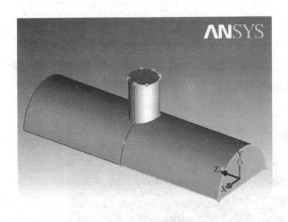

图9-9 一次镜像结果

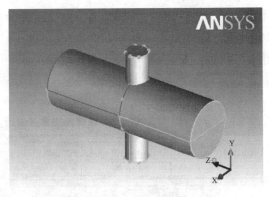

图9-10 二次镜像结果

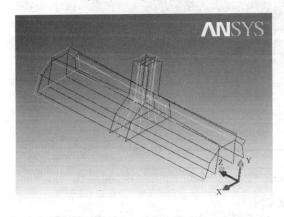

图9-11 一次镜像结果

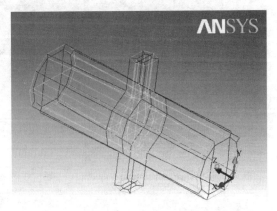

图9-12 二次镜像结果

Step3 调整 Block。镜像 Block 后会引起映射、节点数的变化，因此每次镜像 Block 后都应做适当的处理。最后生成网格如图 9-13 所示。

对于第二种方法，可以参考如下步骤生成网格。

Step1 生成网格。勾选模型树 Model→Blocking→Pre-Mesh，生成网格，如图 9-14 所示。右击 Pre-Mesh，选择 Convert To Unstruct Mesh；选择 File→Mesh→Save Mesh As，保存当前网格文件为 Mesh1. uns。

Step2 镜像网格。单击 Edit Mesh 标签栏 📧，然后单击 📧 进入镜像网格操作。单击 📧 选择所有的网格元素（包括壳网格和体网格）；在 Mirror 栏

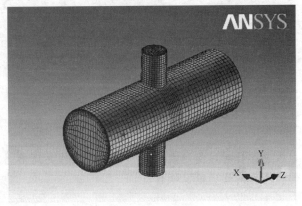

图9-13 网格结果

勾选 Copy 和 Merge Nodes；在 Tolerance Method 栏选中 Automatic；在 Plane Axis（Normal）栏选中 Z 轴作为对称面法向矢量；在 About Point 下拉列表框中选择 Selected，并单击 Point 文

本框后 ↙，在主窗口选择 P＿A，定义对称面位置；单击 Apply 按钮镜像网格，结果如图 9-15 所示。采用相同方法，以 Y 轴为对称面法向矢量，以 P＿A 定义对称面位置，生成全部网格，结果如图 9-16 所示。

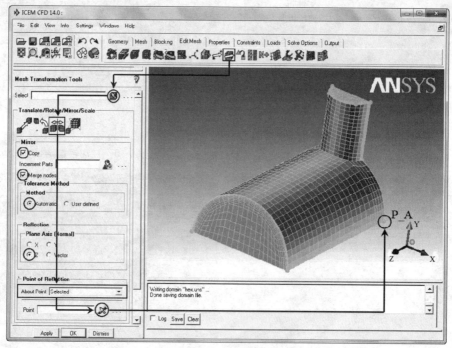

图 9-14　镜像网格

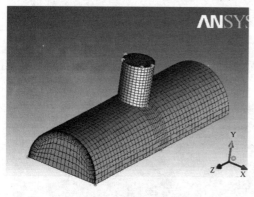

图 9-15　一次镜像结果

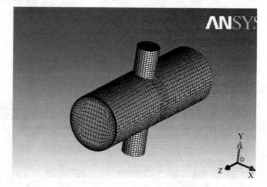

图 9-16　二次镜像结果

　　注意：针对该问题采用第二种方法操作更简单。本节详细说明两种方法，帮助读者练习几何、块和网格的镜像操作。

9.3　旋转操作练习

　　汽车作为一种常见的交通工具，在道路上行驶常会出现超车、会车情况。当汽车高速会车时，车身周围流场将会产生强烈的气流干扰，影响汽车的操作稳定性和行驶安全，因此研究汽车会车过程的气动特性具有十分重要的意义。图 9-17 所示为一个汽车会车计算模型，车身长 L = 700mm，车宽 W = 130mm，车高 H = 173mm，两模型运动速度分别为 0.1m/s。

注意：实际问题中汽车运动速度要大得多，本节着重描述此类网格的生成方法。

观察问题，可以只成上半部分网格，然后将上半部分网格旋转 180°得到下半部分网格，最后合并两部分网格即可生成所需网格，如图 9-18 所示。

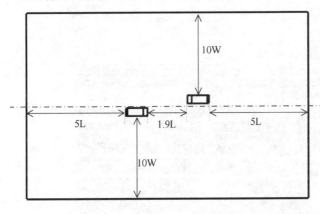

图 9-17　会车模型

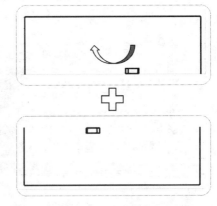

图 9-18　生成网格策略

将光盘中"几何文件/第 9 章/9.3"文件下的 CAR. tin 和 CAR. blk 文件复制到工作目录并打开，观察几何模型和 Block，确定不同 Part 对应的几何元素，见表 9-1。

表 9-1　Part 对应几何元素

PART	对应几何元素	PART	对应几何元素
WALL_CAR	车身	FAR_FIELD	流场远场
DOWN	流场下部	IN	流场入口
UP	流场上部	OUT	流场出口
SYM	流场对称面		

Step1　生成网格。勾选模型树 Model→Blocking→Pre-Mesh，生成网格，如图 9-19 所示。右击 Pre-Mesh，选择 Convert To Unstruct Mesh；File→Mesh→Save Mesh As，保存当前网格文件名为 Mesh-Part. uns。

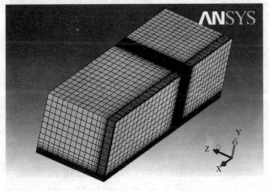

图 9-19　网格结果

Step2　旋转网格。如图 9-20 所示，单击 Edit Mesh 标签栏，然后单击，在 Select mesh element 栏单击选择所有网格单元；单击定义旋转操作，勾选 Copy，并定义 Number of copies = 1，不勾选 Merge Nodes；在 Axis 栏选中 Y，定义 Y 轴为旋转轴；定义 Angle = −180，即旋转 −180°；在 Center Point 下拉列表框中选择 Selected，并单击 Point 文本框后，选择主窗口 P _ A 为旋转轴位置，单击 Apply 按钮，结果如图 9-21 所示。

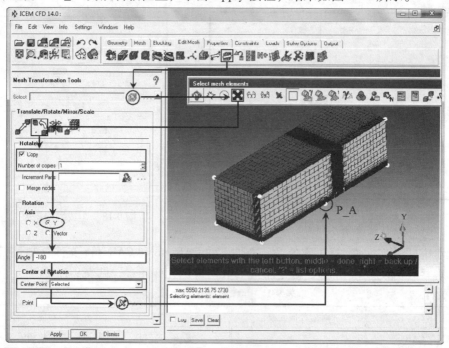

图 9-20　旋转网格

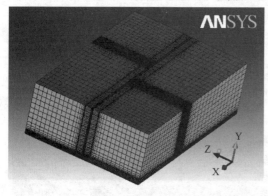
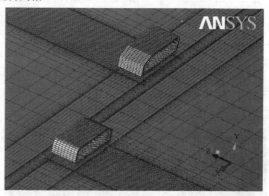

图 9-21　旋转后网格结果

注意：该计算模型并非面对称，节点位置并不重合，因此不勾选 Merge Nodes。

Step3　保存网格。选择 File→Mesh→Save Mesh As，保存当前网格为 Mesh-ALL. uns。然后将网格导出为 FLUENT 可用的网格格式。

Step4　接触面（SYM）的处理。与 9.2 节中的对称操作不同，旋转操作后接触面处网格节点不重合，因此不能合并节点（Merge Nodes），导致数值计算中接触面数据不交换，需要处理。在 FLUENT 中导入 Step3 生成的三维网格，选择 Mesh→Separate→Faces，弹出如图

9-22a 所示对话框，选择接触面 sym，然后单击 Separate，结果如图 9-22b 所示，接触面被分为 sym 和 sym：002 两部分。将 sym 和 sym：002 边界条件定义为 interface，并在 Define→Grid Interface 将 sym 和 sym：002 耦合起来，即可用于数值计算。具体求解问题设定中会涉及动网格问题，读者可参考 FLUENT 官方帮助文档。最终计算结果如图 9-23 所示，表明生成网格可以满足计算要求。

a) 分离前　　　　　　　　b) 分离后

图 9-22　分离面

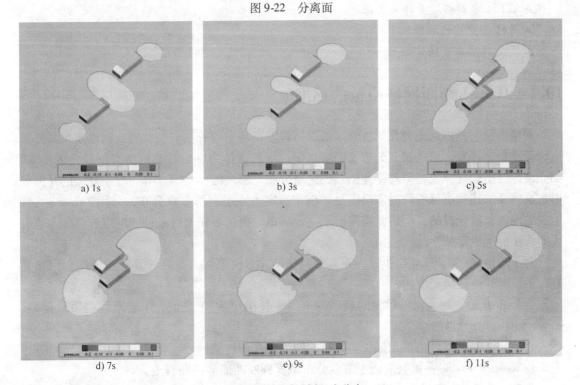

a) 1s　　　b) 3s　　　c) 5s

d) 7s　　　e) 9s　　　f) 11s

图 9-23　不同时刻压力分布

本 章 小 结

本章主要讲解了几何、块和网格的基本操作（旋转、平移、镜像和缩放），合理使用这些基本操作将大大简化网格的生成工作。

第 10 章
网格质量判断与提高

本章主要介绍 ICEM 中判断结构网格质量的方法与标准，并通过具体实例讲解如何提高网格质量。希望读者通过本章学习掌握提高网格质量的基本操作，并体会总结网格质量不高的原因与对策。

知识要点：

➤ ICEM 中网格质量评判标准
➤ 网格质量差的原因
➤ 提高网格质量的方法

10.1 ICEM 判断网格质量的标准

网格质量与具体问题的几何特性、流动特性及流场求解算法有关，因此网格质量最终要由计算结果来评判。但是误差分析及经验表明，计算流体力学对计算网格有一般性的要求，如光滑性、正交性以及在流动变化剧烈的区域分布足够多的网格节点等。对于复杂的几何外形，这些要求往往不可能同时完全满足。例如给定边界层网格节点分布，采用 Laplace 方程生成的网格是较光滑的，但是此类网格不一定满足物面边界正交性条件，网格节点分布也有可能无法捕捉流动特性。

对于结构网格，ICEM 提供了一系列评判标准，方便工程人员在计算开始前判断网格质量，下面对其进行简要概述。

◇Angle：检查每个网格单元的最小内角，一般在 0°～90°之间，0°表示网格质量最差，90°表示网格质量最好。

◇Aspect Ratio：网格单元最长边与最短边的无量纲比值。

◇Constant Radius：根据曲面上节点分布情况判断曲面的扭曲程度。

◇Custom Quality：自定义质量，可根据需要自由组合 Determinant、Warp、Min Angle、Max Angle 作为自定义质量标准。

◇Determinant（2×2×2）：最小雅可比矩阵与最大雅可比矩阵行列式的比值，1 表明质量最好，0 表明质量最坏。

◇Determinant（3×3×3）：与 Determinant（2×2×2）计算类似，不同的是雅可比矩阵行列式的计算中还包含各网格单元边的中点。

◇Distortion：网格单元的扭转。

◇EquiangleSkewness：该参考值计算方法为 $1.0 - \max((Q_{\max} - Q_e)/(180 - Q_e)$，$(Q_e - Q_{\min})/Q_e)$，其中 $Q_{\max}$ 为网格单元最大角度，$Q_{\min}$ 为网格单元最小角度。

◇Eriksson Skewness：一个经验标准，通常可以接受的范围为 $0.5 \sim 1$。

◇Ford：用于 3 或 4 个节点网格单元的混合质量参数，是扭曲率（Skewness）和边长比（Aspect Ration）的权重值。

◇Hex. Face Aspect Ratio：首先计算六面体网格单元相对面的平均面积，共 3 组，然后使其两两相除，取最大值的倒数。

◇Hex. Face Distortion：网格单元体积与 i、j、k 方向最大边线长度之积的比值。

◇Max Angle：网格单元最大内角值。

◇Max Dihedral Angle：网格单元相交面得最大角。

◇Max Length：若网格单元为四边形，该值为对角线最大长度；若网格单元为三角形，该值为最大边长。

◇Max Ortho：网格单元内角与 90°差值的最大值。

◇Max Ratio：经过同一 Vertex 任意两条边长度之比的最大值。

◇Max Side：网格单元边长最大值。

◇Max Warp：网格单元最大扭曲度，仅适用于结构体网格单元、结构面网格单元及线网格单元。

◇Mid Node：距离中间节点的最大距离。

◇Mid Node Angle：中节点与线性网格单元的夹角，如图 10-1 所示。

◇Mid Angle：每个单元最小内角值。

◇Min Ortho：网格单元内角与 90°差值的最小值。

◇Min Side：网格单元边长最小值。

◇Opp Face Area Ratio：仅用于六面体网格单元，表明网格单元中对称面面积比的最大值，理想情况下应为 1。图 10-2 为一网格单元，假定 F _ ABCD 的面积为 A_1、其对面 F _ EF-GH 的面积为 A_2，若 $A_1 > A_2$，则对称面面积比（Opp Face Area Ratio）$= A_1/A_2$，否则为 A_2/A_1，取三组（另外两组是 F _ ADHE 和 F _ BCGF、F _ ABFG 和 F _ EFGH）对称面的面积之比作为该网格单元的对称面面积比。

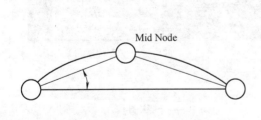

图 10-1　Mid Node Angle

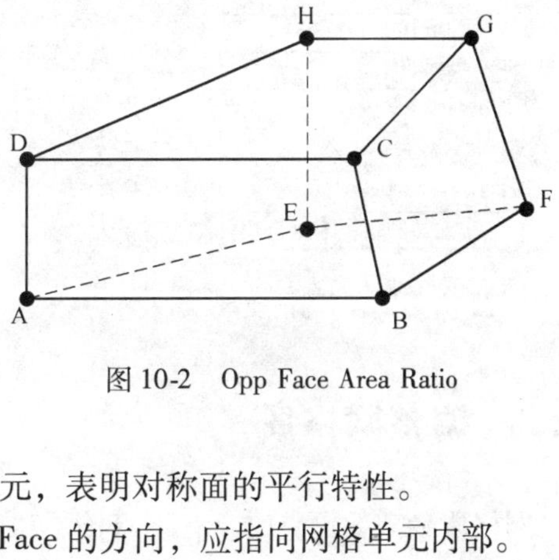

图 10-2　Opp Face Area Ratio

◇Opp. Face Parallelism：仅用于六面体网格单元，表明对称面的平行特性。

◇Orientation：根据右手定则得到的网格单元 Face 的方向，应指向网格单元内部。

◇Quality：对于不同的网格单元定义方法不同。对于三角形或四面体单元，该值指高度与基准长度比值的最小值；对于四边形单元，该值即为上述 Determinant（2×2×2）的值；对于六面体单元，该值为 Determinant、Max Ortho 和 Max Warp 的加权平均值；对于五面体单元，该值为 Determinant 的值；对于棱柱单元，该值为 Determinant 和 Warpage 的最小值。

◇Taper：对于四边形单元为对称边长度之比的最大值；对于六面体单元为对称面面积之比的最大值。

◇Volume：基于单元节点计算得到的体积。

◇Volume Change：用相邻最大网格单元体积除以该网格单元体积得到的比值，表示体积变化情况。

◇Warpage：根据节点计算得到的平面扭曲度。

◇X Size：沿 X 方向网格单元边长。

◇Y Size：沿 Y 方向网格单元边长。

◇Z Size：沿 Z 方向网格单元边长。

如图 10-3 所示，单击 Blocking 标签栏 进入检查网格质量操作，若单击 Apply 按钮即弹出如图 10-4 所示的柱状图，结合柱状图简述各参数意义：Criterion 为网格质量判断标准，Min-X value 为柱状图 X 轴最小值，Max-X value 为 X 轴最大值，Max-Y height 为 Y 轴最大值，Num. of bars 为柱状图条数。

上述参数若采用默认设置，ICEM 将使用最优参数显示柱状图。上部没有箭头的柱状图表明对应纵轴即为节点数，图 10-4 中 0.5~0.6 的网格单元数为 10；上部有箭头的表示在该区间内的节点数大于对应纵轴，即 0.6~0.7 的网格单元数大于 20，单击该区域柱状图，信息窗口将显示"Total number of elements：56"，表明该质量区域网格数为 56。

图 10-3　判断网格质量

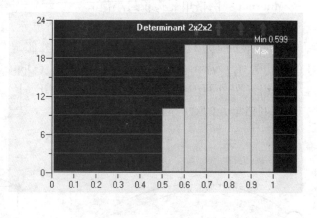

图 10-4　柱状图

10.2　调整网格质量

网格质量需要调整时，有不可接受和质量较差两种情况。对于结构网格，以 Determinant 2×2×2 为例，当存在质量为负值的网格时，表明存在负体积网格，是不可接受的，可从几何模型、Block 及它们之间的映射关系查找原因；当所有网格质量为正值，但存在部分网格质量在较小值区域（如 0～0.2），表明当前网格质量较差，需要调整，这多是由于几何模型或 Block 过度扭曲畸变、节点数布置不合理等原因造成。

调整网格质量可以遵循如下步骤：

1）显示网格质量柱状图。

2）显示质量不好的网格。具体操作如图 10-5 所示，选择柱状图中某一质量分布区间并右击选择 Show，在模型树中关闭 Geometry 和 Block 的显示，单击工具栏，仅显示质量差网格。

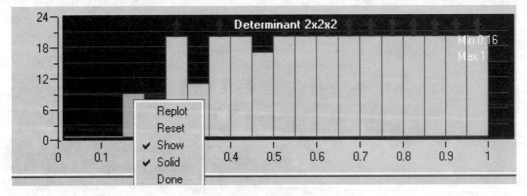

图 10-5　显示部分网格操作

3）观察质量差网格周围 Geometry 和 Block 并检查映射关系，找到原因和调整方法。

4）调整 Block 形状和映射关系，重新生成网格，检查网格质量。

5）重复上述步骤，直至质量满足要求为止。

上述步骤中 1）～3）定位质量差网格，4）～5）调整网格质量。

10.3　提高网格质量练习

本节将通过具体实例讲解如何提高网格质量。

Step1　打开文件。将光盘中"几何文件/第 10 章/10.3"文件夹下 Quality. tin 和 Quality. blk 文件复制到工作目录，并在 ICEM 中打开，观察几何模型和 Block，如图 10-6 和图 10-7 所示。

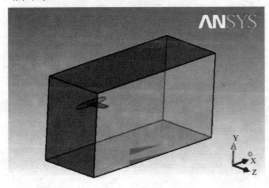

图 10-6　几何模型

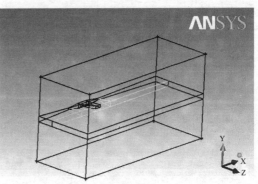

图 10-7　块

Step2 生成网格。勾选模型树 Model→Blocking→Pre-Mesh，弹出如图 10-8 所示的报错对话框，信息窗口有图 10-9 所示报错，注意 mesh size is too large for 32 bit version，表明当前网格节点设置过多，已超过了计算机存储能力。

图 10-8　生成网格报错　　　　　　　　图 10-9　信息窗口报错

Step3 显示 Edge 节点参数。如图 10-10 所示，右击模型树 Model→Blocking→Edges，选择 Counts，各 Edge 节点数如图 10-11 所示，发现节点数设置过多。这是在生成网格之前没有详细地定义节点参数造成的。

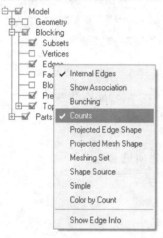

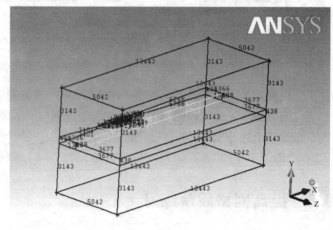

图 10-10　显示节点数　　　　　　　　　图 10-11　Edge 节点数

Step4 定义 Edge 节点参数。单击 Blocking 标签栏，然后单击，参考图 10-12 定义各 Edge 节点参数。

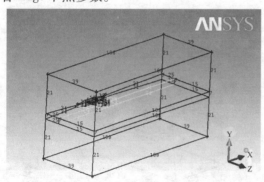
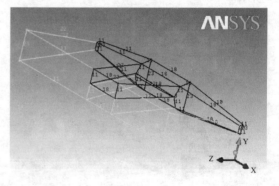

图 10-12　定义 Edge 节点参数

注意：图 10-12 仅作参考，只要显著降低 Edge 节点数即可。因本节着重讲解网格质量问题，因此节点参数设定未考虑实际计算要求，下面也是，不再单独说明。

Step5　生成网格。勾选模型树 Model→Blocking→Pre-Mesh，观察网格生成结果，如图 10-13 所示。

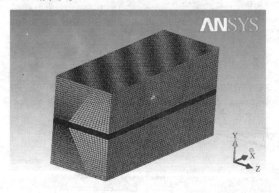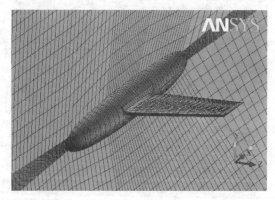

图 10-13　网格结果

Step6　检查网格质量。单击 Blocking 标签栏 ，在 Criterion 下拉列表框中选择 Determinant 2×2×2，其余采用默认设置，单击 Apply。质量分布如图 10-14 所示，发现存在负体积（Determinant 2×2×2<0）网格，需对其进行调整。

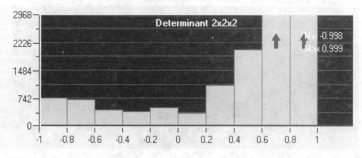

图 10-14　网格质量分布

Step7　显示负体积网格。为方便显示负体积网格，在模型树下隐藏所有几何元素和块元素，仅显示 Edge。在图 10-14 中单击质量小于 0 的柱状图，然后单击 ，在主窗口显示所有负体积网格，如图 10-15 所示。粗略将负体积网格分为 3 部分（A—机体前部、B—机翼附近、C—机体尾部）。

接下来逐步调节各部分网格质量。

Step8　调整 A 处网格。A 处几

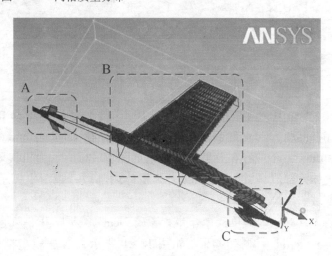

图 10-15　负体积网格位置

何、Block 及负体积网格如图 10-16 和图 10-17 所示，观察发现该处 Edge 与对应 Curve 未建立映射关系。单击 Blocking 标签栏![icon]，然后单击![icon]，建立 Edge 的映射关系。

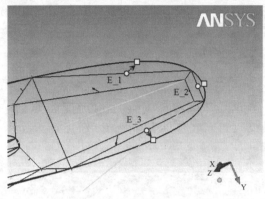 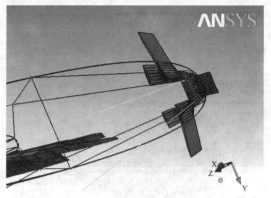

图 10-16　机体前部几何及块　　　　　　　图 10-17　机体前部负体积网格

Step9　生成网格，检查网格质量。勾选模型树 Model→Blocking→Pre-Mesh，观察网格生成结果。采用 Step7 的方法显示负体积网格，结果如图 10-18 所示，A 处负体积网格已消失，表明调整成功。

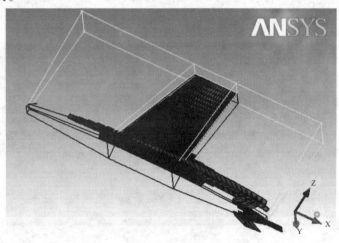

图 10-18　负体积网格位置

Step10　调整 B 处网格。图 10-19 所示为 B 处 Edge 的映射情况，图中标示 Edge 的映射存在问题，Edge 的颜色为黑色，说明存在 Edge 与 Surface 映射关系，但标示 Edge 与对应 Surface 本不应存在此类映射关系。图 10-20 所示为机翼附近 Block，观察发现蓝色 Block 为机体外部流场域、红色 Block 为机体内部域，该图中标示 A、B 处的 Block 从属于错误的计算域。

注意：本例中机体外部流场域 Block 名为 LIVE，机体内部域名为 SOLID。

Step11　调整 Block。如图 10-21 所示，右击模型树 Model→Parts→LIVE，选择 Add to Part，在弹出 Add to Part 面板单击![icon]，然后单击![icon]，选择图 10-20 中标示的 A，单击 Apply

按钮，将 A 定义为机体外部流场域。采用同样方法定义图 10-20 中标示的 B 为机体内部域。

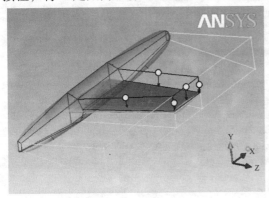

图 10-19　机翼附近 Edge

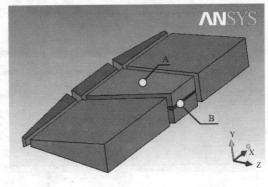

图 10-20　机翼附近 Block

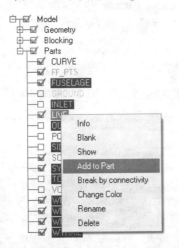

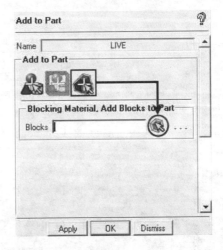

图 10-21　调整 Block

Step12　删除机体内部计算域。对于外流问题，不需要机体内部域。右击模型树 Model →Parts→SOLID，选择 Delete，删除名为 SOLID 的块。

Step13　建立机翼附近的 Edge 映射。参考图 10-22，采用 Step8 的方法建立 Edge 与 Curve 的映射关系。

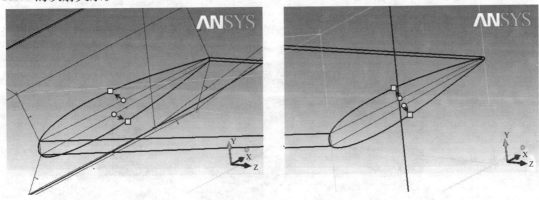

图 10-22　机翼附近 Edge 映射关系

Step14   生成网格，检查网格质量。勾选模型树 Model→Blocking→Pre-Mesh，观察网格生成结果。采用 Step7 的方法显示负体积网格，结果如图 10-23 所示，B 处负体积网格已消失，表明调整成功。

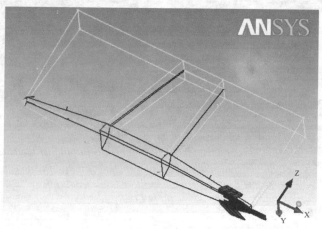

图 10-23   负体积网格位置

Step15   调整 C 处网格。C 处几何、Block 及负体积网格如图 10-24 和图 10-25 所示，观察发现该处问题与 A 处相同，即未建立 Edge 与对应 Curve 的映射关系，采用 Step8 的方法建立映射关系，补齐机体附近其余曲线处 Edge 的映射关系。

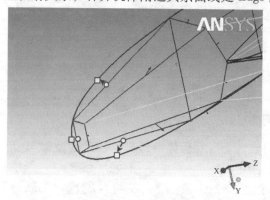

图 10-24   机体厚度几何及块

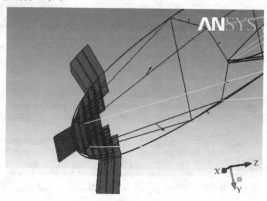

图 10-25   机体后部负体积网格

Step16   生成网格，检查网格质量。勾选模型树 Model→Blocking→Pre-Mesh，观察网格生成结果。网格质量分布如图 10-26 所示，发现此时已无负体积网格。

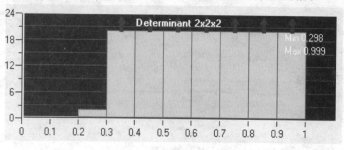

图 10-26   网格质量分布

Step17　调整网格分布。图 10-27 和图 10-28 分别为 X 轴和 Z 轴方向的网格分布，观察发现网格分布存在倾斜问题，接下来解决该问题。如图 10-29 所示，选择图 10-30 中 E_1 为待设定 Edge，选择 E_1′为 Reference Edge，单击 Apply 按钮；选择 E_2 为待设定 Edge，选择 E_2′为 Reference Edge，单击 Apply 按钮。调整后网格分布如图 10-31 和图 10-32 所示。

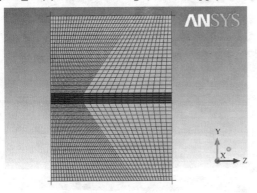

图 10-27　X 方向视图

图 10-28　Z 方向视图

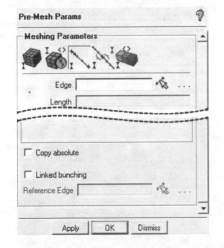

图 10-29　定义 Edge 参数

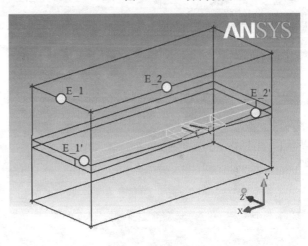

图 10-30　定义参考

图 10-31　X 方向视图

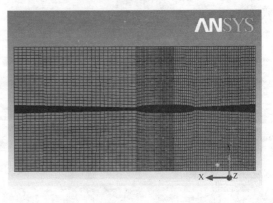

图 10-32　Z 方向视图

　　至此，完成网格质量的调整。在实际计算时，外流问题应做 O 网格，而且应注意边界层网格尺寸、网格平滑过渡等。

本 章 小 结

　　本节简述了 ICEM 中判断结构网格质量的标准，并通过具体实例讲解如何提高网格质量。引起网格质量问题的原因很多，希望读者在学习过程中理解体会，并掌握解决方法。

第 11 章
ICEM 常见问题详解

本章汇集了 ICEM 使用过程中的常见问题，并通过具体实例讲解解决方法。

知识要点：

- ➤ 二维结构网格的要求
- ➤ 计算域内体现低维度元素
- ➤ 多域网格
- ➤ 网格装配
- ➤ 周期性网格

11.1　二维结构网格的要求

ICEM 生成二维结构网格时有一些特定要求：a）边界处映射必须完整；b）二维网格位于 X-Y 平面。

将光盘中"几何文件/第 11 章/11.1"文件夹下的 Association _ Error. tin 和 Association _ Error. blk 文件复制到工作目录并打开，该实例边界处映射不完整。勾选模型数 Model→Blocking→Pre-Mesh，预览网格，并将其导出为 FLUENT 可用的网格。在导出网格时，ICEM 信息窗口提示"WARNING：Mesh has uncovered edges. Fluent needs a complete boundary（lines in 2D）or it will give a variety of errors and not read in the mesh! If this was 2D Hexa, perhaps your edges are not associated with perimeter curves"，表明边界处映射不完整。若将生成的错误网格导入 FLUENT，则 FLUENT 弹出如图 11-1 所示的报错信息。

注意：请读者练习修复边界处 Edge 的映射关系，生成满足计算要求的网格。

将光盘中"几何文件/第 11 章/11.1"文件夹下的 Plane _ Error. tin 和 Plane _ Error. blk 文件复制到工作目录并打开，该实例模型和块均位于 X-Z 平面。勾选模型数 Model→Blocking→Pre-Mesh，预览网格，并将其导出为 FLUENT 可用的网格。将生成的网格导入 FLUENT 并显示，结果如图 11-2 所示。将模型和块均沿 X 轴旋转 90°，将其调整至 X-Y 平面，再次将生成网格读入 FLUENT，结果如图 11-3 所示。

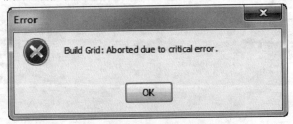

图 11-1　FLUENT 读入网格报错

注意：旋转模型和块的操作参考第 9 章相关内容。

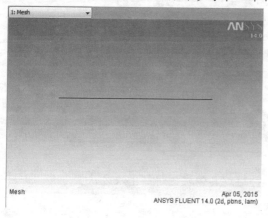

图 11-2　修复前网格　　　　　　　　　　图 11-3　修复后网格

11.2　计算域内体现低维度元素

二维模型的边界是线元素，三维模型的边界是面元素。本节将讲解如何在计算域内体现低维度元素，即在二维模型计算域内体现线元素、在三维模型计算域内体现面元素。上述问题可以通过建立低维度元素与对应块元素的映射来解决。

将光盘中"几何文件/第 11 章/11.2"文件夹下的 2D. tin 和 2D. blk 复制到工作目录并打开，几何模型和块如图 11-4 和图 11-5 所示。本实例用于室内气流组织的数值计算，计算域内含一个房间、两个障碍物及多个壁面。数值计算时需考虑障碍物的影响，因此在生成网格时要体现壁面。生成网格时若不建立障碍物处 Edge 与对应 Curve 的映射关系，则网格导入 FLUENT 无障碍物的体现如图 11-6 所示，影响正常数值计算。单击 Blocking 标签栏，然后单击，建立障碍物处 Edge 与 Curve 的映射关系，重新生成网格导入 FLUENT，结果如图 11-7 所示。

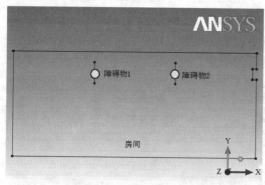

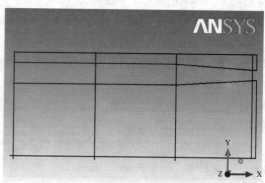

图 11-4　几何模型　　　　　　　　　　　图 11-5　块

二维问题建立 Edge 与 Curve 的映射关系即可，对于三维问题，建立 Face 与 Surface 的映射关系即可。

将光盘中"几何文件/第 11 章/11.2"文件夹下的 3D. tin 复制到工作目录并打开，观察几何模型，如图 11-8 所示。地面有一宽 6m、高 4m 不计厚度的矩形建筑物，空气以 4m/s 的速度流向此建筑物，需要对空气绕流建筑物产生风载荷进行模拟计算。请读者基于此模型生成网格，注意建立建筑物处 Face 与对应 Surface 的映射关系。网格结果如图 11-9 所示，数值计算结果如图 11-10 所示，说明生成网格满足数值计算要求。

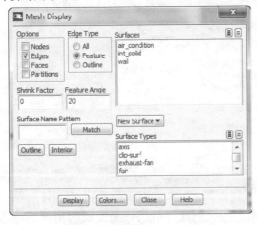

图 11-6　调整前 FLUENT 边界

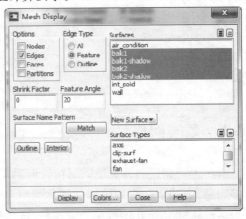

图 11-7　调整后 FLUENT 边界

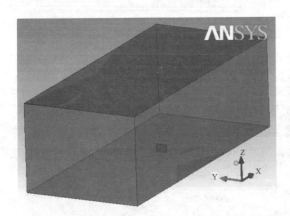

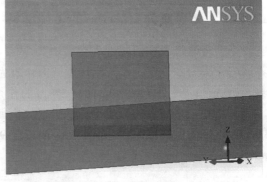

图 11-8　几何模型

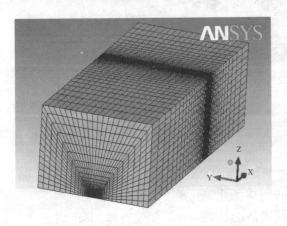

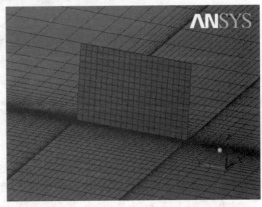

图 11-9　网格结果

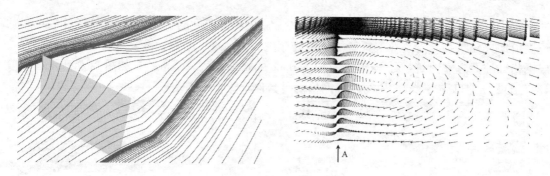

图 11-10　数值计算结果

11.3　多域网格

有些工程问题的计算域同时包含两种甚至多种类型流体（如水滴降落、气泡上升、溃坝等问题），或者包含固体域和流体域（如流固耦合传热），或者出于需要将某一计算域拆分为多计算域（如叶轮机械的旋转）。此类问题称为多域问题，解决该类问题所用网格称为多域网格。对于上述问题，多域网格交界面位置形状随时间变化的，数值计算时需被定义为Interior；交界面位置形状不随时间变化的，数值计算时需被定义为Interface。

11.3.1　交界面为 Interior 的多域网格

本节将通过溃坝问题讲解交界面为 Interior 多域网格的生成。如图 11-11 所示，左下计算域内介质为水，左上及右侧计算域内介质为空气，计算网格需同时表示水域和空气域。计算开始后（即堤坝溃败后），水在重力的作用下开始流动，多域交接面（WATER _ TOP、DAM）的位置和形状将发生变化。针对该问题，在 ICEM 中生成网格时需定义 Block 为不同的 Part 以区分计算域，在 FLUENT 中应设定 WATER _ TOP 和 WATER _ TOP 处的边界条件为interior。

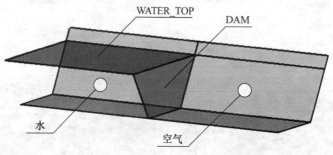

图 11-11　问题描述

下面将简要介绍此类问题网格生成过程。

Step1　打开文件。将光盘中"几何文件/第 11 章/11.3/11.3.1"文件夹下 Dam. tin、Dam. blk 复制到工作目录并打开，观察各个 Part 对应的几何元素，见表 11-1。

Step2　定义水域对应 Block。这是生成多域网格的重要一步，创建整体 Block 时已定义Part 名为 BLOCK _ AIR，通过定义水域 Block 来区分不同介质。如图 11-12a 所示，右击模型树 Model→Parts→Create Part，弹出创建 Part 面板。在 Part 下拉列表框中输入 BLOCK＿WA-TER，单击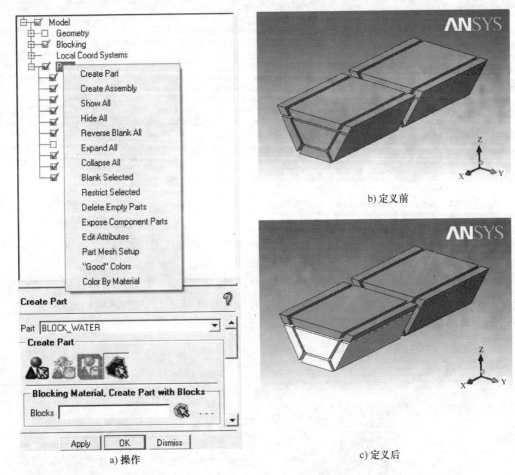，然后单击，选择水域对应 Block，结果对比如图 11-12 所示，观察操作前后颜色变化。

表 11-1 Part 定义

Part	对应元素	Part	对应元素
BLOCK＿AIR	计算域 BLOCK	UP	上表面
DAM	坝体	WALL＿DAM/WALL＿WATER	壁面
OUT	出口	WATER＿TOP	水面

b) 定义前

c) 定义后

a) 操作

图 11-12 定义水域 Part

Step3 生成网格。图 11-13 为中间切面处网格，水域网格与空气域网格颜色不同。将生成网格导出为 FLUENT 网格 Dam. msh。

接下来通过数值计算检验网格是否满足要求。

Step4 网格处理。在 FLUENT 中读入 Step3 生成的网格并显示，如图 11-14 所示，边界条件中多出了 dam-shadow。这是因为生成网格时，DAM 面同时从属于空气域和水域，因此

DAM 被分为 dam 和 dam-shadow，一个从属于空气域，一个从属于水域。定义边界条件时将 dam 的边界类型定义为 interior，此时 dam-shadow 将自动消失，如图 11-15 所示。

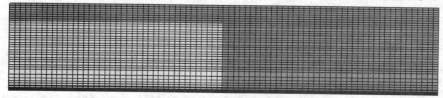

图 11-13   切面处网格

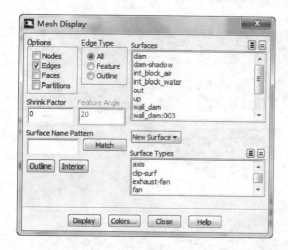

图 11-14   定义 Interior 前

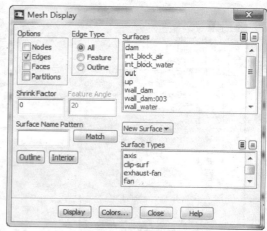

图 11-15   定义 Interior 后

Step5   数值计算。定义网格单位为 cm，计算坝体坍塌后水位变化情况，结果如图 11-16 所示。计算结果表明，生成网格可以很好地满足计算要求。该方法还可以处理如水滴下落、气泡上升、油箱晃动等交界面为 Interior 的网格问题。

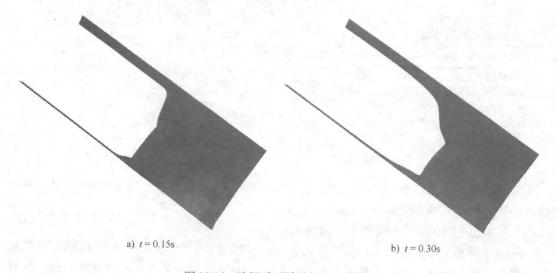

a) $t = 0.15$s   b) $t = 0.30$s

图 11-16   溃坝后不同时刻水位变化

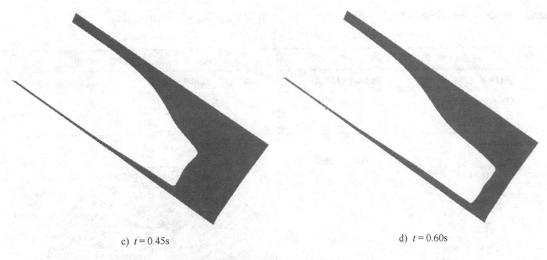

c) $t = 0.45\text{s}$　　　　d) $t = 0.60\text{s}$

图 11-16　溃坝后不同时刻水位变化（续）

注意：6.4 节交界面处理方法与本例相近，读者可以联系 6.4 节相关内容学习交界面为 Interior 的处理方法。

11.3.2　交界面为 Interface 的多域网格

11.3.1 节多域网格交界位置边界条件为 Interior，本节将通过二维搅拌器实例讲解交界面为 Interface 多域结构网格的生成。如图 11-17 所示，中心十字型搅拌器以 $\omega = 5\text{rad/s}$ 的角速度逆时针旋转。在搅拌器外、计算域内创建 Interface，Interface 内为旋转计算域，Interface 外为固定计算域，通过定义旋转域的转动描述搅拌器的转动状态。针对该问题，在 ICEM 中生成网格时不仅需定义 Block 为不同的 Part 以区分计算域，而且每部分计算域需单独生成网格，然后在 ICEM 中装配两个计算域（固定域/旋转域）的网格，在 FLUENT 中定义交界面的边界条件为 interface。

下面将简要介绍此类问题网格生成过程。

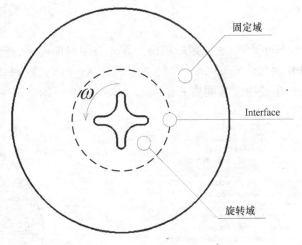

图 11-17　问题描述

Step1　打开文件。将光盘中"几何文件/第 11 章/11.3/11.3.2"文件夹下 Rotate. tin、Rotate. blk 复制到工作目录并打开，观察各个 Part 对应的几何元素，见表 11-2，已定义不同计算域的 BLOCK（BLOCK _ FIX 和 BLOCK _ ROTATE），定义方法参考 11.3.1 节。

Step2　生成旋转域网格。如图 11-18，在模型树 Model→Parts 栏仅勾选 BLOCK _ RO-TATE，取消勾选 BLOCK _ FIX，勾选模型树 Model → Blocking → Pre-Mesh，此时仅生成 BLOCK _ ROTATE 对应的网格。右击模型树 Model→Blocking→Pre-Mesh，选择 Convert to Unstruct Mesh，通过 File→Mesh→Save Mesh As 将当前网格保存为 Rotate. uns。

表 11-2 Part 定义

Part	对应元素	Part	对应元素
BLOCK _ FIX	固定域 BLOCK	WALL _ BLADER	旋转叶片
BLOCK _ ROTATE	旋转域 BLOCK	WALL _ OUT	外部边界
INTERFACE	交界面		

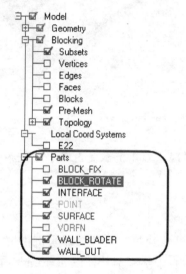
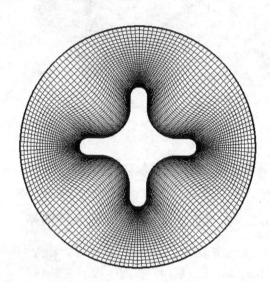

图 11-18 生成旋转域网格

Step3 生成固定域网格。首先关闭当前网格，选择 File→Mesh→Close Mesh；然后重新打开块文件 Rotate. blk，仅勾选 BLOCK _ FIX，取消勾选 BLOCK _ ROTATE，采用 Step 2 中方法，生成固定域网格 Fix. uns，如图 11-19 所示。

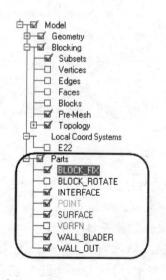
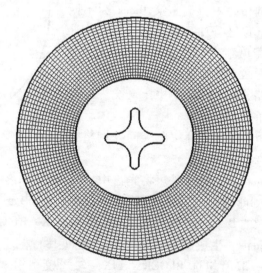

图 11-19 生成固定域网格

Step4　装配网格。当前 ICEM 中已存在固定域网格（Fix _ uns），需将其与旋转域网格（Rotate. uns）合并。选择 File→Mesh→Open Mesh，打开 Step 2 生成的 Rotate. uns，弹出图 11-20 所示的对话框，单击 Merge 合并网格，结果如图 11-21 所示。选择 File→Mesh→Save Mesh As，保存合并的网格为 Merge. uns，将 Merge. uns 导出为 FLUENT 可用的格式 Merge. msh。

图 11-20　合并网格

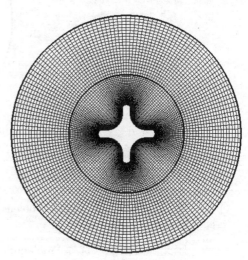

图 11-21　网格合并结果

接下来通过数值计算检验网格是否满足要求。

（1）读入网格

Step1　打开 FLUENT。进入 Windows 操作系统开始，在程序列表中选择 Start→All Program→ANSYS 14. 0→Fluid Dynamics→FLUENT 14. 0，启动 FLUENT 14. 0。

Step2　定义求解器参数。在 Dimension 栏选择 2D 求解器，其余选择默认设置，单击 OK 按钮。

Step3　读入网格。选择 File→Read→Mesh，选择 Merge. msh。

Step4　定义网格单位。选择 Problem Setup→General→Mesh→Scale，在 Scaling 栏选择 Convert Units，在 Mesh Was Created In 下拉列表框中选择 cm，单击 Scale，单击 Close 按钮关闭。

Step5　检查网格。选择 Problem Setup →General →Mesh→Check，Minimum Volume 应大于 0。

Step6　网格质量报告。选择 Problem Setup →General →Mesh→Report Quality，查看网格质量详细报告。

Step7　显示网格。选择 Problem Setup →General →Mesh→Display，在弹出 Mesh Display 面板的 Surface 栏内为边界名，与 ICEM 中定义的 Part 名一一对应。单击 Display，在 FLUENT 内显示网格，如图 11-22 所示。

注意：旋转域和固定域生成网格时均使用了名为 Interface 的边界，而且计算网格又由固定域网格和旋转域网格合并得到，因此当计算网格导入 FLUENT 后，Interface 边界会被分割 interface 和 interface：002，其中 interface 从属固定域、interface：002 从属于旋转域。

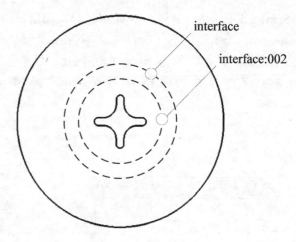

图 11-22　FLUENT 边界

（2）定义求解模型

Step8　定义求解器参数。选择 Problem Setup →General→Solve，求解器参数采用默认设置，选择二维基于压力稳态求解器。

Step9　定义湍流模型。选择 Problem Setup→Models→Viscous-Laminar，在弹出的 Viscous Model 面板中勾选 k-epsilon 湍流模型，单击 OK 按钮关闭。

Step10　定义材料。选择 Problem Setup →Materials，选择 Fluid 栏 air 并单击 Create/Edit，采用默认设置，单击 Change/Create 创建材料。

（3）定义边界条件

Step11　定义固定域材料。选择 Problem Setup →Cell Zone Conditions，在 Zone 栏选择 block_rotate，在 Type 下拉列表框中选择 fluid，单击 Edit，在 Material Name 下拉列表框中选择 air，定义旋转域材料为空气，单击 OK 按钮确定。

Step12　定义旋转域材料。选择 Problem Setup →Cell Zone Conditions，在 Zone 栏选择 block_rotate，在 Type 下拉列表框中选择 fluid，单击 Edit，在 Material Name 下拉列表框中选择 air，定义旋转域材料为空气。勾选 Mesh Motion 并在 Mesh Motion 标签栏定义旋转轴（Rotation-Axis Origin）的坐标（X = 0、Y = 0），定义旋转速度（Rotational Velocity）为 5 rad/s，单击 OK 按钮确定，如图 11-23 所示。

Step13　定义 interface。首先定义 interface 和 interface：002 的边界条件为 interface，选择 Problem Setup→Boundary Conditions，在 Zone 栏依次选择 interface 和 interface：002，在 Type 下拉列表框中选择 interface。然后定义交界面，选择 Problem Setup→Mesh Interfaces，单击 Create/Edit，在 Mesh Interface 栏定义交界面名为 inter_data，在 Interface Zone 1 栏选择 interface，在 Interface Zone 2 栏选择 interface：002，单击 Create 创建 interface，使得内外网格可以交换数据，如图 11-24 所示。

Step14　定义壁面。选择 Problem Setup→Boundary Conditions，在 Zone 栏依次选择 wall_blader 和 wall_out，在 Type 下拉列表框中选择 wall，单击 Edit 采用默认设置。

（4）初始化和计算

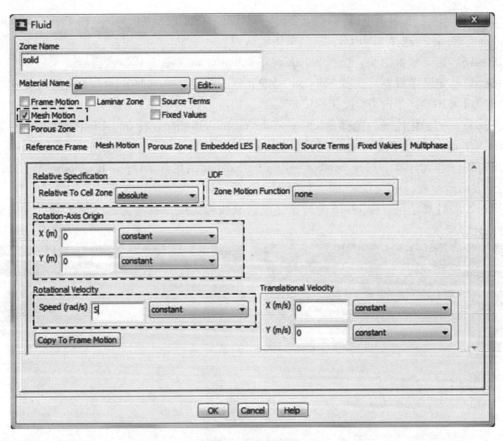

图 11-23　定义旋转域

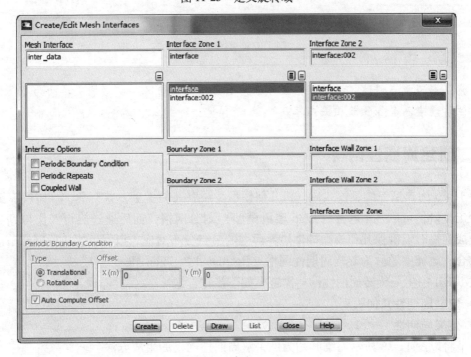

图 11-24　定义 Interface

Step15　定义求解器控制参数。选择 Solution→Solution Methods，在 Pressure-Velocity Coupling Scheme 栏选择 SIMPLE，其余采用默认设置。

Step16　定义松弛因子。选择 Solution→Solution Controls，采用默认设置。

Step17　定义监视器。选择 Solution→Monitors，选择 Residuals-Print，单击 Edit 定义各项残差值为 1×10^{-6}，单击 OK 按钮确定。

Step18　初始化流场。选择 Solution→Solution Initialization，在 Initialization Method 栏选择 Hybrid Initialization，单击 Initialize 初始化流场。

Step19　迭代计算。选择 Solution→Run Calculation，在 Number of Iterations 栏输入 2000 定义最大求解步数，单击 Calculate 开始计算。

Step20　计算结果。图 11-25 为计算完成后流线和速度分布情况，结果表明生成网格满足数值计算要求。

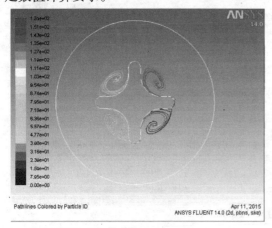
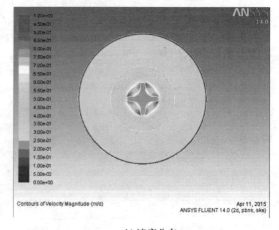

a) 壁面附近流线　　　　　　　　　　　　　　　　b) 速度分布

图 11-25　计算结果

注意：本节重点讲述了结构网格交界面为 Interface 的情况，非结构交界面为 Interface 的处理方法请读者参考 3.3 节相关内容。

11.4　创建周期性网格

图 11-26 为典型三维轴流式压气机几何模型。观察几何模型，共有 36 个叶片均匀排列。为减少工作量，可取一个叶片（1/36 整机模型）划分网格，而后通过旋转操作得到整机网格。生成网格时需确保几何模型周期边界面处的节点分布对应，以保证旋转后网格节点可以完全重合。此类问题称为旋转周期性网格（Rotational Periodic Mesh）。

在 ICEM 中生成旋转周期性网格需遵循如下步骤：

1）定义周期性几何模型。

2）定义周期性 Vertex。

本节将以图 11-26 所示三维叶片为例讲解周期性网格的生成方法。

Step1　观察初始网格。将光盘中"几何文件/第 11 章/11.4"文件夹下 Periodic. tin 和

Periodic. blk 复制到 ICEM 工作目录下并打开,观察几何模型和 Block,如图 11-27 所示。勾选 Model→Blocking→Pre-Mesh,观察生成网格,如图 11-28 所示。

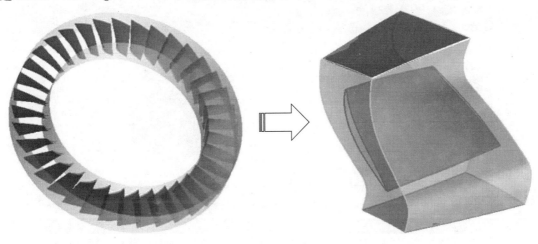

图 11-26　网格简化思路

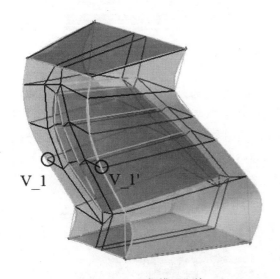

图 11-27　几何模型和块

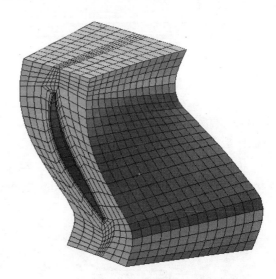

图 11-28　初始网格

注意:为方便显示,几何模型中旋转轴通过点未显示,读者可以在 Periodic. tin 中查看到。

Step2　定义周期性几何模型 (Periodic Geometry)。如图 11-29 所示,单击 Mesh 标签栏![icon],在 Global Mesh Setup 面板单击![icon],勾选 Define periodicity,并在 Type 栏选中 Rotational periodic,定义旋转周期;在旋转轴 (Rotational axis) 面板的 Method 下拉列表框中选择 User Defined by angle,单击![icon],在主窗口选择旋转轴通过点;在 Axis 栏输入"1 0 0",定义 X 轴为旋转轴,在 Angle 栏输入 10,定义旋转周期角度为 10°。

注意:该操作只能针对 1/n 的几何模型。

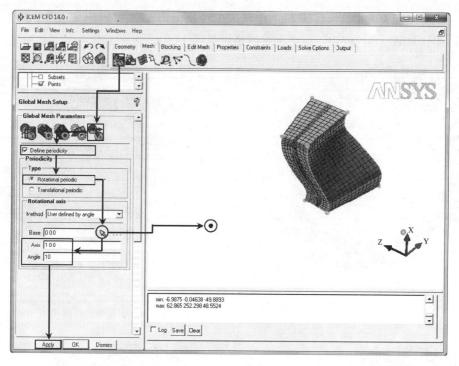

图 11-29　定义周期性模型

Step3　定义周期性 Vertex。结构网格是基于 Block 生成的，因此欲使周期边界面节点分布相同，首先应保证周期边界面对应 Vertex（如图 11-27 中 V_1 和 V_1′）是周期性的。具体操作是单击 Blocking 标签栏 ，如图 11-30 所示，单击 ，在 Method 栏选中 Create，单击 ，依次选择对应 Vertex。定义完成后，勾选 Model→Blocking→Vertices，显示 Vertex。右击 Vertices，选择 Periodic，显示成对 Vertex 之间对应关系，如图 11-31 所示。

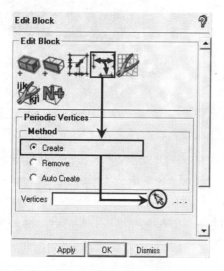

图 11-30　定义周期性 Vertex

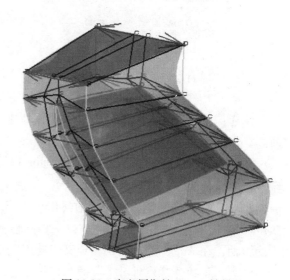

图 11-31　定义周期性 Vertex 结果

注意：创建周期性 Vertex 后，会使成对的 Vertex 的位置发生变化，以保证 Vertex 的周期性和连续性。若选择顺序为 V_1、V_1′，则会根据 V_1 自动调整 V_1′位置。

Step4　生成周期网格。单击 Blocking 标签栏 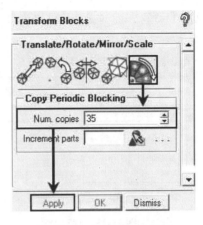，如图 11-32 所示，在 Transform Blocks 面板单击，在 Num copies 文本框中输入 35，其余采用默认设置，单击 Apply 按钮后，几何模型和 Block 如图 11-33 所示，勾选模型树 Model→Blocking→Pre-Mesh，生成网格如图 11-34 所示。

图 11-32　生成周期性网格

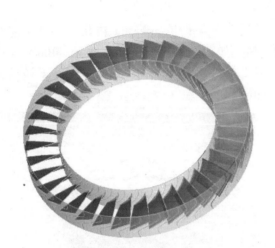

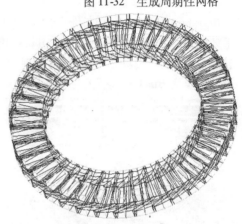

图 11-33　复制后几何模型和块

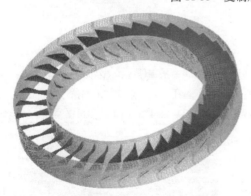

图 11-34　生成网格

11.5　恢复删除的 Block

图 11-35 为删除 Block 的操作，若删除时勾选了 Delete permanently 则会永久删除，此时 Block 将不可恢复；若删除时未勾选则删除的 Block 会被放入模型树 Model→Part→VORFN 中

（见图 11-36），此时 Block 可以恢复，方法是将被删除的 Block 重新加入原 Part 内。下面通过实例练习该操作。

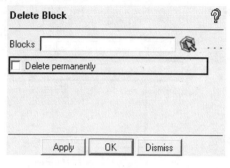

图 11-35 删除 Block

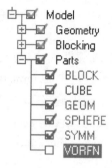

图 11-36 VORFN

Step1 将光盘中"几何文件/第 11 章/11.5"文件夹下 Recover. tin 和 Recover. blk 复制到工作目录并打开。观察几何模型、Block 和网格，如图 11-37 和图 11-38 所示，Block 在模型树 Model→Parts→BLOCK 内。观察发现生成网格不能完全体现计算域，这是 Block 被误删造成的，被误删 Block 被放入 Model→Parts→VORFN 内。

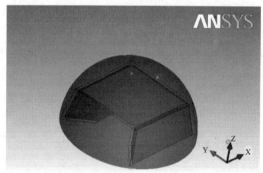

图 11-37 几何和块

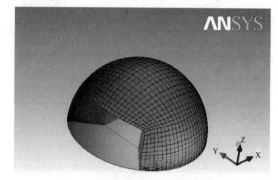

图 11-38 网格

Step2 查找被误删 Block。勾选模型树 Model→Parts→VORFN，显示所有 Block；右击 Model→Blocking→Index Control，如图 11-39 所示，调整 I、J、K 方向 Min = 2、Max = 2。Block 的显示结果如图 11-40 所示，该图中标注的 Block _ A 与其他 Block 颜色不同，是被误删的 Block。

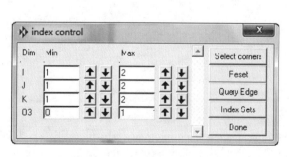

图 11-39 Index Control

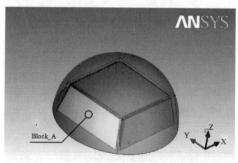

图 11-40 Block _ A

Step3　恢复 Block _ A。如图 11-41 所示，右击模型树 Model→Parts→BLOCK，选择 Add to Part，在弹出的 Add to Part 面板中单击 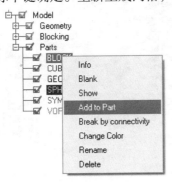，然后单击 ，选择图 11-40 中标示 Block _ A，单击鼠标中键确定。重新生成网格，结果如图 11-42 所示，表明问题已解决。

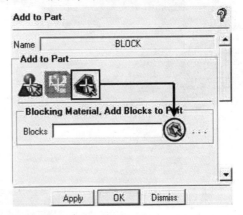

图 11-41　恢复 Block

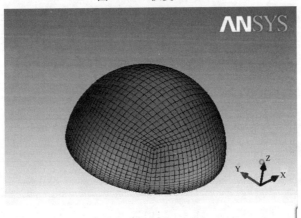

图 11-42　网格结果

11. 6　ICEM 在 CFX 中的应用

11. 6. 1　问题分析

　　ANSYS CFX 是一款高端和通用的流体动力学软件，具有数值方法精准、求解技术快速稳健、物理模型丰富等特点，被工程人员广泛用于解决流动相关问题。ICEM 作为一款通用的网格生成软件，可生成应用于 CFX 数值计算的网格，如图 11-43 所示。本节将通过 6.3 节实例讲解 ICEM 在 CFX 中的应用。

　　注意：使用 ICEM 生成 CFX 计算用网格需要解决两个问题——边界条件和计算域的指定。上述两个问题的解决与 6.3 节中方法相同，即通过定义几何 Part 的方式定义边界、通过定义 Block 的方法定义计算域。基于上述认识，本节略写网格生成过程，着重讲解如何在 CFX 中使用 ICEM 生成的网格。

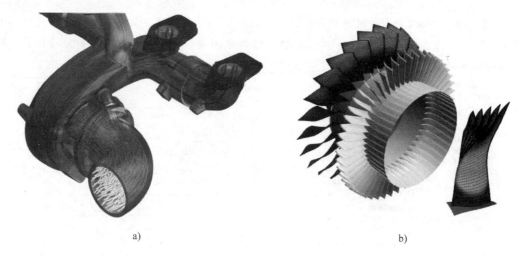

图 11-43 CFX 应用实例

11.6.2 生成网格

本节简要介绍如何使用 ICEM 生成可供 CFX 数值计算用的网格文件。

Step1 打开文件。将光盘中"几何文件/第 11 章/11.6"文件夹下 Car _ 3D. tin、Car _ 3D. blk 文件复制到工作目录并打开，观察各个 Part 对应的几何元素，见表 11-3。

表 11-3 **Part 定义**

Part	对应元素	Part	对应元素
CAR	汽车表面	SYM	对称面
IN	入口	FAR _ FIELD	远场
OUT	出口	FLUID	计算域 BLOCK

Step2 生成网格。勾选模型树 Model→Blocking→Pre-Mesh，生成网格；右击模型树 Model→Blocking→Pre-Mesh，单击 Convert to Unstruct Mesh，将当前网格保存为 hex. uns。

Step3 导出网格。单击 Output 标签栏，弹出 Solver Setup 面板，如图 11-44 所示，在 Output Solver 下拉列表框中选择 ANSYS CFX，其余采用默认设置，单击 Apply 按钮选择求解器；单击 Output 标签栏，弹出对话框询问是否保存工程文件，单击 NO 按钮不保存，然后弹出图 11-45 所示面板，在 Output CFX5 files 文本框中定义输出文件名为 car _ 3d. cfx5，在 CFX-5 Version 栏选中 5. 5 or later，单击 Done 按钮导出网格，至此完成网格生成工作。

11.6.3 数值计算

本节将详细介绍 CFX 如何使用基于 ICEM 生成网格完成数值计算。

Step4 启动 CFX。在计算机桌面单击 Start→All Program→ANSYS 14. 0→Fluid Dynamics →CFX 14. 0 启动 CFX，弹出图 11-46 所示工作界面，单击[图]定义 CFX 工作目录，单击[图]进入 CFX 前处理器 CFX-Pre；如图 11-47 所示，选择 File→New Case，在弹出对话框中选择 General，然后单击 OK 按钮进入操作界面，如图 11-48 所示。

注意：图为 CFX-Pre 工作界面，主要包括菜单栏、工具栏、工作区、视图区和消息栏。

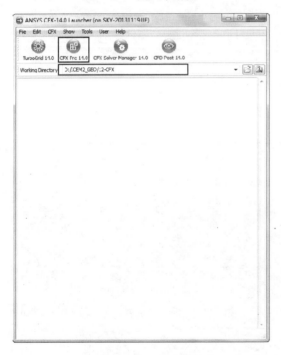

图 11-44　定义求解器

图 11-45　输出网格

图 11-46　CFX 启动界面

图 11-47　新建文件

　　Step5　导入网格。如图 11-49 所示，在工作区右击 Mesh→Import Mesh→ICEM CFD，选择 Step3 中生成的 car _ 3d. cfx5，结果如图 11-50 所示。

　　注意：网格导入 CFX 后，在工作区 Mesh 级下包含 car _ 3d. cfx5，在 car _ 3d. cfx5 级下包含三维区域 FLUID，即 ICEM 中定义的计算域 FLUID；在 car _ 3d. cfx5 级下包含二维区域 CAR、FAR _ FIELD、IN、OUT、SYM，这些二维区域与表 11-3 中 Part 一一对应。

　　Step6　定义长度单位。如图 11-51 所示，在工作区右击 Mesh→car _ 3d. cfx5→Principal 3D Regions→FLUID，单击 Transform Mesh 弹出 Mesh Transformation Editor 面板。在 Transformation 下拉列表框中选择 Scale，在 Method 下拉列表框中选择 Uniform，并在 Uniform Scale 对话框中输入缩放比例为 0.001，单击 Apply 按钮确定。

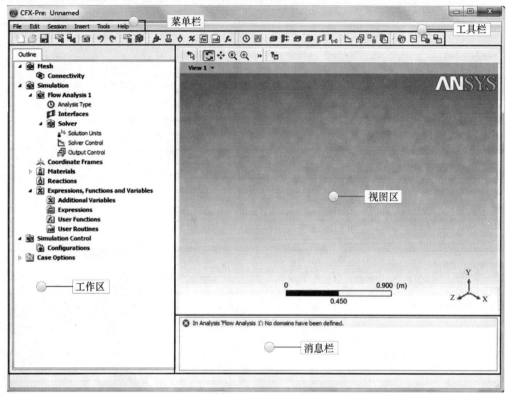

图 11-48　CFX-Pre 操作界面

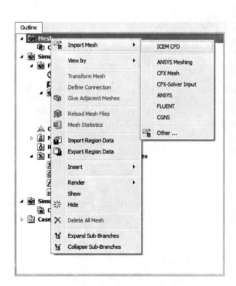

图 11-49　导入网格操作

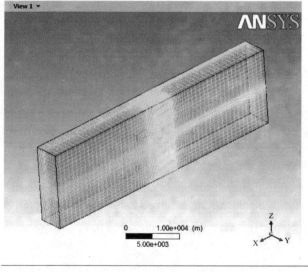

图 11-50　导入网格结果

注意：ICEM 导出 CFX 计算用网格的默认单位是 m，网格导入 ICEM 后应通过缩放方式调节单位。

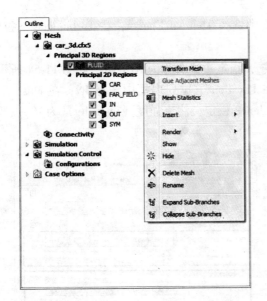

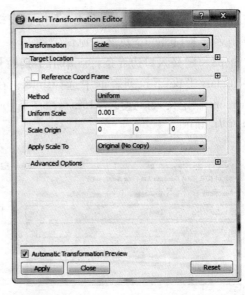

图 11-51　定义长度单位

Step7　定义计算域。单击工具栏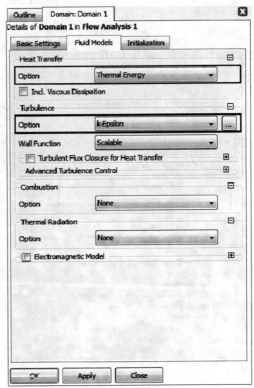，定义计算域名为 Domain 1，弹出图 11-52 所示窗口。在 Basic Settings 标签栏指定计算域位置（Location）为 ICEM 中定义的 FLUID；定义计算域类型（Domain Type）为 Fluid Domain；定义计算域内流体材料（Material）为 Air Ideal Gas；定义参考压力（Reference Pressure）为 1 atm。如图 11-53 所示，在 Fluid Models 标签栏

图 11-52　定义计算域介质

图 11-53　定义计算域流态

定义能量方程，即在 Heat Transfer 下拉列表框中选择 Thermal Energy；在 Turbulence 下拉列表框中选择 k-Epsilon，定义湍流模型。

Step8 定义入口边界条件。单击工具栏 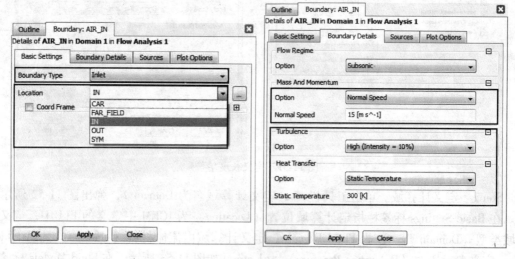，指定边界名称为 AIR-IN，如图 11-54 所示，在 Boundary Type 下拉列表框中选择 Inlet；在 Location 下拉列表框中选择 IN；在 Mass And Momentum 栏定义入口速度为 15m/s；在 Turbulence 栏定义湍流强度（Intensity）为 10%、流体温度为 300K。

图 11-54 定义入口边界

Step9 定义其他边界条件。参考 Step8 的方法，定义 OUT 为出口边界条件、定义 SYM 为对称边界条件、定义 CAR 为无滑移壁面（No Slip Wall）、定义 FAR _ FIELD 为自由滑移壁面（Free Slip Wall）。定义边界条件后可看到工作区和试图区的变化，如图 11-55 所示。

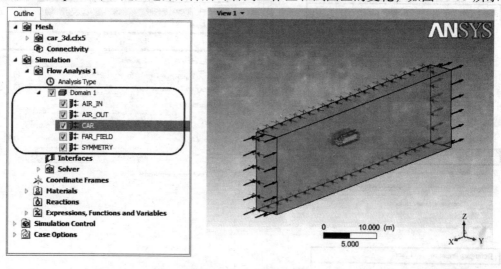

图 11-55 边界定义结果

Step10 初始化流场。单击工具栏 ，弹出 Initialization 面板，在 Cartesian Velocity Components 下拉列表框中选择 Automatic with Values，并定义 U = 15m/s，V = W = 0m/s，在

Turbulence 下拉列表框中选择 High（Intensity = 10%），指定初始化参数，如图 11-56 所示，单击 OK 按钮确定。

Step11 定义求解器参数。单击工具栏📄，弹出 Solver Control 面板，定义 Max. Iterations = 100、Physical Timescale = 0.5s、Residual Target = 1e-6，单击 OK 按钮确定，如图 11-57 所示。

图 11-56 初始化流场	图 11-57 定义求解器参数

Step12 开始计算。单击工具栏⭕，保存当前文件为 CAR. def，然后开始数值计算。计算过程中各残差变化曲线如图 11-58 所示。计算结果如图 11-59 所示，结果表明生成网格可以很好满足数值计算需求。

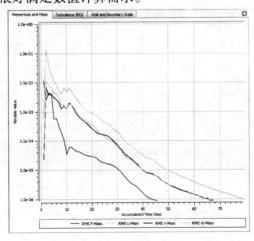
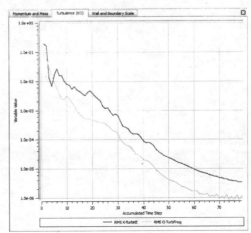

图 11-58 残差变化曲线

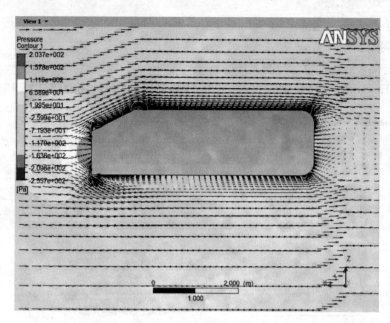

图 11-59　对称面压力分布和流动情况

本 章 小 结

本章收集了一些 ICEM 常见问题，并给出具体的解决方法，希望对读者有所帮助。

第12章

ICEM 二次开发

本章简单介绍 ICEM 二次开发的基础内容，并通过具体实例详细讲解 ICEM 的二次开发过程。

知识要点：

- ➤ ICEM 二次开发基础知识
- ➤ Vertex 和 Block 的编号原则

12.1 二次开发概述

ICEM 具有强大的网格划分能力，由于求解问题不同，功能再强大的软件也不可能同时满足各类用户的需求，因此对 ICEM 进行二次开发就显得尤为重要。ICEM 的二次开发语言为 Tcl/Tk，Tcl 是工具控制语言（Tool Control Language）的缩写，Tk 是 Tcl 图形工具箱的扩展。用户可以通过 ICEM 消息窗口或脚本文件载入命令流，控制网格生成过程。

读者可以自己动手编写脚本文件，也可以在 ICEM 中录制。

1）选择 File→Replay Scripts→Replay Controls，弹出脚本控制对话框，如图 12-1 所示。

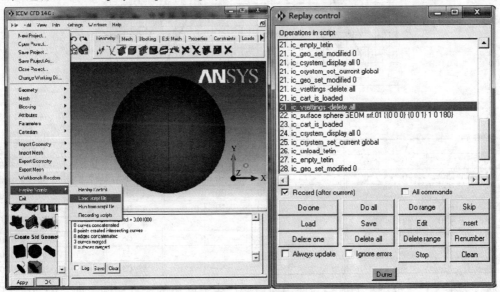

图 12-1 脚本录制

①Do·one/Do all/Do range/Skip 分别可以实现执行一步/执行全部/执行指定范围内/跳过命令流。

②Load/Save/Edit/Insert 可以分别实现载入/保存/编辑/插入命令流。

③Delete one/Delete all/Delete range 可以分别实现删除一步/全部/指定范围内命令流。

④Renumber 重新对命令流语句编号。

⑤勾选 Always update 可以在 ICEM 主窗口实时更新显示。

2）选择 File→Replay Scripts→Load script file，载入脚本文件。

3）选择 File→Replay Scripts→Run from script file，运行脚本文件。

4）选择 File→Replay Scripts→Recording scripts，录制脚本文件。

12.2 ICEM 二次开发实例

12.2.1 问题描述与分析

本节将通过脚本文件实现创建几何模型（见图 12-2）、划分 Block 和生成网格，使读者逐步熟悉 ICEM 的二次开发语言。脚本文件为光盘中"几何文件/第 12 章/12.2"文件夹下 CREATE _ A. rpl，该文件可用文本编辑软件打开。表 12-1 为各点坐标。

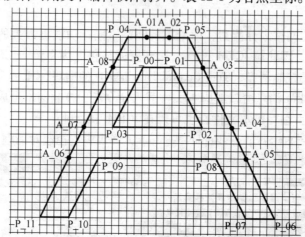

图 12-2 几何模型

表 12-1 各点坐标

编号	X	Y	Z	编号	X	Y	Z	编号	X	Y	Z
P _ 00	−5	20	0	P _ 08	20	−10	0	A _ 01	−2.5	30	0
P _ 01	5	20	0	P _ 09	−20	−10	0	A _ 02	2.5	30	0
P _ 02	15	0	0	P _ 10	−30	−30	0	A _ 03	15	20	0
P _ 03	−15	0	0	P _ 11	−40	−30	0	A _ 04	25	0	0
P _ 04	−10	30	0					A _ 05	30	−10	0
P _ 05	10	30	0					A _ 06	−30	−10	0
P _ 06	40	−30	0					A _ 07	−25	0	0
P _ 07	30	−30	0					A _ 08	−15	20	0

通过脚本文件生成网格的流程与使用窗口操作生成网格的流程相同，即：a）生成几何模型（依次生成点、线、面）；b）创建和划分 Block；c）建立映射关系；d）定义网格尺

寸；e）生成和导出网格。

12.2.2 生成几何模型

Step1 创建 Point。本节通过坐标方式生成点，部分命令语句见表 12-2，#后为注释语句。其中 ic_geo_new_family 为创建 Part 命令，ic_point 为创建 Point 命令，关于两条命令的解释如图 12-3 所示。

表 12-2 创建 Point 命令流

ic_geo_new_family POINT	#创建 Part（POINT）
ic_point {} POINT P_00 −5, 20, 0	#根据坐标创建点
ic_point {} POINT P_01 5, 20, 0	
ic_point {} POINT P_02 15, 0, 0	
ic_point {} POINT P_03 −15, 0, 0	

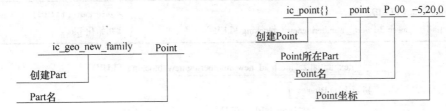

图 12-3 Point 命令流解释

Step2 创建 Curve。各 Curve 的编号如图 12-4 所示，ic_curve 为创建 Curve 命令，本节通过连接端点创建 Curve，部分命令语句见表 12-3，ic_curve 的命令解释如图 12-5 所示。

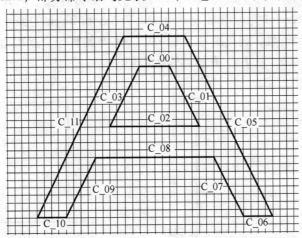

图 12-4 Curve 编号

表 12-3 创建 Curve 命令流

ic_geo_new_family IN_WALL	#创建 Part（IN_WALL）
ic_curve point IN_WALL C_00 {P_00 P_01}	#创建 C_00 为 IN_WALL 的线元素
ic_curve point IN_WALL C_01 {P_01 P_02}	
ic_curve point IN_WALL C_02 {P_02 P_03}	
ic_curve point IN_WALL C_03 {P_03 P_00}	
ic_geo_new_family UP_WALL	#创建 Part（UP_WALL）
ic_curve point UP_WALL C_04 {P_04 P_05}	#创建 C_00 为 IN_WALL 的线元素

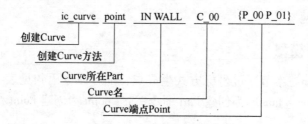

图 12-5　Curve 命令流解释

12.2.3　创建 Block

Step3　初始化 Block。通过 ic _ hex _ initialize _ mesh 初始化 Block（见表 12-4），关于该命令解释如图 12-6 所示。

表 12-4　初始化 Block 命令流

ic _ geo _ new _ family FLUID	#创建 Part（FLUID）
ic _ hex _ initialize _ mesh 2d new _ numberingnew _ blocking FLUID	#初始化 Block

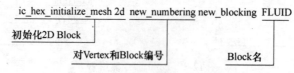

图 12-6　初始化 Block 命令流解释

初始化 Block 一部分存于 Part（FLUID）中，另一部分存在于 Part（VORFN）中，Part（VORFN）在初始化 Block 时由 ICEM 自动生成。Vertex 和 Block 的编号规则如图 12-7 所示：Vertex 的初始编号均为奇数，起始编号为 1，从 $I=1$ 开始算起，逐次增加；Block 的编号均为自然数，起始编号为 0，从 $I=1$ 开始，逐次增加。

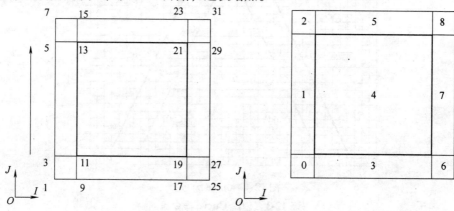

图 12-7　Vertex 和 Block 编号规则

Step4　划分 Block。根据几何模型的特点，需要对 Block 沿 I 方向划分 2 次，沿 J 方向划分 3 次。通过 ic _ hex _ split _ grid 命令划分 Block，命令流见表 12-5。关于 ic _ hex _ split _ grid 的命令解释如图 12-8 所示。在 Block 划分过程中，Vertex 和 Block 的编号逐次增加，如图 12-9 所示。

表 12-5　划分 Block 命令流

ic _ hex _ split _ grid 11 19 0. 2 m FLUID	#沿 I 方向，如图 12-9a 所示
ic _ hex _ split _ grid 33 19 0. 7 m FLUID	#沿 I 方向，如图 12-9b 所示
ic _ hex _ split _ grid 11 13 P _ 09 m FLUID	#沿 I 方向，如图 12-9c 所示
ic _ hex _ split _ grid 41 13 P _ 03 m FLUID	#沿 I 方向，如图 12-9d 所示
ic _ hex _ split _ grid 47 13 P _ 00 m FLUID	#沿 I 方向，如图 12-9e 所示

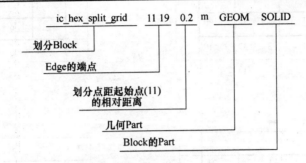

图 12-8　划分 Block 命令流解释

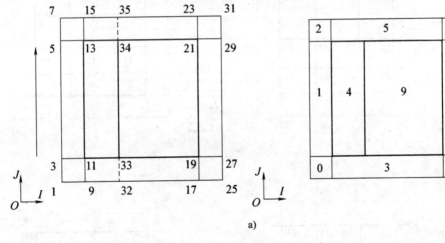

a)

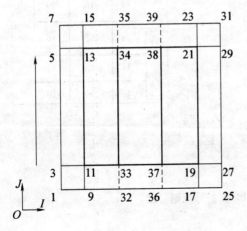
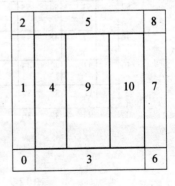

b)

图 12-9　Vertex 和 Block 编号规则

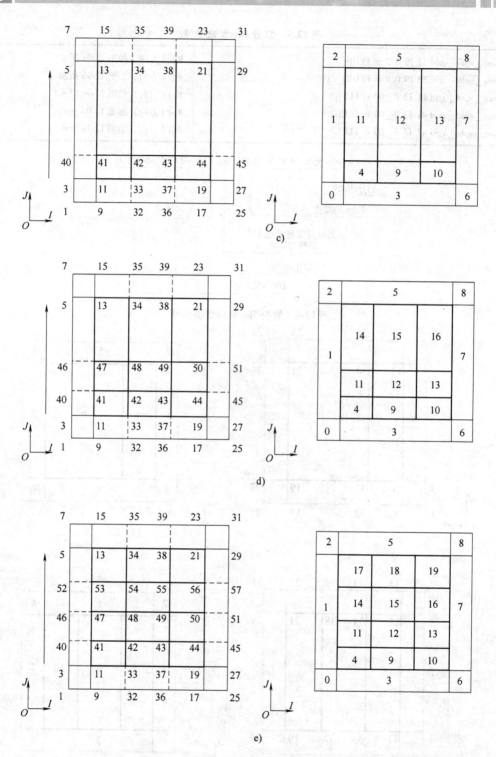

图 12-9 Vertex 和 Block 编号规则（续）

注意：只有了解 Block 的编号规则才能正确完成对 Block 的划分。

12. 2. 4　建立映射关系

Step5　删除 Block。根据几何模型特点，需删除编号为 9 和 15 的 Block（见图 12-10）。本节采用两种删除方式：a）将编号为 9 的 Block 暂时删除（将其置于 Part（VORFN）内）；b）将编号为 15 的 Block 彻底删除。删除命令流见表 12-6。

图 12-10　待删除 Block

表 12-6　删除 Block

ic _ hex _ mark _ blocks unmark	#取消对所有 Block 的标记
ic _ hex _ mark _ blocks superblock 9	#标记编号为 9 的 Block
ic _ hex _ change _ element _ id VORFN	#将编号为 9 的 Block 置于 VORFN 内
ic _ hex _ delete _ blocks numbers 15	#删除编号为 15 的 Block

Step6　移动 Vertex 位置。观察图 12-11 可知 Vertex 与 Point 映射关系，如 V _ 13 与 P _ 04 对应、V _ 34 与 A _ 01 对应。移动 Vertex 至对应 Point 的部分命令流见表 12-7，移动的命令解释如图 12-12 所示。

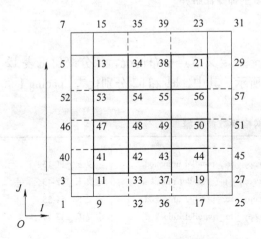
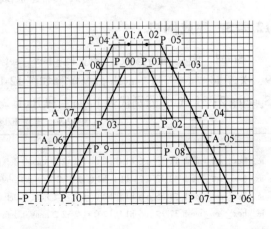

图 12-11　Vertex 与 Point 对应关系

表 12-7　移动 Vertex 命令流

ic _ hex _ move _ node 13 P _ 04	#移动 Vertex（13）至 P _ 04 位置
ic _ hex _ move _ node 34 A _ 01	#移动 Vertex（34）至 A _ 01 位置
ic _ hex _ move _ node 38 A _ 02	#移动 Vertex（38）至 A _ 02 位置
ic _ hex _ move _ node 21 P _ 05	#移动 Vertex（21）至 P _ 05 位置

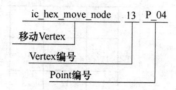

图 12-12　移动 Vertex 命令流解释

Step7　建立 Edge 与 Curve 映射关系。根据图 12-11 可知 Edge 与 Curve 映射关系，通过 ic _ hex _ set _ edge _ projection 建立映射关系，部分命令流见表 12-8，#后为注释语句。关于 ic _ hex _ set _ edge _ projection 命令详细解释如图 12-13 所示。

表 12-8　建立 Edge 映射命令流

ic _ hex _ set _ edge _ projection 54 55 0 1 C _ 00	#建立 E _ 54-55 与 C _ 00 的映射
ic _ hex _ set _ edge _ projection 55 49 0 1 C _ 01	#建立 E _ 55-49 与 C _ 01 的映射
ic _ hex _ set _ edge _ projection 49 48 0 1 C _ 02	#建立 E _ 49-48 与 C _ 02 的映射
ic _ hex _ set _ edge _ projection 48 54 0 1 C _ 03	#建立 E _ 48-54 与 C _ 03 的映射

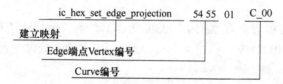

图 12-13　建立 Edge 映射命令流解释

12. 2. 5　生成网格

Step8　定义网格参数。通过 ic _ hex _ set _ mesh 定义节点分布情况，部分语句见表 12-9，关于 ic _ hex _ set _ mesh 命令解释如图 12-14 所示。其中，h1 和 h2 分别代表 Spacing 1 和 Spacing 2；r1 和 r2 分别代表 Ratio 1 和 Ratio 2。

表 12-9　定义 Edge 网格参数命令流

ic _ hex _ set _ mesh 11 33 n 6 h1 0 h2 0 r1 2 r2 2 lmax 0 default copy _ to _ parallel unlocked	定义 E _ 11-13
ic _ hex _ set _ mesh 42 43 n 21 h1 0 h2 0 r1 2 r2 2 lmax 0 default copy _ to _ parallel unlocked	定义 E _ 42-43
ic _ hex _ set _ mesh 54 55 n 6 h1 0 h2 0 r1 2 r2 2 lmax 0 default copy _ to _ parallel unlocked	定义 E _ 54-55
ic _ hex _ set _ mesh 37 19 n 6 h1 0 h2 0 r1 2 r2 2 lmax 0 default copy _ to _ parallel unlocked	定义 E _ 37-19

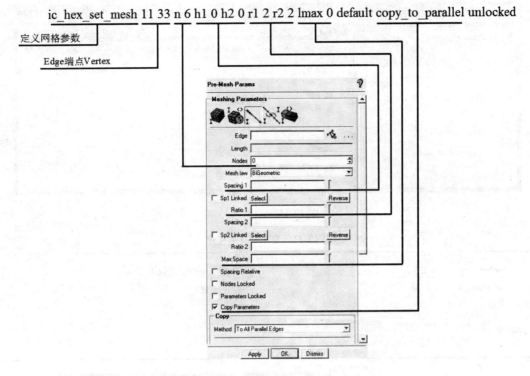

图 12-14　定义 Edge 网格参数命令流解释

Step9　生成网格。通过 ic＿hex＿create＿mesh 生成网格（见表 12-10），通过 ic＿hex＿write＿file 导出网格文件 Mesh＿A. hex。至此完成网格生成命令流的编写。

表 12-10　生成网格命令流

ic＿hex＿create＿mesh FLUID proj 2 dim＿to＿mesh 3	#生成网格
ic＿hex＿write＿fileMesh＿A. uns POINT IN＿WALL UP＿WALL LEFT＿WALL DOWN＿WALL RIGHT＿WALL FLUID proj 2 dim＿to＿mesh 2-family＿bocofamily＿boco. fbc	#导出网格文件
ic＿create＿output Fluent＿V6 Mesh＿A. uns dim2d 1	#导出网格
bocofilefamily＿boco. fbcoutfileMesh＿A. msh	

12. 2. 6　C＋＋调用 RPL 文件

上述 RPL 文件可以通过录制脚本或手动编写的方式完成。该 RPL 文件可在外部程序中修改和执行，以实现 ICEM 的二次开发。本节介绍基于 Visual C＋＋ 6. 0 的开发方法。

首先新建一个文本文件，将 RPL 文件的存储路径（" D：\ 12-2 \ CREAT＿A. rpl"）存放在文本文件中，并保存为以 ". bat" 为扩展名的批处理文件 A. bat，如图 12-15 所示。

在 A. bat 的存放路径下新建一个 C＋＋源文件 ICEM. CPP，运行表 12-11 中 C＋＋调用程序（∥后为注释）打开 A. bat，在指定路径下生成网格文件 Mesh＿A. msh，如图 12-16 所示。在 FLUENT 中打开 Mesh＿A. uns，发现网格分布情况与预期相符，边界信息（down＿wall、in＿wall 等）和流体域信息（fluid）均未丢失，表明通过该方法生成的网格可以用于 FLU-ENT 的数值计算。

注意：可以在 C＋＋中对 RPL 文件进行修改，实现参数化生成网格。

图 12-15　文件路径

表 12-11　C ++ 调用程序

#include < windows. h >
void main( )
{
　　system(" A. bat") ;
}
	// 包含 system 函数头文件
	// 主函数
	
	// 运行 A. bat

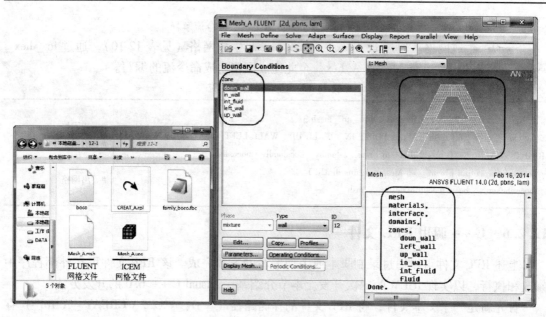

图 12-16　网格生成结果

本 章 小 结

　　本章简单介绍了 ICEM 二次开发的基础内容，并通过具体实例详细讲解 ICEM 的二次开发方法。

参 考 文 献

［1］ Joe F Thompson, Bharat K Soni, Nigel P Weatherill. Handbook of Grid Generation ［M］. London： Tay&Francis, 1998.

［2］ 张大林. 人机与环境工程中若干问题的数值模拟研究 ［D］. 南京：南京航空航天大学, 2000.

［3］ 陶文铨. 数值传热学 ［M］. 2 版. 西安：西安交通大学出版社, 2001.

［4］ 刘国俊. 计算流体力学的地位、发展情况和发展趋势 ［J］. 航空计算技术, 1993 (1)：15-21.

［5］ 韩占忠, 王敬, 兰小平. FLUENT 流体工程仿真计算实例与应用 ［M］. 北京：北京理工大学出版社, 2004.

［6］ 周俊杰, 徐国权, 张华俊. FLUENT 工程技术与实例分析 ［M］. 北京：中国水利水电出版社, 2010.

［7］ 江帆, 黄鹏. FLUENT 高级应用与实例分析 ［M］. 北京：清华大学出版社, 2008.

［8］ 朱红钧, 林元华, 谢龙汉. FLUENT 流体分析及仿真实用教程 ［M］. 北京：人民邮电出版社, 2010.

［9］ 于勇. FLUENT 入门与进阶教程 ［M］. 北京：北京理工大学出版社, 2008.

参考文献

[1] Zhengjin Xu, Song Zhou. Total P Removal... Handbook of Anal Geochemistry Pollution. Elsevier, 1995.